<packt>

Apache ShardingSphere 权威指南

A Definitive Guide to Apache ShardingSphere

Transform any DBMS into a distributed database with sharding, scaling, encryption features, and more

1ST EDITION

潘娟 张亮

[阿尔及]亚幸·西·塔伊布（Yacine Si Tayeb）

著

张海燕

译

人民邮电出版社

北京

图书在版编目（CIP）数据

Apache ShardingSphere权威指南 / 潘娟，张亮，（阿尔及）亚幸・西・塔伊布著；张海燕译. -- 北京：人民邮电出版社，2024.10
ISBN 978-7-115-63663-8

Ⅰ. ①A… Ⅱ. ①潘… ②张… ③亚… ④张… Ⅲ. ①分布式操作系统 Ⅳ. ①TP316.4

中国国家版本馆CIP数据核字(2024)第106214号

◆ 著　　潘　娟　张　亮
　　　　［阿尔及］亚幸・西・塔伊布（Yacine Si Tayeb）
　译　　张海燕
　责任编辑　孙喆思
　责任印制　王　郁　胡　南

◆ 人民邮电出版社出版发行　　北京市丰台区成寿寺路 11 号
　邮编　100164　　电子邮件　315@ptpress.com.cn
　网址　https://www.ptpress.com.cn
　三河市君旺印务有限公司印刷

◆ 开本：800×1000　1/16
　印张：19　　2024 年 10 月第 1 版
　字数：420 千字　　2024 年 10 月河北第 1 次印刷

著作权合同登记号　图字：01-2023-0214 号

定价：89.80 元

读者服务热线：(010)81055410　印装质量热线：(010)81055316
反盗版热线：(010)81055315
广告经营许可证：京东市监广登字 20170147 号

内容提要

Apache ShardingSphere 是一个基于可插拔特性和云原生原则的新开源生态系统，将其用于分布式数据基础设施有助于增强数据库性能。本书首先简要概述数据库管理系统在生产环境中面临的主要挑战和数据库软件的内核概念；然后介绍使用分布式数据库解决方案、弹性伸缩、用户身份认证、SQL 授权、全链路监控、数据库网关和 DistSQL 的真实示例，全面讲解 ShardingSphere 的架构组件，以及如何利用它们配置和插入现有的基础架构并管理数据和应用；接着介绍生态系统的客户端 ShardingSphere-JDBC 和 ShardingSphere-Proxy，以及它们如何同时或独立地工作以满足实际需求；最后讲解如何定制可插拔架构以定义个性化的用户策略和无缝管理多个配置，并在所有场景下对数据库进行功能测试和性能测试。

本书适用于对数据库、关系数据库、SQL 语言、云计算和数据管理有基本的了解，对分布式数据库计算和存储解决方案感兴趣，或使用分布式数据库解决方案并希望探索 Apache ShardingSphere 功能的相关从业人员。

作者简介

潘娟，SphereEx 联合创始人兼首席技术官（CTO）。她是 Apache 基金会会员和孵化器导师、Apache ShardingSphere 项目管理委员会（project management committee，PMC）成员、AWS 大侠、腾讯云 TVP。她曾负责京东数科数据库智能平台的设计与研发，现专注于分布式数据库和中间件生态及开源领域。她被评为中国开源先锋人物、OSCAR 尖峰开源人物、CSDN IT 领军人物、掘金引力榜年度新锐人物。

张亮，SphereEx 公司创始人兼首席执行官（CEO）。他是数据库领域知名实践者、Apache 基金会会员、微软 MVP、阿里云 MVP、腾讯云 TVP、华为云 MVP、Apache ShardingSphere 创始人和 PMC 主席。他拥有超过 10 年的数据库领域探索、实践经验，热爱开源，擅长分布式架构，推崇优雅代码。他曾在多个大型互联网公司任职架构、数据库团队负责人。他在 ICDE 发表过论文"Apache ShardingSphere—A Holistic and Pluggable Platform for Data Sharding"，是《未来架构：从服务化到云原生》的作者。

亚幸·西·塔伊布（Yacine Si Tayeb）博士是 Apache 基金会的贡献者，也是 Apache ShardingSphere 社区的关键贡献者和建设者。他出生于阿尔及利亚，幼年移居意大利，大学期间来到北京，目前已获得企业管理博士学位。出于对技术和创新的热情，他在中国的初创公司和科技领域深耕多年。他的职业生涯和研究领域受到科技和商业交汇的影响。作为一位发表了社会科学引文索引（Social Sciences Citation Index，SSCI）论文的学者，他对技术的浓厚兴趣引导他开展了关于公司治理和财务绩效对公司创新结果的影响的研究。在此期间，他的研究方向逐渐演变成关于 Apache ShardingSphere 大数据生态系统和开源社区的建设。

前言

Apache ShardingSphere（文中简称 ShardingSphere）是一个新兴的分布式数据库开源生态，是基于可插拔和云原生原则设计的。

本书首先将概述数据库管理系统（database management system，DBMS）在当今的生产环境中面临的主要挑战，并简要地介绍 ShardingSphere 的核心概念。然后，本书将通过真实的案例介绍分布式数据库解决方案、弹性伸缩、DistSQL、全链路监控、SQL 授权、用户身份认证和数据库网关，让你对 ShardingSphere 的架构组件、如何在既有基础设施中添加并配置这些组件以管理数据和应用等方面有全面认识。

接下来，本书将介绍 ShardingSphere 客户端 ShardingSphere-JDBC 和 ShardingSphere-Proxy，以及如何根据需要结合或单独使用它们。接着，你将学习如何定制可插拔架构以定义个性化的用户策略，还有如何无缝地管理多个配置。最后，你将熟悉如何在各种场景中进行功能和性能测试。

阅读完本书，你将能够构建并部署自定义的 ShardingSphere，消除数据管理基础设施中出现的重要痛点。

目标读者

本书是为负责开发分布式数据库解决方案，并想探索 ShardingSphere 功能的数据库开发人员编写的；寻求更强大、更灵活、成本效益更高的分布式数据库解决方案的数据库管理员（database administrator，DBA）也将受惠于本书。要阅读本书，必须对数据库、关系数据库、结构化查询语言（structured query language，SQL）、云计算和数据管理有基本了解。

涵盖的内容

第 1 章介绍 DBMS 在当今的生产环境中面临的主要挑战、数据库开发人员角色的演变情况以及 DBMS 的机会和未来发展方向。本章还简要地介绍 ShardingSphere 生态、这个项目的演变过程以及软件解决方案需要满足的需求，为后续章节打下坚实的基础。

第 2 章从专业角度介绍 ShardingSphere 的架构，还有基于 Database Plus 的架构和插件平台。

第 3 章概述 ShardingSphere 在各行各业的企业环境中的应用，还有对分布式数据库来说必不可少的 ShardingSphere 特性。

第 4 章拓展有关 ShardingSphere 在企业环境中的应用方面的知识，专注于让你能够监视并改善性能以及提高安全性的 ShardingSphere 特性。

第 5 章介绍主要的 ShardingSphere 客户端以及它们之间的差别，还有如何根据需要结合或单独使用它们。

第 6 章介绍 ShardingSphere-Proxy、如何直接将其用作 MySQL 和 PostgreSQL 服务器以及如何通过各种终端访问它。

第 7 章介绍客户端 ShardingSphere-JDBC，包括它如何连接到数据库、它的第三方数据库连接池以及如何安装它。

第 8 章演示如何根据具体情况定制可插拔架构以充分发挥系统的作用，并简要地介绍云原生原则。

第 9 章介绍内置的基准和性能测试系统及其用法——从测试准备到报告分析。

第 10 章介绍测试常见的应用场景，包括分布式数据库、数据库安全、全链路监控和数据库网关。

第 11 章展示各种场景的最佳使用案例，还有一系列实例，如分布式数据库解决方案，数据库安全、全链路监控和数据库网关解决方案。

第 12 章拓展第 11 章介绍的知识，阐释如何将理论应用于实践。

附录 A 包含 ShardingSphere 文档使用指南、GitHub 仓库中的示例项目、有关 ShardingSphere 源代码和许可的更详细的信息，以及加入 ShardingSphere 开源社区的方法。

充分发挥本书的作用

在本书中，为充分发挥系统和 ShardingSphere 的作用，需要一些简单的工具。

这里列出了可能需要用到的软件（如下表所示），具体需要哪些取决于你对哪些特性或 ShardingSphere 客户端感兴趣。

在操作系统方面，可使用任何主流操作系统——Windows、macOS 或 Linux。本书所有的代码示例都在这 3 种操作系统中进行了测试，它们应该也适用于未来的 ShardingSphere 版本。

本书涉及的软件	操作系统需求
ShardingSphere-JDBC 5.0.0	Windows、macOS 或 Linux
ShardingSphere-Proxy 5.0.0	
Visual Studio Code（文本编辑器）	
MySQL 5.7 及以上版本	
MySQL Workbench（MySQL GUI 客户端）	
PostgreSQL 12 及以上版本	
pgAdmin4（PostgreSQL GUI 客户端）	
ZooKeeper 3.6 及以上版本	
PrettyZoo（ZooKeeper GUI）	
JRE/JDK 8 及以上版本	
Docker	
Sysbench 1.0.20	

如果在安装过程中遇到麻烦，且因环境独特而无法在本书找到解决办法，可通过 ShardingSphere 的 GitHub 仓库的 Issues or Discussions 部分向社区求助。

如果使用的是本书的数字版本，建议自己动手输入代码或配套的 GitHub 仓库下载代码，这有助于避免复制并粘贴代码可能导致的错误。

ShardingSphere 采用的许可方式为 Apache 软件基金会的 Apache License 2.0，有关这种许可方式的详情，请参阅 Apache 官网的 Apache License 2.0 文档。

下载示例代码文件

本书示例代码的 GitHub 仓库地址为 https://github.com/PacktPublishing/A-Definitive-Guide-to-ShardingSphere。如果我们更新了这些代码，将相应地更新这个 GitHub 仓库。

要了解更多的活动或用例，可与 ShardingSphere 社区联系；如果有意尝试，也可成为开源开发者。

目录

第一部分

ShardingSphere 简介

通过阅读这部分，你将对 ShardingSphere 及其架构、概念和客户端有大致认识，知道数据库面临的最新挑战和未来发展方向，明白 ShardingSphere 在数据库领域所处的位置。这部分包括如下内容：

- 第 1 章，DBMS 和 DBA 的演变及 ShardingSphere 扮演的角色；
- 第 2 章，ShardingSphere 架构概述。

第1章 DBMS和DBA的演变及ShardingSphere扮演的角色

当前，数据被视为最宝贵的财产，但最近这种宝贵财产的主要表现形式为数据仓库，因此数据库并不总能获得众人的关注。互联网行业及其他相关或不相关行业（受互联网发展的正外部性影响的传统行业，如运输和零售行业）的飞速增长、云原生理念的面世以及数据库行业和分布式技术的发展，给企业及其基础设施提出了新要求，带来了新压力。

另外，整个社会及人们生活方式的变化，给所有现代企业都提出了新的问题、关切和要求。鉴于此，企业必须重新审视其产品、服务和架构，并考虑升级和革新从前端到后端的整个链条。最终，企业必将把数据库和数据视为这个演化过程中非常重要的部分。

简而言之，业务由数据驱动。从首席高管（如首席信息官）到DBA等相关人员都明白，数据在业务转型、让用户满意以及维持或增添竞争优势方面扮演着重要角色。

这样的认识让人专注于3个都与数据相关的方面——数据收集、数据存储和数据安全，它们都将在本书中得到详细讨论。尽管前述3个方面都未涉及数据库，但这绝不意味着大家没有认识到数据库在组织中扮演的不可或缺的角色，而是因为这一点显而易见，所以才不必赘述。

忽视数据库可能导致低效，而这种低效可能像滚雪球一样快速累积，形成严重的问题，例如糟糕的数据库体验、成本超支以及低劣的工作负载优化。同时，企业还需聘请能干的专家，以便能够利用其数据库，并高效地管理和使用数据。因此，数据、数据库和DBA构成了一个完整的系统，让企业能够高效地存储、保护和使用其资产。

本章介绍如下主题：

- DBMS的演变；
- DBA的角色演变；
- DBMS的机会及发展方向；
- 理解ShardingSphere。

阅读完本章，读者将对DBMS当前面临的挑战有全面认识。如果你熟悉数据库行业当前的发展变化情况，可将本章视为了解这些严峻挑战的复习资料或参考手册。

探讨这些挑战后，本章将简要地介绍 ShardingSphere 生态圈及其背后的理念。阅读完本章，你将知道 ShardingSphere 如何应对 DBMS 面临的严峻挑战，熟谙数据库行业的发展方向。

1.1　DBMS 的演变

在过去的 10 年中，促进革新的云、软件即服务（software as a service，SaaS）交付模式和开源仓库被广泛采用，数据量呈爆炸式增长。

这些大型数据集迫使组织必须部署有效而可靠的 DBMS，以最大程度地改善客户体验。然而，组织对 DBMS 的专注给新技术和新从业者带来了机会，也带来了众多的挑战。既然你正阅读本书，说明你很可能想提高自己的技能，并强化或拓展有关如何卓有成效地管理 DBMS 的知识。

数据库是为存储和检索信息而生的，因此对组织来说，熟悉存储和检索海量数据的最新方法、技术和最佳实践至关重要。另外，云存储导致数据集群被广泛使用，并催生了与数据存储策略相关的数据科学。通常，应用在一天中使用的数据量在不断变化。

为了收集和处理数据，数据库必须是可靠且可伸缩的，从而能够将大型数据集拆分成多个较小的数据集。这样的需求催生了数据库分片和分区等概念，它们都用于将大型数据集分割成较小的数据集，同时确保性能和正常运行时间不受影响。这些概念将在 3.2 节以及第 10 章进行讨论。

我们根据开源倡议（Open Source Initiative）的开源定义（The Open Source Definition）的说法，总结一下开源意味着什么。所谓开源，指的是以如下许可方式发布的软件：版权持有人赋予用户以合适的方式使用、修改和分发软件（包括其源代码）。

在数据库方面，开源不仅至关重要，还可能给很多人带来惊喜。在 2021 年 6 月，全球超过 50%的 DBMS 都是以开源方式许可的。在开源数据库软件的最近发展动向中，有大量社区是致力于探讨云原生数据库软件的。

随着云计算时代的到来，云原生数据库变得日益重要，其优点包括高弹性以及能够满足应用的苛刻要求。这种发展趋势催生了对云迁移能力和技能的需求，以便企业能够将工作负载迁移到不同的云平台。

当前，混合云和多云环境已司空见惯，将近 75%的组织都说自己使用的是多云环境。在依然存储在本地设备中的数据中，大都是敏感数据（组织对是否要将其迁移到云端持谨慎态度），或是与遗留应用或环境相关（将其迁移到云端过于困难）的数据。

这一现状改变了我们对数据库的看法，并给数据库赋予了新含义：它们包含位于本地设备和云端的数据，而工作负载运行在多种不同的环境中。在数据库和基础设施领域，出现的另一项重要技术是分布式云。所谓分布式云，指的是这样一种架构：从公有云同时使用多个云，并集中管理它们。这给组织带来了基于云的服务，同时让云系统和本地系统之间的界线变得模糊。

下面将介绍被称为行业痛点的挑战，你可能熟悉这些行业痛点，但即便不熟悉，也没有关系。

介绍完这些痛点，将接着介绍其他同样重要的需求，这些需求当前还未得到满足，给行业带来了新机会。

1.1.1 行业痛点

由于数据库类型的数量在不断增多，开发人员不得不花更多的时间来学习软件开发工具包（software development kit，SDK）和 SQL 方言，给开发留下的时间也就更少了。对企业来说，由于技术栈更复杂了，并且选择的技术必须与企业使用的应用框架匹配，因此对技术做出选择变得困难，而这可能导致架构过于庞大。

接下来介绍一些著名的行业痛点，再说说给 DBMS 带来了新机会的行业新需求。

1. 低效的数据库管理

DBA 需要将大量时间用于研究和使用新数据库，以便知道其协作和监控方法有何不同，并搞明白如何优化性能。

外部服务和使用体验因数据库而异，这增加了在生产环境中使用和维护数据库的开销。企业部署的数据库类型越多，需要的投资也越多。出现新场景时，如果企业根据其需求不看具体情况就采用新数据库，投资迟早会呈几何级数增长。

2. 新需求和日益频繁的迭代

为满足看起来类似的需求，需要编写不同的代码，而这些代码唯一的差别在于支持的数据库类型不同。在本书编写期间，ShardingSphere 社区期望的代码迭代频率已急剧提高，但开发人员的响应速度降低了，因为响应速度与使用的数据类型的数量成反比。相同的需求和数据类型的数量都呈几何级数增长，这极大地降低了迭代速度。数据库数量越多，迭代的步伐越慢，同时迭代的性能水平也越低。

如果目标是同时对所有敏感数据加密，但无法在一对多数据库中这样做，那么唯一的解决方案是在业务应用端修改代码。大型企业通常运营着数十乃至数百个系统，要对所有系统的数据加密，开发人员将面临严峻的挑战。

数据加密只是开发人员可能面临的众多类似挑战之一，在异构数据库中，其他常见的通用需求还包括权限控制、审计等。

3. 数据库间兼容性缺失

众所周知，当前的现状是异构数据库共存，这种情况还将持续很长时间。然而，没有统一的标准，就无法以协调一致的方式使用这些数据库。这里统一的标准，指的是普遍接受（至少是大都接受）的技术参考，如针对外部硬件设备的 USB 2.0 和 USB-C；在软件方面，一个技术参考的例子是，为帮助创建 iOS 或 Android 应用而发布的 SDK。

在数据库方面，ShardingSphere社区提出了Database Plus。简单地说，Database Plus指的是让用户能够管理和改善任何类型的数据库，甚至能够在同一个系统中集成不同的数据库类型。

在数据计算方面，对跨异构数据库的协作查询引擎和事务管理计划的需求在日益增长，但就目前而言，开发人员只能在业务应用端编写相关的代码，难以涉足基础设施。

1.1.2 给DBMS带来新机会的行业新需求

企业的运营环境在不断变化，这必然会影响它们的业务决策和运营流程。变化的根源在于前面提及的数据量增加和互联网普及。本节介绍各行各业的企业对DBMS有何期望，然后说说DBA角色的演变情况。

1. 查询和存储大量数据块

海量数据可能导致单机数据库崩溃。为存储当前的海量数据（未来还将增加），需要更多的存储空间和服务器。为容纳这样的海量数据，单个数据库根本无法胜任。

2. 更短的数据查询响应时间

DBMS必须存储海量的数据，同时为满足客户和用户对使用体验和响应时间的期望，DBMS不能为逐步组织数据而停机。因此，一个重大的问题是，如何从数据湖检索数据。

3. 查询和存储不同类型的数据

数据类型多种多样，关系数据结构只是其中之一。文档、JSON、图和键值对等都引人注目，这合乎情理，因为它们都来自各种业务场景。这些新的变化和需求都必将给数据库本身及其运维带来挑战。

你可能知道这些需求，甚至在自己的职业生涯中遇到过。如果你刚开始工作，不管从事的是哪个行业，都必然会遇到这些需求。这是因为DBA的角色变了，更准确地说是发生了演变。1.2节将介绍DBA角色具体是如何演变的。

1.2 DBA角色的演变

行业需求的变化重塑了DBA的角色。对任何组织（无论它是否为技术型的组织）来说，DBA都很重要，同时DBA的重要性在不断提高，而提高速度与组织采用数字化技术的速度相关。DBA在不断寻找DBMS优化途径，还是主要的策略设计师，致力于应对数据高峰及确保数据安全和数据可用性。

长期以来，DBA都被视为重要战略数据资产的守护者。这种职责的范围其实很宽泛，因为包括众多其他的责任：DBA必须确保组织能够满足其数据需求，确保数据库以极佳的性能正常运行，并在出现问题时负责恢复数据。

在过去的 10 年中，新的数据生成设备（如智能手机和物联网设备）导致数据不断增多，进而导致需要管理的数据库实例以及使用的 DBMS 不断增多，这重塑了 DBA 的职责。最近的发展趋势是，DBA 还日益深入地介入应用开发，在整个数据管理基础设施中，他们成了新兴的重要影响者。

下面介绍 DBMS 当前面临的常见且严峻的挑战，DBA 必须为应对这些挑战做好准备。

1.2.1 压倒性的流量负载增长

在 iPhone 面世前，手机就已在人们的生活中扮演着日益重要的角色，让我们能够在四处奔波时拨打和接听电话。当前，通过这种能够装入口袋的小型设备，我们能够购物、订餐、订购旅行服务、办理银行业务、寻找工作、从事娱乐活动以及联系家人和朋友。这种互联性催生了众多新兴行业和业务模型（例如共享经济和网约车），它们有一个共同之处，那就是都与数据相关。我们使用和生产的数据呈爆炸式增长，达到了 15 年前不可想象的水平。

移动互联网面世后，网站和企业服务要获得成功，必须支持相关的移动应用，使其能够在每周内处理高达数以十亿计的访问量。在诸如美国的“网络星期一”和中国的“双十一”等促销日期间，已完成数字化转型的传统零售企业就是这样的典范，它们必须满足新的需求，才能成功地实现商业目标。在促销日期间，零售企业竭力将流量引向其网页或在线商店。然而，如果它们成功地吸引了流量，其数据库集群将面临不可思议的压力，这将带来什么问题呢？这是一个技术方面的问题，DBA 和研发团队会问，企业的数据库集群能够处理蜂拥而至的访问者带来的流量吗？

1.2.2 用于前端服务的微服务架构

为应对海量访问者，单体架构惨遭淘汰，正式成为历史，而微服务架构成了“新宠”。微服务架构用于将一系列关联松散的服务集成为应用，换而言之，这导致应用由一系列独立的组件组成，这些组件以服务的方式运行进程，并执行整个系统的部分任务。这些组件通过轻量级应用程序接口（application program interface，API）进行通信，由于每个服务都是独立运行的，因此可根据业务需求分别对其进行部署、更新和扩缩容。

1.2.3 云原生导致原有的交付和部署方式不再可行

云的面世带来了深远变化，改变了托管、交付和启动软件的方式。云带来的重大变化之一是硬件和软件之间的壁垒被打破。现在，大家的多媒体、电子邮件和银行账户分散在数以千计的服务器中，这些服务器由大量的企业控制着。在不到 20 年前，互联网还处于初始阶段，只有知道如何搜索目录和操作文件传送协议（file transfer protocol，FTP）文件的早期采用者和专业学者在使用。如果考虑到这一点，前述情况就更令人震惊了。

从某种意义上说，云的面世是万事俱备后的必然结果。如果回过头去看，就会发现云的成功基于如下因素：宽带互联网的广泛采用和手机的普及让用户能够始终在线，其他众多的革新让数据中心搭建和维护起来更容易。在这个领域，针对企业的革新和针对消费者的更新几乎是同步的，这样的情况难得一见。对消费者来说，互联网很快让物理存储非必不可少；对企业来说，有很多产品都让它们能够在第三方服务器上执行计算任务（有些还是免费的）。

出于对灵活性的永恒追求，很多企业都在逐步将其技术移到云端，因为云提供了可伸缩性，同时其费用是可以承受的。灵活性意味着强大的适应能力，而强大的适应能力正是企业高管追求的目标，这让企业能够对行业变化或更广阔的市场变化做出响应。另外，这给初创企业打开了直接在云端销售产品和服务的大门，同时让它们能够随时随地地构建、管理和部署应用。

鉴于云提供的巨大潜在机会，有些组织已采取云端优先的策略。所谓云端优先策略，简单地说就是放弃以自有数据中心为核心的策略，转而采用基于云的解决方案。信息技术（information technology，IT）领域的这种新趋势将导致数据库被迁移到云端，变为数据库即服务（database as a service，DBaaS）。

为跟上相关行业的发展步伐，企业需要进行数字化转型，而期间将面临众多重大的变化和需求。鉴于此，企业必须改变其存储、查询和管理数据库数据的方式，这一点很容易理解。图 1.1 展示了数据库面临的挑战。

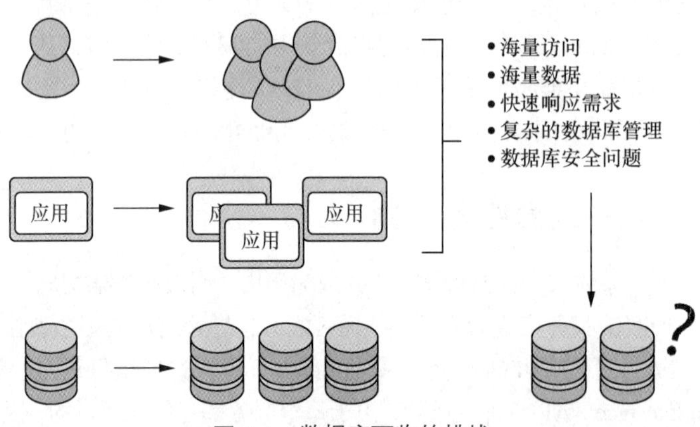

图 1.1　数据库面临的挑战

可以看到，右边的数据库是带问号的。这有两层意思，一是有哪些可能性，二是发展方向是什么。作为数据库从业者，你需要为此做好准备。

接下来将介绍数据库的机会和发展方向。明白这些后，你不仅能够获得竞争优势，还可在必要时做出职业发展规划。

1.3　DBMS 的机会和发展方向

下面来说说 DBMS 面临的机会及其发展方向，这包括数据库安全和行业新生事物（如 DBaaS）等主题。

1.3.1 数据库安全

对 DBMS 来说，数据库安全已成为重要的关注领域之一。数据库厂商正努力对既有解决方案进行迭代，旨在解决数据库存在的问题。云厂商致力于对其云基础设施中的数据和应用进行保护。在传输过程中，数据需要经过网络、软件、负载均衡器以及其他各种组件，而它们都在逐步升级安全措施。

考虑到这个不断改进的过程，一个自然而然的问题是，如何才能无缝地集成使用不同语言和数据库开发的项目？为应对这个问题以及随之而来的挑战，无论是行业领先的企业，还是前途光明的初创企业，都投入了大量的资源。云会带来什么样的新约束呢？超过 2/3 的首席信息官都关心这个问题。鉴于此，开源数据库正逐渐成为不二的解决方案。

数据安全不仅对企业来说至关重要，还可能成为企业存亡的分水岭：是得以幸存下来，还是成为另一个就此关门大吉、被人永远遗忘的企业。只要想想勒索软件及其日益广泛传播的情况，就能够明白开源技术是如何让组织远离这种风险的。开源给组织提供了必要的权限和灵活性，让它们能够访问源代码，并以合适的方式配置和扩展软件，从而全面地满足其安全需求。这无疑反驳了多年前开源安全性被诟病的观点。开源数据库被企业快速采用，给开源争端画上了句号。数据库开源趋势浩浩荡荡，任何企业都无法置身事外。

1.3.2 SQL、NoSQL 和 NewSQL

说到 SQL 时，大家马上想到的是“古老”的关系数据库，它们在过去 20 年中始终支持高级服务。然而，关系数据库已开始尽显疲态，很多人都认为它们难以满足企业当前面临的需求。鉴于此，灵活的数据库行业巨头已采取积极措施，力图重塑其既有产品或提供新的解决方案。

NoSQL 就是一个这样的例子。它是非关系数据库的始作俑者，提供了存储和检索非关系数据（如键值对、图、文档、宽列）的机制。然而，很多 NoSQL 产品都为支持可用性和分区容错性而牺牲了一致性：考虑到新时代的重要关切，NoSQL 实现了高可用性和弹性伸缩，但不支持事务，也不具备 SQL 的标准优点。Couchbase、HBase、MongoDB 及其他 NoSQL 数据库的成功，充分表明了人们对这种做法的支持。NoSQL 数据库有时也强调如下两点：它们不仅是 SQL（Not Only SQL），也认识到了传统 SQL 数据库的价值。出于这种认识，NoSQL 数据库逐步吸纳了主流 SQL 产品的一些优点。

NewSQL 可被定义为这样一种关系数据库管理系统（relational database management system，RDBMS）：致力于让 NoSQL 系统是可伸缩的，可用于执行联机事务处理（online transaction processing，OLTP）任务，同时具备传统数据库系统的原子性、一致性、隔离性和持久性（atomicity, consistency, isolation, and durability，ACID）特性。

对于 NewSQL，学术界和数据库行业还在讨论中，因此前述的说法并非最终的定义。有关这方面的一项出色资料是论文“What's Really New with NewSQL”，它致力于根据架构和功能对数据库进行分类。所有宣称自己为 NewSQL 产品的数据库都致力于在一致性、可用性和分区容错性（capability, availability, and partition tolerance，CAP）定理之间取得良好的平衡。然而，什么样的数据库产品可归类为 NewSQL 呢?

1.3.3　新架构

DBMS 面临众多的机会，有些将在中短期内给行业带来翻天覆地的变化，而新的数据库架构无疑是其中之一。通过使用新架构，可卸下遗留系统在架构方面的包袱，使用全新的代码库来设计数据库，就像一张白纸提供了无限的可能性一样：新数据库是完全根据新时代的需求来设计并构建的。

1.3.4　拥抱透明的分片中间件

透明的分片中间件将数据库分成多个分片（shard），这些分片存储在由单节点 DBMS 实例组成的集群中。ShardingSphere 就是这样做的。

诸如 ShardingSphere 等分片中间件让用户（或组织）能够将数据库分成多个分片，并将它们存储在多个单节点 DBMS 实例中。本节将帮助你搞明白什么是数据分片。DBA 始终在寻找对 DBMS 进行优化的途径；出现数据输入高峰时，必须有适当的处理策略。对于这种问题，最佳的处理方法之一是，将数据分成独立的行和列，这样的方法包括数据分片和数据分区。下面来介绍这两个概念以及它们之间的不同之处。

1．数据分片

将大型数据库表分成多个小表时，便创建了分片。新创建的表被称为分片或分区。这些分片存储在多个节点中，这提高了可伸缩性和性能。这种可伸缩性被称为水平伸缩性。分片能够让 DBA 以尽可能高效的方式使用计算资源，这被称为数据库优化。

优化计算资源只是分片的重要优点之一，重要的是它可减少需要扫描的行数，让用户查询的响应速度比使用单个巨型数据库时快得多。

2．数据分区

说到分区，你可能感到困惑，这是完全正常的，因为数据分区常常让人误解。所谓分区，指的是将数据库分成多个子集，但这些子集依然存储在单个数据库（单个数据库有时也被称为数据库实例）中。那么分片和分区有何不同呢？分片和分区都将大型数据集分成多个小型数据集，但一个重要的不同是，分片意味着划分后的数据分散在多台计算机中，无论是水平分片还是垂直分片都如此。

1.3.5　数据库即服务

数据库即服务（DBaaS）不仅提供改造后的云数据库，还为维护数据库的物理配置提供服务。

用户无须关心数据库位于什么地方，因为云让云数据库提供商能够负责物理数据库的运维工作。

NoSQL 和 NewSQL 代表着 DBMS 的未来发展方向，大部分乃至所有数据库厂商都在向这个领域进军。很多初创企业也在进军这个领域，旨在填补其中的市场空白，它们提供的服务可与著名行业巨头提供的服务相互补充。

1.3.6 AI 数据库管理平台

近 10 年的技术进步让机器学习和人工智能（artificial intelligence，AI）等新兴领域有了长足发展。生活的方方面面最终都将受到这些技术的影响，企业及其数据库也不例外。AI 数据库运维将成为推动 DBMS 增长的主要动力。看起来 AI 和数据库管理之间似乎没有关系：当前 AI 已成为媒体热词，而数据库管理还与以前一样，需要投入大量的人力。等到 AI 技术被集成到数据库运维中，通往新天地的大门将被打开。通过学习人们以前执行数据库管理任务方面的经验，有 AI 助力的数据库将能够提供建议，并指出该采取的措施，从而指导你对数据库集群进行管理、运维和保护。

另外，AI 数据库管理平台还将能够与监控和报警系统取得联系，甚至采取某些紧急措施，以避免严重的生产事故。对企业来说，提高效率和减少人员编制始终是关注的焦点。

1.3.7 数据库迁移

说到数据库迁移，有一些好消息，还有一些坏消息。秉持对未来充满乐观的精神，我们先来说说好消息：有新的数据库可供选择，例如最近面市的所有 NewSQL 和 NoSQL 产品。至于坏消息，那就是必须能够以最低的开销完成数据迁移。

在这个从旧到新的过程中，数据迁移和数据库选择至关重要。为避免给生产带来负面影响，同时避免新数据库可能导致的不稳定性，很多企业选择继续采用陈旧的数据库架构。另外，遗留的 IT 系统过于复杂，企业不敢冒险，这是对数据迁移没有信心的一个重要原因。面对这样的情况，很多数据库厂商（数据库服务企业）将开发新产品并将其推向市场，力图从数据库行业这个数十亿美元的市场中分一杯羹。

总之，DBMS 面临的一些重大机会包括数据库安全、新的数据库架构、数据分片和 DBaaS 以及数据库迁移。

结束本节前，还有最后一点要说，那就是将旧数据库迁移到新数据库时，有些需要考虑的问题，包括：

- 选择本地还是云端；
- 迁移到新数据库的最低开销；
- 使用多个数据库导致的程序重构开销。

图 1.2 展示了从旧数据库切换到新数据库时可能带来的开销。

这些问题解决起来都绝非易事。可使用的工具和方式有很多，但大多数解决方案都要求投入大量的时间和资金，因为需要全面更换数据库类型（或厂商），重新配置整个系统，乃至为数据库开发定制补丁。别忘了，所有这些做法都面临风险，如丢失所有的数据。

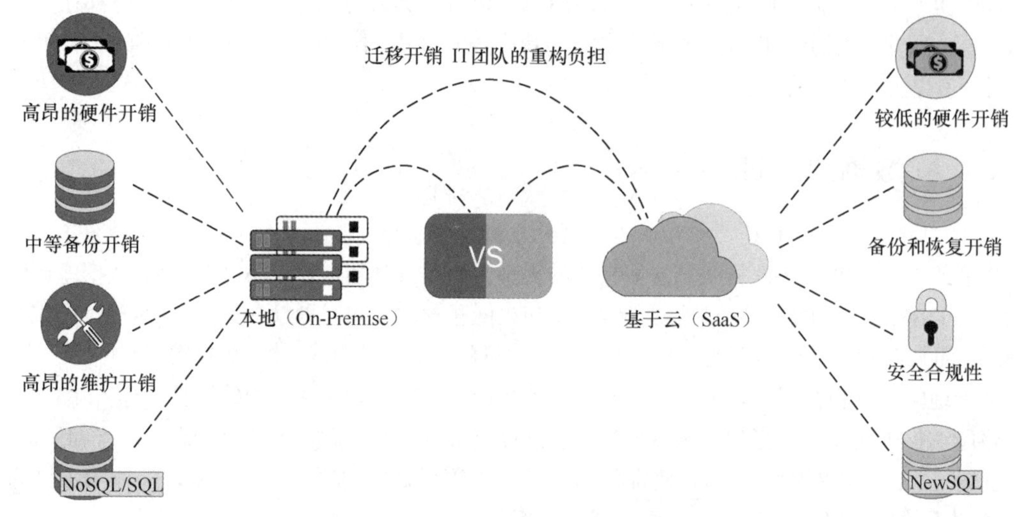

图 1.2 数据库迁移开销

鉴于此，我们打造了 ShardingSphere，它被设计成尽可能灵活而非侵入性的，旨在让工作完成起来更加轻松。你可在不给系统带来任何负面影响的情况下快速安装它，进而解决前述所有问题，同时为本章前面提及的后续开发做好准备。下面来概述 ShardingSphere 及其涉及的主要概念。

1.4 理解 ShardingSphere

针对对等数据服务模型存在的瓶颈问题，最佳的解决方案是使用统一的数据服务平台。ShardingSphere 是一个独立的数据库中间件平台，它基于 Database Plus，致力于在多模型数据库之上打造标准和生态圈。因为基于 Database Plus，所以 ShardingSphere 的 3 个核心特性是连接、增强和可插拔。接下来将详细讨论这些概念。

1.4.1 连接

ShardingSphere 的基本目标是，让你能够易如反掌地连接数据和应用。它力求与既有数据库兼容（让你感觉像直接与数据库交互一样），而不是通过开发新的 API 来打造全新的数据库标准。

统一的数据库入口（数据库网关）让 ShardingSphere 能够模拟目标数据库，并透明地访问数据库及其外围生态圈，例如应用 SDK、命令行（command line）工具、图形用户界面（graphical user interface，GUI）、监控系统等。ShardingSphere 当前支持众多的数据库协议，包括 MySQL 协议和 PostgreSQL 协议。

目标中的连接指的是 ShardingSphere 强大的数据库兼容性，即在数据和应用之间建立独立于数据库的连接，这极大地改善了增强特性。

1.4.2 增强

如果只连接到数据库，而不提供额外功能，那就只能算作实现计划，其效果自然与直接连接到数据库没什么两样。然而，这样的实现计划不仅会增加网络开销，还会降低性能，因此给你带来的价值很低。

ShardingSphere 的主要特点是能够捕获数据库入口，并透明地提供额外的功能，例如重定向（分片、读写分离和影子库）、转换（数据加密和数据脱敏）、身份认证（安全性、审计和授权）及治理［熔断、访问限制与分析、服务质量（quality of service，QoS）和可观察性］。

鉴于数据库的碎片化趋势，集中管理所有数据库功能就是一项不可能完成的任务。ShardingSphere 提供的额外功能既不是针对单个数据库的，也不是要弥补数据库功能的缺陷，相反，它们旨在消除数据库的束缚，以统一方式解决 DBMS 关注的问题。

1.4.3 可插拔

在 ShardingSphere 的整个发展过程中，通过逐步添加新功能的方式对其进行了扩展。为了避免陡峭的学习曲线吓退新的用户和开发人员，导致他们不敢在数据库环境中集成 ShardingSphere，ShardingSphere 采用了可插拔架构。

ShardingSphere 的核心价值不在于它能访问多少数据库、提供多少功能，而在于它的可插拔架构，这种架构的可扩展性极强，对开发人员非常友好。开发人员可在不修改源代码的情况下，给 ShardingSphere 添加定制的功能。

ShardingSphere 的可插拔架构由微内核和 3 层可插拔模块组成。ShardingSphere 架构之上是顶层 API，因此内核根本不知道各种功能的存在。对于不需要的功能，只需将相关的依赖删除即可，而这不会给系统带来任何影响。图 1.3 展示了 ShardingSphere 的内部结构。

可以看到，3 层之间是彼此完全独立的。面向插件的设计意味着内核和功能模块提供了全面的可扩展性支持，让你在构建 ShardingSphere 实例时，即便将某些功能模块删除（即选择不安装它们），也不会影响总体的使用体验。

1. 可供选择的架构

数据库中间件需要提供两方面的支持：访问数据库的驱动程序和独立的代理。考虑到任何架构适配器都存在缺陷，ShardingSphere 选择开发多个适配器。

ShardingSphere-JDBC 和 ShardingSphere-Proxy 是两款独立的产品，但你可选择采用混合模式（混合部署），即同时部署它们。这两款产品都提供了数十个增强功能，它们将数据库视为存储节点，适用于 Java 同构、异构语言、云原生等场景。

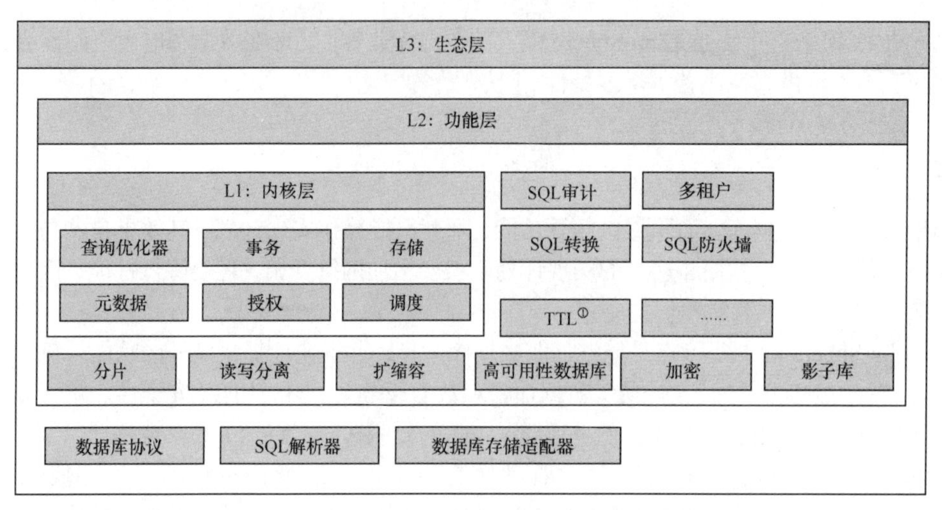

图 1.3　ShardingSphere 的内部结构

2. ShardingSphere-JDBC

ShardingSphere-JDBC 是 ShardingSphere 的前身，它是 ShardingSphere 生态圈的第一款产品，是一个轻量级 Java 框架，在 Java 数据库互连（Java database connectivity，JDBC）层提供额外的服务。ShardingSphere-JDBC 提供了极大的灵活性。

- 它适用于所有基于 JDBC 的对象关系映射（object relational mapping，ORM）框架，如 JPA、Hibernate、MyBatis 和 Spring JDBC Template，我们还可直接将它与 JDBC 结合起来使用。
- 它支持所有的第三方数据库连接池，如 DBCP、C3P0、BoneCP 和 HikariCP。
- 它支持所有遵循 JDBC 标准的数据库，当前 ShardingSphere-JDBC 支持 MySQL、PostgreSQL、Oracle、SQL Server 和其他所有支持 JDBC 接入的数据库。

上述的数据库和 ORM 框架中可能很多都是你耳熟能详的，那么 ShardingSphere-Proxy 又提供了哪些支持呢？下面来简要介绍一下。

3. ShardingSphere-Proxy

ShardingSphere-Proxy 是 ShardingSphere 生态圈的第二款产品。作为透明的数据库代理，它提供了一个数据库服务器，其中封装了数据库二进制协议，因此它支持异构语言。这个数据库代理具有如下特征：

- 对应用来说是透明的，因此可直接用作 MySQL/PostgreSQL；
- 支持所有与 MySQL/PostgreSQL 协议兼容的客户端。

图 1.4 是 ShardingSphere-Proxy 的典型系统的拓扑结构，展示了 ShardingSphere-Proxy 所处的位置。

① TTL 为存活时间（time to live）的缩写。

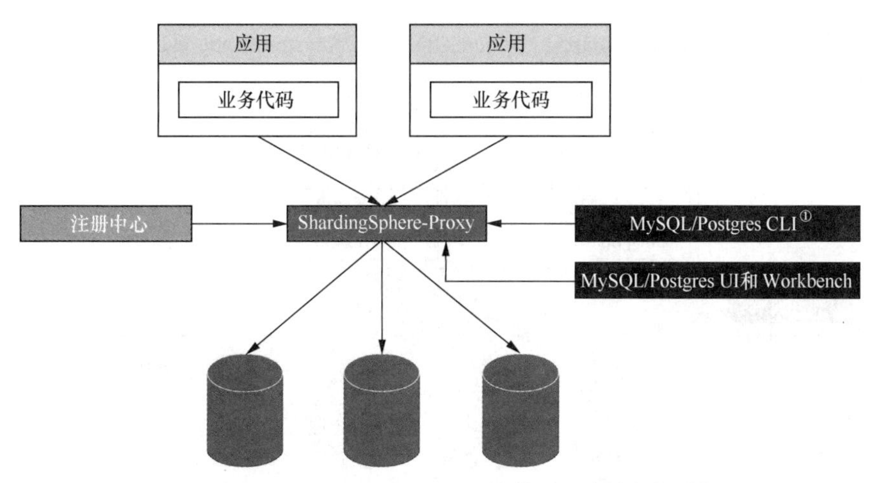

图 1.4　ShardingSphere-Proxy 的典型系统的拓扑结构

可以看到，ShardingSphere-Proxy 是非侵入性的，很容易将其添加到系统中，这提供了极大的灵活性。

你可能会问，这两个适配器有什么不同？下面简单比较它们。有关这两款产品的更深入的对比，请参阅第 5 章。

4．ShardingSphere-JDBC 与 ShardingSphere-Proxy 比较

在简单的数据库中间件项目中，不同的接入端意味着不同的部署结构，但 ShardingSphere 是个例外，它支持大量的功能。因此，随着大数据计算和资源需求的日益增长，不同的部署结构有不同的资源分配方案。

ShardingSphere-Proxy 有一个可独立部署的分布式计算模块，适用于执行多维数据计算的应用（这些应用对延迟不那么敏感，但需要使用较多的计算资源）。有关 ShardingSphere-JDBC 和 ShardingSphere-Proxy 的更深入的对比，请参阅第 5 章或 ShardingSphere 官网文档。

5．混合部署

ShardingSphere-JDBC 采用非集中式架构，适用于基于 Java 的轻量级、高性能 OLTP 应用，而 ShardingSphere-Proxy 提供了静态入口和异构语言支持，适用于联机分析处理（online analytical processing，OLAP）应用，还适用于管理和操作分片数据库。

因此，ShardingSphere 生态圈提供了多个端点。我们通过混合部署 ShardingSphere-JDBC 和 ShardingSphere-Proxy，并采用相同的分片策略，可以打造出适合多个应用场景的系统。图 1.5 简要展示了 ShardingSphere 混合部署（同时部署 ShardingSphere-JDBC 和 ShardingSphere-Proxy）的拓扑结构。

① CLI 为命令行界面（command line interface）的缩写。

通过像图 1.5 那样同时部署 ShardingSphere-JDBC 和 ShardingSphere-Proxy，可获得混合计算功能，这让你能够调整系统架构，使其更贴合需求。

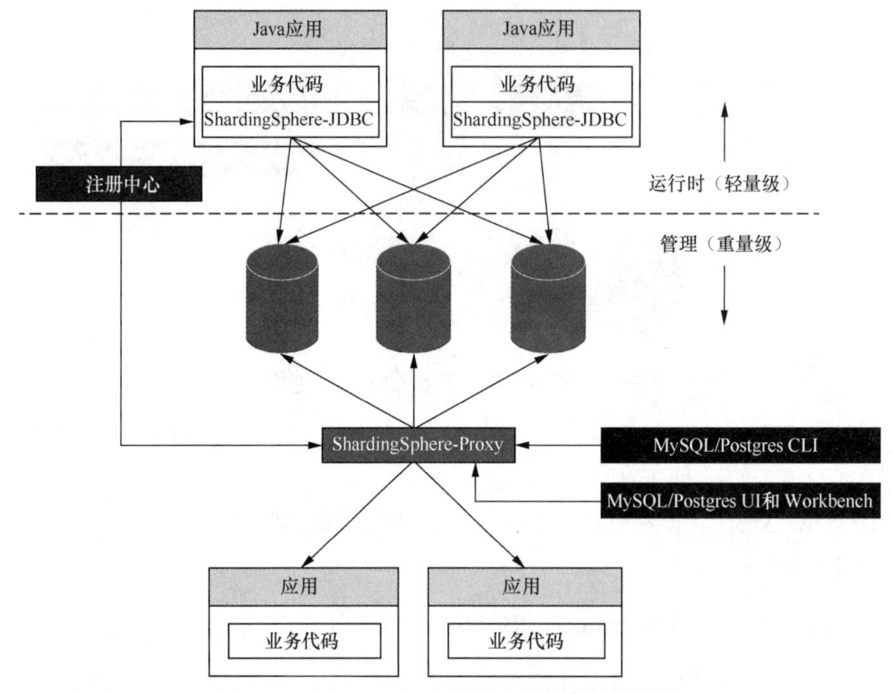

图 1.5 ShardingSphere 混合部署的拓扑结构

1.5 小结

本章介绍了 DBMS 的演变、数据库行业痛点以及行业新需求。这意味着 DBA 必须与时俱进，紧跟潮流的步伐。既然你在阅读本书，就说明你的前进方向是正确的：你知道数据库领域正在发生重大变化，并力图走在时代的前列。

我们始终致力于引领潮流，积极应对数据库领域当前面临的挑战，为此我们开发了 ShardingSphere。1.4 节简要地介绍了 ShardingSphere 适配器及其构造，但这只是“开胃菜”，接下来还有“11 道大菜”（11 章），你把它们都吃完后，就将熟练掌握 ShardingSphere：有一款新工具在手并拓展技能，同时紧跟数据库发展变化的潮流。

ShardingSphere 是数据库行业一款独具特色的产品，它致力于通过打造 Database Plus 来开发一片蓝海，而非沉溺于分布式数据库这片红海。为应对数据库技术栈的碎片化，统一的数据库服务平台是唯一的解决方案，而 ShardingSphere 就是因此而生的，它致力于在多模型数据库之上打造标准和生态圈。

下一章你将开启 ShardingSphere 深度旅行，我们将对其架构做简要的介绍。

第2章　ShardingSphere 架构概述

本章简要介绍 ShardingSphere 的架构，让你对分布式数据库有更深入的认识。要明白 ShardingSphere 的构造，进而在生产环境中更好地使用它，必须对其架构有深入的认识。本章将引领你熟悉数据库领域中出现的一些新概念（如数据库网格），并与你分享 ShardingSphere 社区秉承的主要理念——Database Plus。

本章先简要介绍分布式数据库的典型架构，再介绍组成 ShardingSphere 架构的 3 层。

- 第一层为包含核心功能的内核层，这些核心功能在幕后协同工作，确保数据库能够平稳地运行。这些核心功能包括事务引擎、查询优化器、分布式治理、存储引擎、授权引擎和调度引擎。
- 第二层可能是你最感兴趣的。我们将概述这一层提供了哪些可供选择使用的功能及其用途，这包括数据分片、弹性伸缩、影子库和应用性能监控（application performance monitoring，APM）。
- 第三层是可插拔的生态层，正是它让 ShardingSphere 与众不同。

阅读完本章，你将对 ShardingSphere 的构造及其提供的各种功能有大致认识。本章将介绍如下内容：

- 分布式数据库架构；
- 基于 SQL 的负载均衡层；
- ShardingSphere 和数据库网格；
- 使用 Database Plus 解决数据库痛点；
- 基于 Database Plus 的架构；
- 部署架构；
- 插件平台。

2.1 分布式数据库架构

分布式数据库包含联系紧密的 3 层：负载均衡层、计算层和存储层。在分布式数据库中，数据分散在多个不同的物理位置，同时数据的结构及其与其他数据的关系是由预先确定的逻辑定义的。图 2.1 展示了分布式数据库集群的架构。

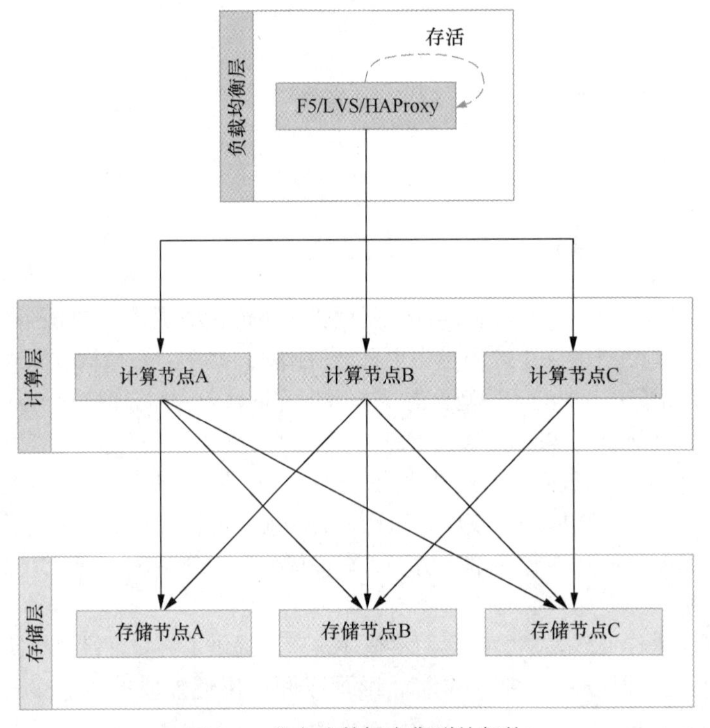

图 2.1 分布式数据库集群的架构

在存储和计算分离的分布式数据库架构中，用于数据持久化和下推计算的存储层是有状态的，无法按需扩展。为避免数据丢失，必须存储数据的多个副本，并采用动态迁移解决方案来进行扩容，这至关重要。另外，计算层用于分布式查询计划生成、分布式事务和分布式聚合计算，它是无状态的，这让用户能够以水平方式增加计算能力。考虑到计算节点是可伸缩的，我们决定在数据库集群前面构建负载均衡器，负载均衡器自然而然地成了中央入口。

本节介绍了分布式数据库，旨在帮助你理解后续内容，因为 ShardingSphere 致力于提供一种解决方案，让你能够将第 1 章提及的所有 RDBMS 转换为分布式数据库系统。

2.2 基于 SQL 的负载均衡层

当前，网络负载均衡层已足够成熟，能够基于协议头标识、加权计算和限流设置对请求进行分发和处理。然而，在数据库行业中，依然没有适用于 SQL 的负载均衡层，不能对 SQL 进行解析，这意味着无法满足数据库系统对请求分发粒度的要求。为弥补数据库行业负载均衡层存在的缺陷，解决之道是开发出能够理解 SQL 的智能 SQL 负载均衡器。

除了常见的负载均衡器功能（如高性能、流量治理、服务发现和高可用性），智能 SQL 负载均衡器还具有分析 SQL 和计算查询开销的功能。

在清楚 SQL 的特征和查询到开销后，智能 SQL 负载均衡器接下来采取的措施是给计算节点乃至存储节点指定标签。当然，可使用自定义标签，如 SELECT && $cost<3、UPDATE && $transaction=true && $cost<10 和(SELECT && GROUP) || $cost>300。

智能 SQL 负载均衡器可将要执行的 SQL 同预定义的标签相关联，进而将请求分发给正确的计算节点或存储节点。图 2.2 展示了智能 SQL 负载均衡器的部署架构。

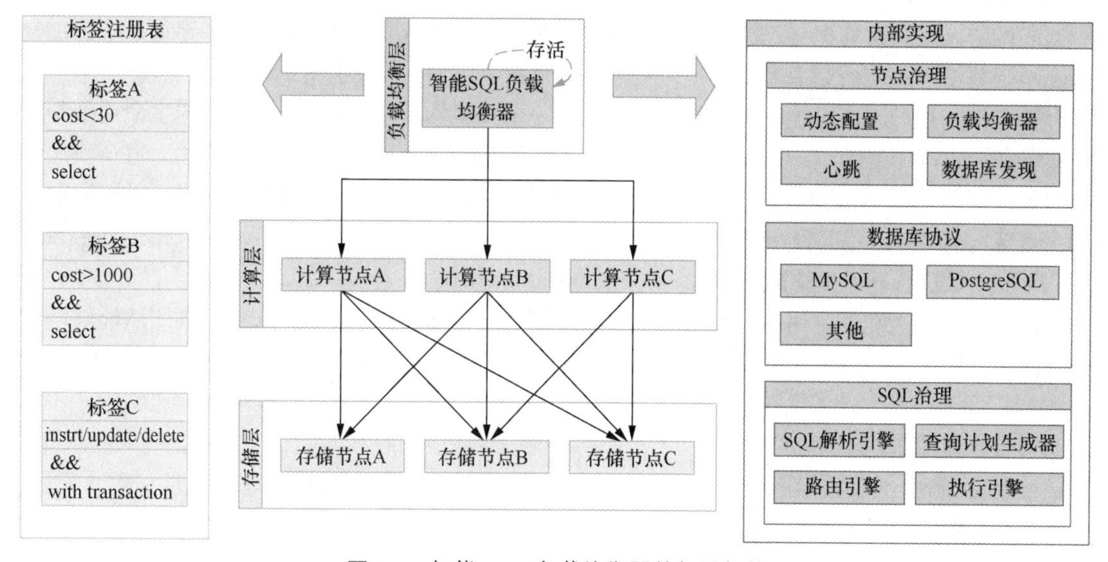

图 2.2　智能 SQL 负载均衡器的部署架构

在图 2.2 中，中间部分是使用智能 SQL 负载均衡器的分布式数据库集群架构，其中复杂的负载均衡层确保高可用性，这是通过存活（keepalived）消息和虚拟互联网协议（virtual internet protocol，VIP）等组织和管理方法实现的。

右侧部分是智能 SQL 负载均衡器的内核设计。通过模拟目标数据库协议，智能 SQL 负载均衡器实现了负载均衡层代理，使得访问智能 SQL 负载均衡器的方式与直接访问目标数据库（MySQL、PostgreSQL 等）的方式是一致的。除了上述理解 SQL 的功能，节点管理部分还包含其他基本功能，如动态配置、心跳监视器、数据库发现和负载均衡器。

左侧部分是一个标签配置示例，包含计算节点和存储节点的用户定义标签。标签存储在智能 SQL 负载均衡器的注册中心中，因此计算层和存储层只需负责处理请求。另外，这两层无须为负载均衡功能费心，因此预期的 SQL 请求返回时间相当接近将请求发送给相应计算节点或存储节点所需的时间。这种改进解决了大规模数据库集群中存在的痛点，具体作用如下：

- 极大地改善了系统的 QoS，让整个集群能够更平稳地运行，并最大程度地降低了出现单节点性能消耗器的可能性；
- 以更细致的方式有效地隔离了事务计算、分析计算和其他操作，从而让集群资源分配更为合理，用户可方便地根据标签描述定制节点的硬件资源。

接下来将介绍如何使用边车模式来集成负载均衡器，以改善性能和可用性。

2.2.1 使用边车模式改善性能和可用性

众所周知，对系统来说，关键是性能和可用性，而非或花里胡哨的额外功能。然而，添加负载均衡层后，网络跳数可能增加，性能和可用性都可能受到影响。另外，系统还需要添加一个虚拟互联网协议或负载均衡器，以解决负载均衡层本身存在的高可用性问题，这将导致系统更加复杂。对于新增负载均衡层带来的问题，边车模式是解决它们的“银弹”。

边车模式指的是在每个应用服务器上都添加一个负载均衡器，该负载均衡器的生命周期与应用本身相同：应用启动时，其负载均衡器启动；应用被销毁时，其负载均衡器消失。每个应用都有自己的负载均衡器，这确保了负载均衡器的高可用性。这种方法也最大程度地减少了性能耗损，因为负载均衡器和应用部署在同一个物理容器中，这意味着远程过程调用（remote procedure call，RPC）变成了进程间通信（interprocess communication，IPC）。

除了改善性能和高可用性，边车模式还将应用与数据库 SDK 解耦，这让运维团队能够随时升级边车和数据库，因为这种设计使得升级不会影响业务应用。由于边车是独立于应用的，因此只要边车采用的是金丝雀发布（canary release），它对应用开发人员来说就是完全透明的。不同于被连接到应用中的类库，使用边车可更有效地统一在线应用版本。

实际上，流行的服务网格概念就将边车作为数据平面，以处理系统中的东西流量和南北流量，它还使用控制平面来向数据平面发送指令，以控制流量或完成透明的升级。

边车模式存在的最大问题是其高昂的部署和管理开销，因为需要为每个应用都部署边车。由于需要部署大量的边车，因此必须测量其资源占有量和体量，这至关重要。

提示 良好的边车应用必须是极度轻量级的。

2.2.2 改变云原生数据库开发路径的数据库网格

为降低边车的部署和管理开销，一种不错的方式是使用 Kubernetes。Kubernetes 可将负载均衡器和应用镜像放在 Pod 中或使用 DaemonSet，以简化部署过程。Pod 开始运行后，可将边车视为操作系统不可分割的部分，而应用将通过本地主机（localhost）来访问数据库。

对应用来说，总是有一个容量有限但永远不会崩溃的数据库。Kubernetes 早已成为云原生操作系统的事实标准，因此在云领域，使用 Kubernetes 在云端部署边车是绝对可以接受的。而面向服务的云原生可编程流量与服务网格一起，彻底改变了服务云市场。

当前，云原生数据库的重心依然是云原生数据存储，它没有像服务网格这样让人能够通过网络平稳地交付适配器。基于边车模式的数据库网格由 Kubernetes 和智能 SQL 负载均衡器组成，它无疑将给云原生数据库带来巨大的影响，同时能够更好地分析 SQL。

数据库网格的 3 个核心组件是负载均衡层、可编程流量和云原生。图 2.3 展示了数据库网格的架构。

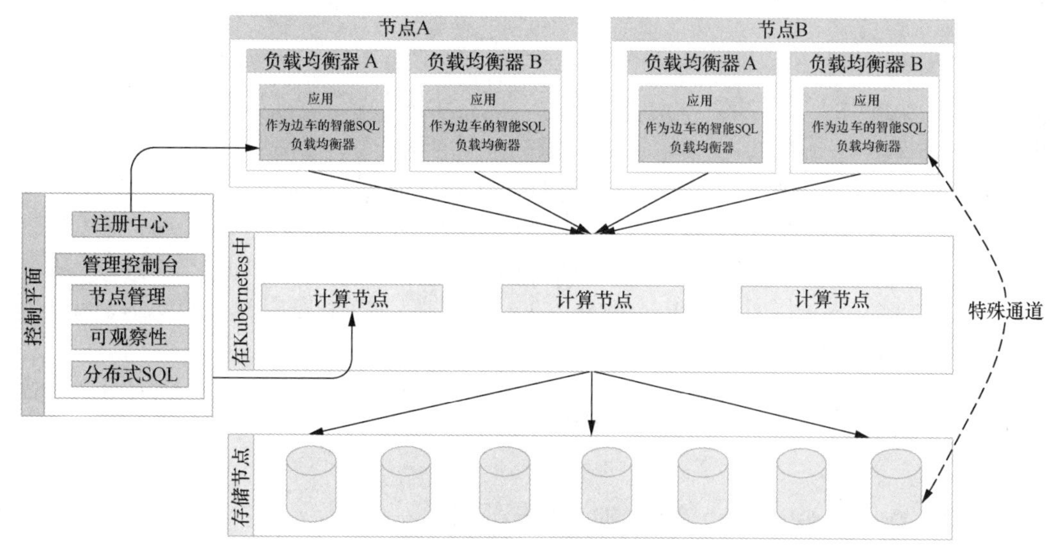

图 2.3 数据库网格的架构

可以看到，控制平面管理着负载均衡层、计算层和存储层，它还可能管理着所有的数据库流量。控制平面包含注册中心和管理控制台。注册中心用于服务发现的分布式协调、存储元数据（例如标签定义以及计算节点和存储节点的映射信息）以及存储集群中各个组件的操作状态。在管理控制台中，节点管理和可观察性是云原生分布式数据库的关键功能，它们通过云管理和遥测（telemetry）技术管理整个集群的资源。除资源控制外，管理控制台还让 SQL 命令能够操作集群配置。用于控制分布式集群的 SQL 不同于用于操作数据库的 SQL，因此我们定义了一种新的 SQL——分布式 SQL（distributed SQL，DistSQL），用于管理分布式集群。

DistSQL 是一种辅助 SQL，它还与一些必要的功能（如流量管理和可观察性）一起对标签进行管理（例如定义标签、修改计算节点和存储节点之间的匹配关系等），以改变集群流量的方向。DistSQL 强大且灵活，让控制平面能够通过编程动态地修改整个集群的流量控制和路由器。DistSQL 很像服务网格的数据平面，但数据库网格位于不同的层。服务网格依赖的是网络流量，无须明白 SQL 语义，而数据库网格添加了云原生数据库流量控制。

实际上，数据库网格的数据平面就是能够理解 SQL 的负载均衡层，因为它接收控制平面发送的命令，并执行如限流、熔断和基于标签的路由等操作。

数据库网格能够将不同的环境完全隔离，让运维人员只需将数据平面的网络配置改为分布式数据库的网络配置，再通过修改使其适合开发环境、测试环境或生产环境；开发人员只需开发面向本地主机的数据库服务，而根本不用考虑与分布式数据库相关的问题。基于数据库网格提供的云原生服务功能，开发人员可完全忽略具体的数据库网络地址，这极大地提高了他们的工作效率。

2.3 ShardingSphere 和数据库网格

虽然数据库网格和 ShardingSphere 有相似之处，但它们并不是一码事。例如，不同于数据库网格，ShardingSphere 中智能 SQL 负载均衡器没有侵入计算节点和存储节点，这使它能够适应任何类型的数据库。

然而，通过组合数据库网格和 ShardingSphere，可通过私有协议改善交互性能。智能 SQL 负载均衡器可使用 SQL 解析引擎生成抽象语法树（abstract syntax tree，AST），因此，在未来的版本规划中，ShardingSphere 将发布一个私有协议，它可在接收 SQL 请求的同时接收 AST，从而以合适的方式改善性能。例如，除 SQL 分析外，在一些场景（如单片路由），还可识别 SQL 功能，并直接访问后端数据库存储节点。

改进后的智能 SQL 负载均衡器的功能和私有协议让 ShardingSphere 和智能 SQL 负载均衡器之间的兼容性更强，进而提供一个集成的数据库网格解决方案。

2.4 使用 Database Plus 解决数据库痛点

ShardingSphere 遵循的核心设计理念是 Database Plus。在过去几年，数据库行业在快速扩展，新解决方案层出不穷，它们致力于填补因互联网相关行业发展而带来的日益庞大的空白。

一些著名的例子有 MongoDB、PostgreSQL、Hive 和 Presto。这些解决方案深受欢迎，这表明在数据库领域，碎片化是个日益严重的问题，而最近风险资本的涌入进一步深化了这种趋势。在 DB-Engines 的数据库排名榜上，榜上有名的数据库超过 350 个，还有很多数据库没有进入榜单。在卡内基梅隆大学的 Database of Databases 榜单上，当前列出了 792 个值得关注的 DBMS。

如此多的 DBMS 充分说明了企业对 DBMS 的需求方向有多广泛。然而，凡事都有两面性，数据库这样的繁荣带来了如下问题。

- 应用高层需要使用不同的数据库方言来与不同类型的数据库通信，需要在保留既有连接池的同时添加新的连接池。
- 需要聚合来自不同数据库的分布式数据。
- 需要满足碎片化数据库的相同需求，如加密。
- 在生产环境中，需要运维不同类型的数据库，这可能带来严重的效率问题，加重 DBA 的负担。

我们推出了 Database Plus，在碎片化数据库之上添加一个标准化的层和生态，以提供统一的操作服务，将数据库之间的差异隐藏起来。在这样的环境中，应用只需与标准化的服务通信。另外，在应用和数据库之间可添加额外的功能。这种机制让这层（ShardingSphere）能够拦截流量、分析所有的请求、修改内容并将查询重新路由到目标数据库。

基于 Database Plus 这种简单而重要的理念，ShardingSphere 能够提供分片、数据加密、数据库网关和影子库等。在第 1 章介绍过，Database Plus 理念的核心特性连接、增强和可插拔，这里再简要回顾一下。

- 连接意味着将应用连接到数据库。在有些情况下，应用不需要知道数据库的变化情况，即便在架构底部添加或删除了特定类型的数据库，应用也无须做相应的调整，因为它们的通信对象自始至终都是 ShardingSphere。
- 增强意味着通过 ShardingSphere 改善数据库功能。用户为什么要通过 ShardingSphere 而不是原始数据库进行交互呢？坦率地说，仅靠连接理念不足以说服用户去考虑使用 ShardingSphere，因此对 ShardingSphere 来说，增强理念是不可或缺的，这样 ShardingSphere 才能够在将应用连接到数据库的同时，向用户提供额外的宝贵功能，如分片、加密和身份认证。
- 支持可插拔是由于用户的需求和面临的问题各异，用户希望 ShardingSphere 能够考虑自己的需求，这意味着必须支持用户定义（定制的）规则和配置，然而产品销售方（或产品厂商）的立场完全相反，他们更愿意提供标准化的产品，这样可避免额外的劳动、开发和定制开销，因此必须寻找解开这个“死结”的答案。ShardingSphere 社区经过努力，让 ShardingSphere 提供了与大多数功能相关的 API。大致而言，ShardingSphere 通过与这些 API 交互来执行核心工作流程，因此不管具体的实现是什么样的，ShardingSphere 都能够很好地工作。对于每项功能，ShardingSphere 都提供了正式实现和默认实现以支持开箱即用，同时提供了无限的定制空间。

这些功能都是可插拔的，如果不想实现分片功能，可省略其插件配置，只提供一个数据加密设置文件，让数据库是加密的；如果要同时使用分片和加密功能，只需将这种要求告知 ShardingSphere，它就会封装这两项配置，为你打造一个加密的分片数据库。

前文提到，数据库的繁荣导致了市场的碎片化，无法满足众多新开发的应用的各种服务需求。新的行业需求导致应用和碎片化数据库之间出现缝隙，图 2.4 对此做了概述。

Database Plus 的好处可总结为如下几点：

- 使用标准化层隐藏了不同数据库在用法方面的差异；
- 极大地减少了为替换数据库而需要投入的精力；
- 通过提供增强功能解决了众多恼人的问题；
- 根据具体情况组装不同的功能插件；
- 大多数内核层都允许用户自定义实现功能代码。

这种更新理念始于 ShardingSphere 5.*x*。以前，ShardingSphere 的定位是分片中间件层，旨在帮助用户对数据库进行分片。那时 ShardingSphere 只是一个轻量级驱动程序，与现在的定位完全不同。用户直言不讳地表达了期望，希望除分片功能外，ShardingSphere 还能支持其他更有价值的功能。为满足社区的期望，我们将其他卓越功能纳入开发计划。

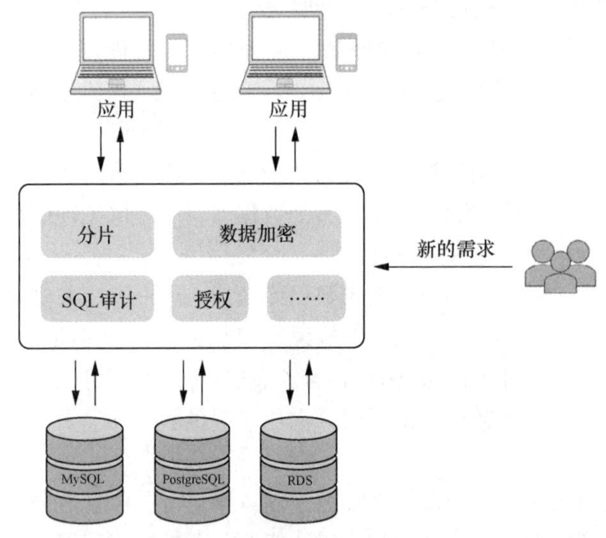

图 2.4　新的行业需求导致应用和碎片化数据库之间出现的缝隙

然而，如果只是简单地组合各种功能，架构将难以维护，同时很难以可持续的方式紧跟发展潮流。为满足这些需求并消除 ShardingSphere 项目最初的混乱状况，我们做出了艰苦努力，最终推出了支持前述 3 种特性的 Database Plus。

这个迭代过程让 ShardingSphere 有别于其他类似的分片产品。坦率地说，Citus 和 Vitess 深受欢迎，它们在扩展 PostgreSQL 和 MySQL 方面表现非常出色。当前，Citus 和 Vitess 专注于分片和其他相关功能，类似于旧版本的 ShardingSphere，ShardingSphere 采取的是一条全新的路径。

2.5　基于 Database Plus 的架构

ShardingSphere 是基于 Database Plus 构建的，本节将介绍其架构。我们将从功能架构和部署架构两个角度进行介绍，让你明白 Database Plus，并在生产环境中付诸应用。

2.5.1　功能架构

功能架构描述的主要是客户端、功能和支持的数据库。这是一个组件目录，即一个包含客户端、功能、分层和支持的数据库的字典。

第 1 章介绍过，所有的组件（如客户端）和功能（如数据分片、数据加密）都是可选和可插拔的。如图 2.5 所示，决定在环境中使用 ShardingSphere 后，下一步是根据需求选择一个或多个客户端、功能和数据库，并将它们组装成一个数据库解决方案。

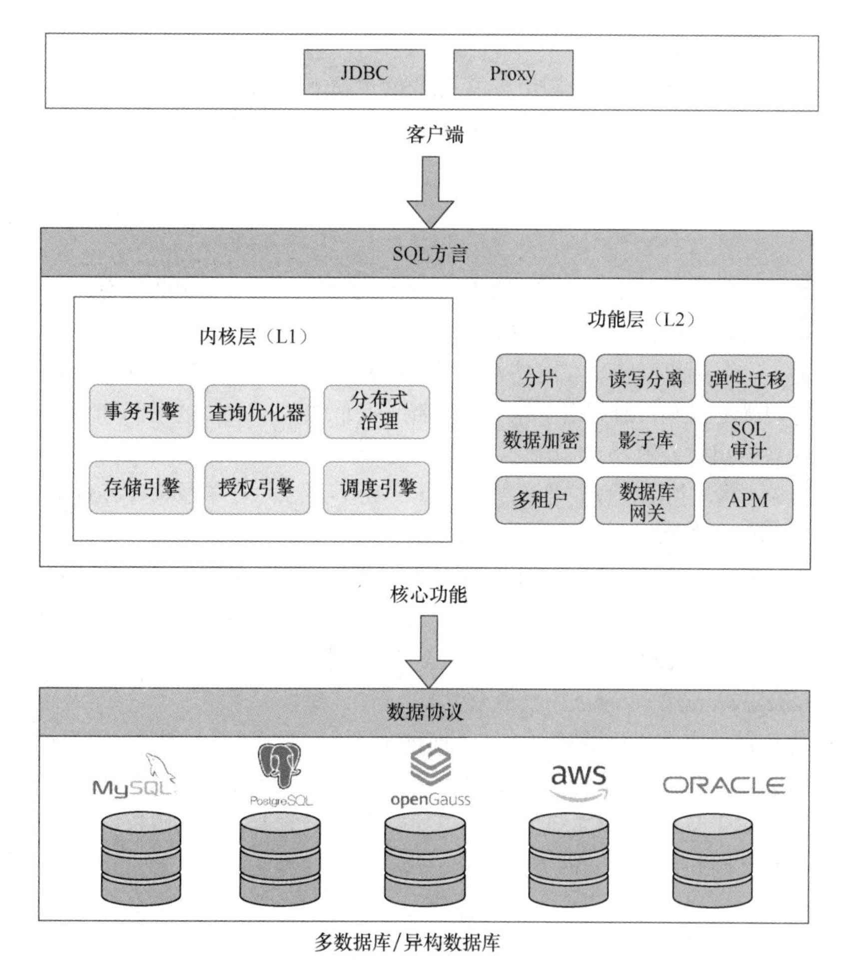

图 2.5　ShardingSphere 的功能架构

对功能架构做了总体介绍后，下面更深入地介绍客户端、功能和数据库协议，让你能够做出有依据的决策。

2.5.2　客户端

图 2.5 最上层是 ShardingSphere-Proxy 和 ShardingSphere-JDBC——两款可选择的产品（客户端）。它们适用于不同的应用场景，你可以选择部署其中的一个，也可以两个都部署。你可能还记得，第 1 章介绍过这两个客户端及其部署模式。这里快速复习一下，ShardingSphere-JDBC 是一个轻量级 Java 框架，而 ShardingSphere-Proxy 是一个透明的数据库代理。

2.5.3　特性层简介

下面来看看 ShardingSphere 架构中包含功能的分层：先介绍内核层（L1）及其功能，再介绍功能层（L2）及其功能。在让你大致知道各项功能都位于什么地方后，我们再介绍部署架构。

1. 内核层（L1）

第 1 章介绍过内核层及其定义（见图 1.3）。这层是特性层的一部分，但专注于内核部分。所谓内核部分，指的是内部结构，它们虽然非常重要，但不直接用于解决常见的问题。它们在幕后运行，为功能层（L2）提供支持。在有些情况下，内核的质量决定了功能的性能。而在另一些情况下，内核对客户端的性能没有显著影响。鉴于此，我们投入了大量的时间和精力来改善它。下面介绍内核层的各个组件及其功能。

（1）事务引擎。为支持 ACID 特性，数据库事务必不可少。在单数据库场景中，事务只能访问和控制单个数据库的资源，因此被称为本地事务。大多数成熟的关系数据库都对 ACID 特性提供了原生支持。然而，除本地事务外，还有分布式事务。随着基于微服务的分布式应用场景的出现，越来越多的事务需要访问多个服务及其对应的数据库资源。事务引擎用于处理本地事务以及分布式事务扩展架构（extended architecture，XA）和基本可用、软状态、最终一致性（basically available, soft state, eventually consistent，BASE）。

（2）查询优化器。查询优化器对 SQL 查询进行分析，并从多个可能的查询计划中找出效率最高的查询执行方式。在分布式数据库系统中，查询优化器决定了需要获取、传输和计算的数据量（这些数据来自多个分片）。SQL 查询被提交给数据库服务器，并由解析引擎进行分析后，再交给查询优化器。查询和数据之间的关系并非一对一的，这可能导致数据获取的效率很低。在查询优化器中，根据元数据优化规则来生成各种执行计划，并计算每个执行计划的开销。查询优化器的终极目标是找出最佳的执行计划，从而最大限度地缩短查询处理时间。然而，更佳的做法是找到一个足够好的执行计划，这是因为查询优化器要找出最佳的执行计划需要一些时间，而这可能降低性能。

（3）分布式治理。在分布式系统中，必须能够统一管理各个组件。所谓分布式治理，指的是能够对数据库存储节点和计算节点进行管理，同时能够实时地在线发现分布式环境中的更新，进而在所有计算节点之间同步。另外，分布式治理还会收集有关分布式系统的元数据和信息，并提供针对数据库集群的建议。通过使用机器学习技术，分布式治理能够根据数据库的历史情况进行学习，进而生成更有用的有关数据库的个性化建议。另外，分布式治理提供了熔断和限流功能，旨在确保整个数据库集群能够持续、高效、流畅地为应用提供服务。

（4）存储引擎。存储引擎关注的重点是如何以特定的结构存储数据。在图 2.5 所示的架构中，列出了各种数据库，如 MySQL、PostgreSQL、Oracle、Amazon 关系数据库服务（Amazon Relational

Database Service，Amazon RDS）等。显然，它们都是数据库，这意味着它们能够存储数据和执行查询。实际上，可将它们视为存储解决方案，而存储引擎的职责便是与这些存储解决方案通信。

如何区分数据库中间件和分布式数据库呢？有些人会给出这样的答案：主要判断因素是存储解决方案的类型以及与它们的连接。如果分布式系统是从头开始搭建的（包括存储解决方案、计算节点和客户端），就意味着它天生就是分布式数据库，能够满足新时代的需求。相反，如果存储解决方案为 DBMS，而计算节点使用 SQL 来检索存储解决方案中的数据，那就是数据库中间件。换而言之，关键在于是否存在原生存储解决方案。

ShardingSphere 的存储引擎可连接不同的存储解决方案，这意味着存储解决方案可以是 DBMS，也可以是键值（key-value，KV）存储。连接是由相应的引擎调用特定函数建立的，因此修改一部分不会影响其他模块。这种设计提供了更换存储解决方案的可能性。

（5）授权引擎。授权引擎为分布式系统提供了用户身份认证和权限控制功能。通过授权引擎支持的各种配置层级，你可使用密码加密、数据库级权限控制、表级权限控制以及粒度更细的权限自定义，给数据提供不同的安全保护。另外，授权引擎还是数据审计的基石。有了授权引擎的帮助，可轻松地配置审计权限，从而限制有些用户的数据查询范围或特定 SQL 影响的行数。除文件配置方式外，授权引擎还支持注册中心，同时可通过 API 将其与既有授权系统集成，这让架构师能够灵活地选择技术解决方案，并以最适合的方式定制授权系统。

（6）调度引擎。调度引擎用于作业调度，它由 ShardingSphere ElasticJob 提供支持，而后者支持弹性调度、资源分配、作业治理和作业开放（job-open）生态。调度引擎支持在分布式系统中实现数据分片和高可用性、通过扩容提高吞吐量和效率，以及通过资源分配实现灵活而可伸缩的作业处理。其他值得注意的亮点包括在分布式环境不稳定时进行自我诊断和恢复。调度引擎用于弹性迁移、数据加密、数据同步、在线数据定义语言（data definition language，DDL）、数据分片与归并等。

2．功能层（L2）

前面介绍了内核层（L1），内核层中的组件在后台运行，为功能层（L2）的功能提供支持。下面介绍功能层的模块和功能。

（1）分片。所谓分片，指的是对存储在单个数据库中的数据进行拆分，以便将其存储在多个数据库或表中，从而改善性能和数据可用性。分片通常分为分库和分表。数据库分片可有效地减少单个数据库的访问量，从而降低数据库承受的压力。虽然分表不能降低数据库承受的压力，但是能减少单个表存储的数据量，从而避免索引深度增加导致的性能下降。同时，分片还可将分布式事务转换为本地事务，从而避免分布式事务带来的复杂性。分片模块旨在提供透明的分片功能，让你能够像使用原生数据库一样使用分片数据库。

（2）读写分离。所谓读写分离，指的是将数据库分为主库和从库，其中主库负责处理插入、删除和更新，而从库负责处理查询。近年来，数据库吞吐量面临的 TPS（transactions-per-second，每秒事务数）瓶颈日益严重。对执行大量并发读取，但执行较少并发写入的应用来说，读写分离可有效避免数据更新导致的行锁，从而极大地提高整个系统的查询性能。

采用一主多从模式，可将查询分散到多个从库，从而提高处理能力。这还意味着将系统扩展为多主多从，不仅可提高吞吐量，还可改善可用性。采用这种配置时，即便有数据库出现问题或磁盘受损，系统依然能够正常运行。读写分离模块旨在提供透明的读写分离功能，让你能够像使用原生数据库一样使用主从数据库集群。

（3）弹性迁移。弹性迁移可用于将外部数据库中的数据迁移到 ShardingSphere，还可用于在 ShardingSphere 中进行数据扩缩容。这是一种水平伸缩方式，而不是垂直伸缩方式。例如这样一个场景：随着业务数据的快速增长，后台数据库可能成为瓶颈（数据库从业者大都相信这一点）。如何避免或者解决这种问题呢？弹性迁移或许能够帮上忙。

在 ShardingSphere 中，只需添加更多的数据库实例并配置更多的分片，即可自动调度迁移，进而创建一个伸缩作业（scaling job）来执行迁移。伸缩作业包括 4 个阶段：准备阶段、存量阶段、增量阶段和切换阶段。有关这 4 个阶段及弹性伸缩，将在 3.5 节更详细地介绍。在准备阶段，将检查数据库连接性和权限，而在存量阶段，将执行存量数据迁移。如果在存量阶段，数据还在发生变化，伸缩作业将通过变更数据捕获（change data capture，CDC）同步这些数据变更。在增量阶段，CDC 功能基于数据库复制协议或预写日志（write-ahead logging，WAL）日志。增量阶段结束后将进入切换阶段，在切换阶段，注册中心和配置中心可能切换配置，让新分片上线。

（4）数据加密。无论是对互联网企业还是对传统企业来说，数据安全都至关重要。数据安全的核心是数据加密，数据加密指的是通过使用加密算法和加密规则将敏感信息转换为秘密数据。例如，涉及客户敏感信息的数据，如身份证号、电话号码、卡号、客户编号和其他个人信息，《消费者保护法》[①]要求必须对这些数据进行加密。数据加密模块旨在提供一种安全且透明的数据加密解决方案。

（5）影子库。这种解决方案适用于当前流行的微服务应用架构。在多个服务必须协调一致的情况下，对单个服务所做的压力测试不再能反映真实情况。鉴于此，通常选择采用在线的全链路压力测试，即在生产环境中执行压力测试。为确保生产数据的可靠性和完整性（以免出现数据污染），数据隔离是关键，也是难点。ShardingSphere 提供了影子库，旨在解决在全链路压力测试场景中，在数据库层级隔离压力测试数据的问题。

（6）APM。ShardingSphere 的 APM 功能向框架或服务器提供指标和跟踪数据，以实现可观察性。APM 是基于 Byte Buddy（Java 代理使用的一个运行阶段代码生成器）的，这旨在让它对其他模块的代码是零侵入的，同时将它与其他核心功能解耦。因此，APM 模块可独立地发布。当前，APM 模块支持将指标数据导出到 Prometheus，这样就可使用 Grafana 以图表方式轻松地可视化这些数据。它还支持将跟踪数据导出到各种流行的开源软件，如 Zipkin、Jaeger、OpenTelemetry 和 SkyWalking。APM 模块还在代码层级支持 OpenTracing API，指标数据包括有关连接、请求、

① 此处泛指，不涉及具体国家的具体法规。

分析、路由、事务的信息，还有 ShardingSphere 中的部分元数据。

跟踪的数据包括为分析、路由和执行 SQL 而消耗的时间。APM 导出的数据很有用，能够让你轻松地分析 ShardingSphere 在运行阶段的性能。APM 模块还支持对使用 ShardingSphere-JDBC 框架来访问后端数据的应用进行监视。

2.6 部署架构

ShardingSphere 针对不同的应用场景提供了很多实用的部署模式，本节将通过图示和示例介绍相关的组件。

应用是外部访问者，而计算节点（ShardingSphere-Proxy）负责接收流量、分析 SQL 以及计算和调度分布式任务。注册中心持久化元数据、规则、配置和集群状态。所有数据库都将成为存储节点，负责持久化数据以及运行一些计算作业。

在 1.4 节，列举了可供选择的 ShardingSphere 部署架构（ShardingSphere-Proxy、ShardingSphere-JDBC 和混合部署），图 2.6 展示了其中一种。

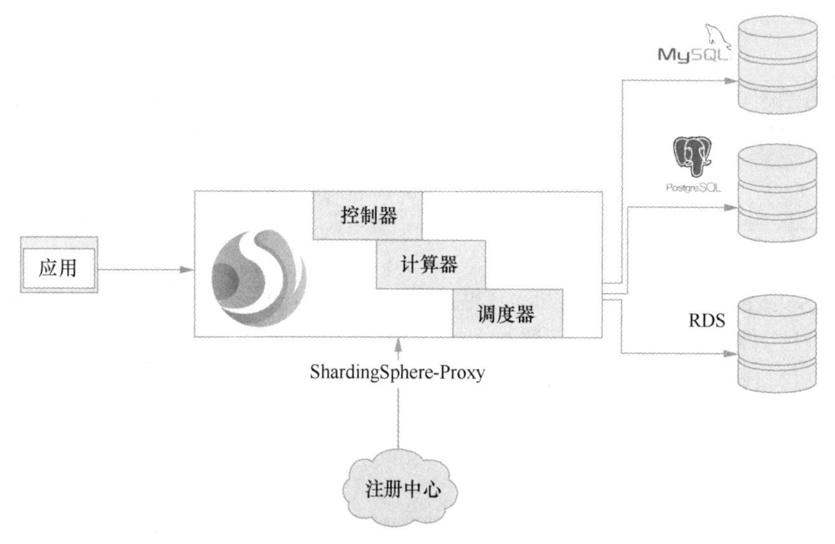

图 2.6 ShardingSphere-Proxy 部署架构

如果你对 Kubernetes 的架构有所了解，将发现它与 ShardingSphere 的结构有些相似之处。图 2.7 是 Kubernetes 架构示例，你可将其与图 2.6 进行比较。

从图 2.7 可知，主节点类似于代理（proxy）。在图 2.7 中，主节点控制着节点，而在图 2.6 中，代理访问数据库。在 Kubernetes 中，所有的主节点都连接到 etcd。etcd 是一个分布式键值存储，存储了分布式系统的关键数据，用于管理集群状态。而在 ShardingSphere 中，注册中心要求所有的代理都向它注册。

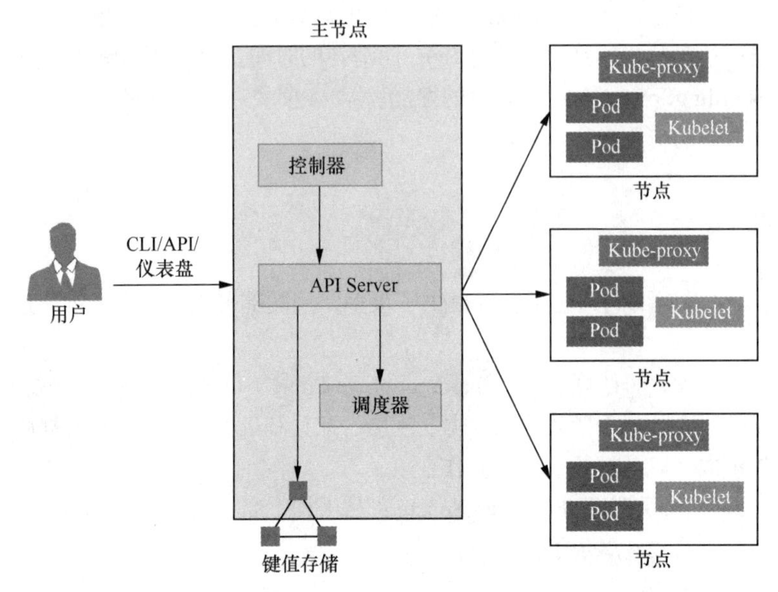

图 2.7 Kubernetes 架构示例

希望这两张图让你明白了 ShardingSphere-Proxy 架构和典型的 Kubernetes 架构之间的相似之处，这将有助于你阅读接下来有关 ShardingSphere 插件平台的内容。

2.7 插件平台

ShardingSphere 提供了两个适配器——ShardingSphere-JDBC 和 ShardingSphere-Proxy，它们调用相同的内核引擎来处理 SQL。虽然 ShardingSphere 结构复杂，特性众多，但其内核架构极其清晰，而且是轻量级的。

2.7.1 微内核生态

在核心使用流程方面，ShardingSphere 和数据库很像，但 ShardingSphere 包含供用户使用的内核插件，还有扩展点。图 2.8 概述了内核架构。

图 2.8 所示的架构包含 3 层：微内核、可插拔的服务提供者接口（service provider interface，SPI）和可插拔的生态。

- 微内核处理工作流程涉及两个标准模块：SQL 解析引擎和 SQL 绑定引擎。这两个模块用于识别 SQL 的特征，在接下来的 SQL 执行工作流程中，将根据识别结果决定使用简单下推引擎还是 SQL 联邦引擎。
- 可插拔的 SPI 是抽象的高级接口，用于访问 ShardingSphere 核心进程。内核不提供规则实现，而只是调用系统中注册的实现了接口的类。除 SQL 执行引擎外，SPI 还使用装饰器设计模式来支持特性添加。

- 可插拔的生态让开发人员能够使用可插拔 SPI 来添加所需的特性。ShardingSphere 的核心特性（如数据分片、读写分离和数据加密）都是可插拔 SPI 或可插拔生态的组件。

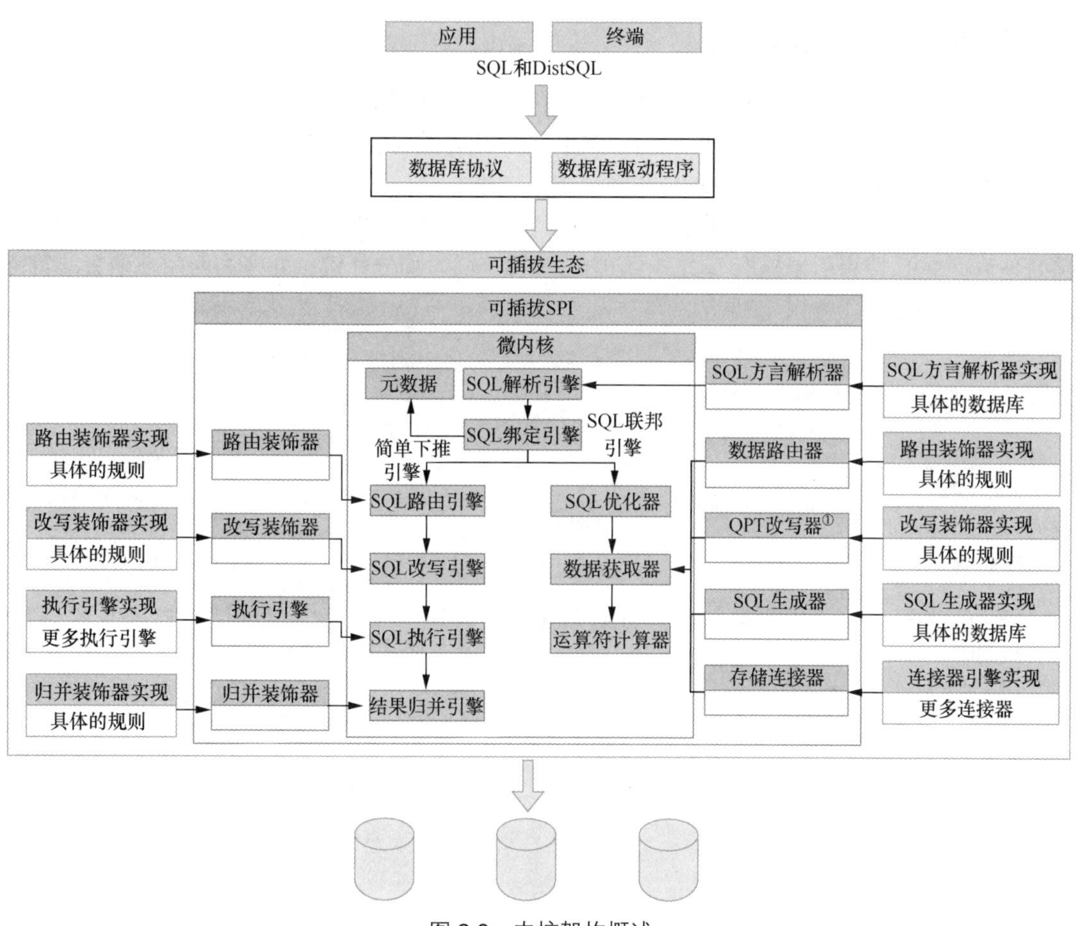

图 2.8 内核架构概述

在内核进程中，SQL 解析引擎使用标准的词法分析和解析流程将输入的 SQL 转换为 AST 节点，再将 AST 节点转换为 SQL 语句以提取 SQL 特征——ShardingSphere 内核处理器的核心输入。SQL 语句包含原始 SQL。为增补 SQL 缺失的通配符和其他部分，SQL 绑定引擎将元数据和 SQL 语句合并，生成完整的符合数据库表结构的 AST 节点。

SQL 解析引擎分析基本信息，例如检查 SQL 是否包含关联查询和关联子查询。SQL 绑定

① QPT 为查询计划树（query plan tree）的缩写。

引擎分析逻辑表和物理数据库之间的关系，以确定 SQL 请求是否涉及跨库操作。完成逻辑表或执行信息修改，并生成可下推给数据库存储节点的完整 SQL 后，将使用简单下推引擎来确保与 SQL 的最大兼容性。如果 SQL 包含跨库关联和跨库子查询，将使用 SQL 联邦引擎，以提高系统操作分布式表关联的性能。

2.7.2 简单下推引擎

在 ShardingSphere 中，简单下推引擎是一项旧特性，适用于这样的场景：需要重用数据库原生的计算和存储功能，以最大程度地提高 SQL 兼容性和查询响应的稳定性。简单下推引擎能够与基于架构模式 Share Everything 的应用系统完美地兼容。

图 2.9 清晰地展示了简单下推引擎的架构。在 SQL 解析引擎和 SQL 绑定引擎执行标准化的预处理后，SQL 路由引擎提取 SQL 语句中的关键字段（如分片键）并将其与用户配置的特定 DistSQL 规则匹配，以确定数据源。

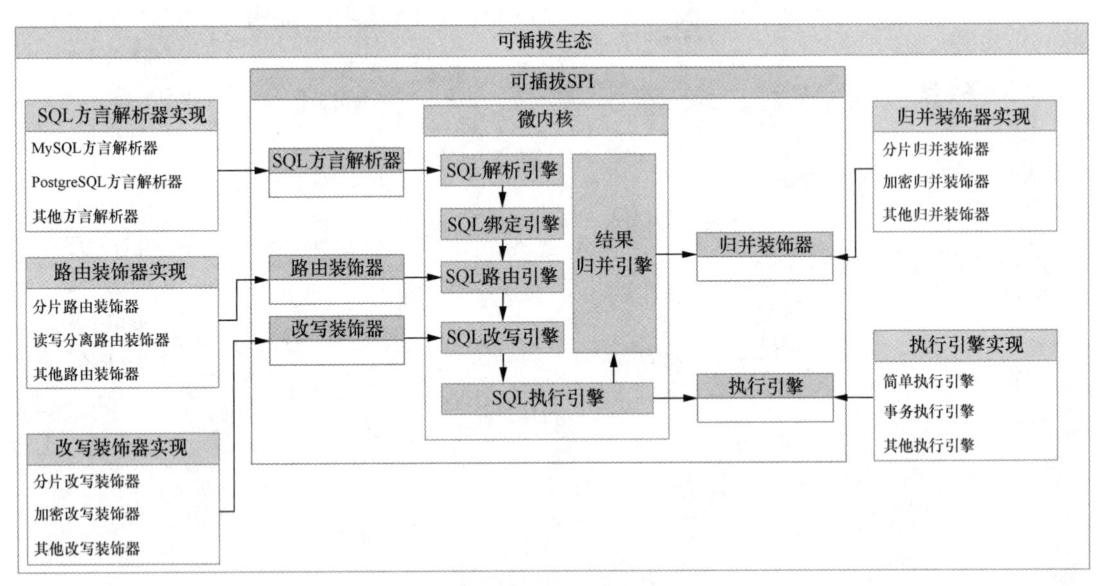

图 2.9　简单下推引擎的架构

数据源确定后，SQL 改写引擎改写 SQL，以便能够将其直接下推给分布式场景中的数据库去执行。执行类型包括逻辑表名替换、补列和聚合函数校正。SQL 执行引擎检查事务状态，并选择合适的执行引擎来执行请求；然后，它将改写后的 SQL 成组地发送给路由结果中的数据源；最后，得到 SQL 执行结果，结果归并引擎自动聚合多个结果集或再次改写它们。

明白简单下推引擎的架构以及简单下推引擎如何处理 SQL 后，接下来需要了解 ShardingSphere 的 SQL 联邦引擎。

2.7.3 SQL 联邦引擎

SQL 联邦引擎是 ShardingSphere 中新开发的引擎，但当前其开发迭代频率非常高。这个引擎适用于跨库关联查询和子查询。它可全面支持采用分布式架构模式 Share Nothing 的多维弹性查询系统。ShardingSphere 将继续改进查询优化器模块，将更多的 SQL 从简单下推引擎迁移到 SQL 联邦引擎。

先来看看图 2.10，对 SQL 联邦引擎的架构有大致的认识，再深入了解 SQL 联邦引擎的工作原理和构造。

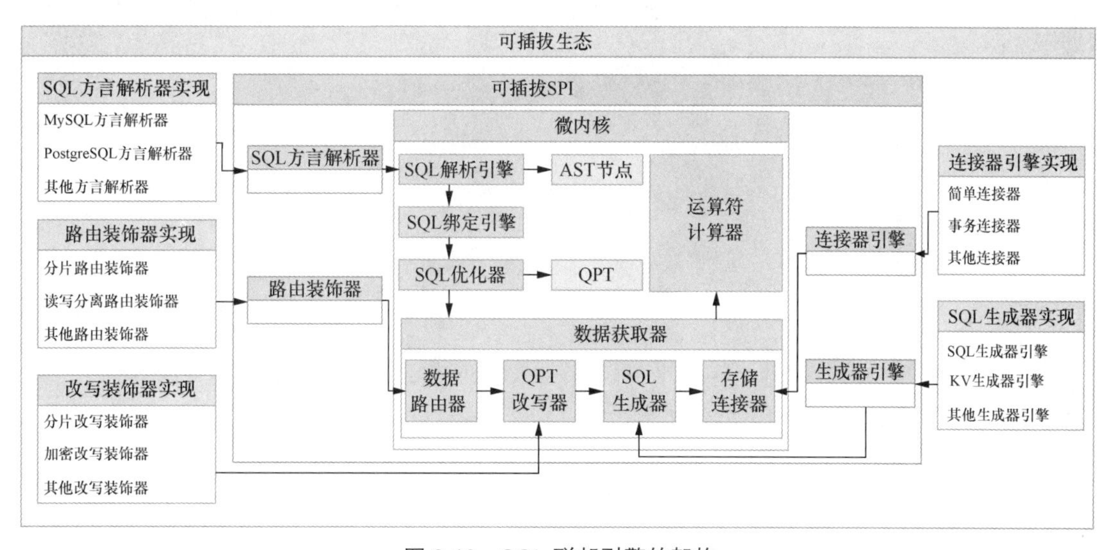

图 2.10 SQL 联邦引擎的架构

SQL 联邦引擎比简单下推引擎更像数据库核心流程。相比简单下推引擎，SQL 联邦引擎的主要不同在于多了 SQL 优化器，它利用基于规则的优化器（rule-based Optimizer）和基于开销的优化器（cost-based optimizer）来优化 AST 节点，以生成查询计划树。因此，为从存储节点获取数据，SQL 联邦引擎不依赖于原始 SQL，而是利用查询计划树来生成可在单个数据节点中执行的新 SQL，再根据路由结果将其发送给存储节点。

在生成最终的 SQL 前，QPT 改写器根据用户配置的 DistSQL 规则改写表名或列名。需要指出的是，目标数据源并非必须与用户输入的 SQL 方言一致，原因是可根据查询计划树来生成适合存储节点的 SQL 方言，例如其他数据库方言乃至 KV 方言。

最后，SQL 联邦引擎将执行结果返回给 ShardingSphere 计算节点，而运算符计算器（operator calculator）将在内存中执行最终的聚合计算，并返回最终结果。

简单下推引擎和 SQL 联邦引擎的架构都表明，ShardingSphere 的核心扩展点是开放的，让你能够添加增强特性。只要掌握了内核架构的设计，开发人员就能通过实现核心扩展点轻松地添加自定义功能。

2.8　小结

本章从架构的角度阐述了 ShardingSphere 的构造，为你理解 ShardingSphere 生态圈的工作原理打下了坚实的基础。本章首先介绍了开发 ShardingSphere 的动机，以及 Kubernetes 和数据库网格给数据库行业带来的影响。对这些概念有了大致认识后，你就能理解 Database Plus，以及 ShardingSphere 的 3 层架构和组件。接下来，本章介绍了 ShardingSphere 的特性、SQL 分析的重要性以及 ShardingSphere 的发展变化情况。下一章将详细介绍 ShardingSphere 的特性及其应用场景。

第二部分

ShardingSphere 架构、安装和配置

阅读这部分，你将全面掌握 ShardingSphere 生态提供的众多特性的应用场景，并成功地安装、定制和部署 ShardingSphere。这部分包含如下几章：

- 第 3 章，关键特性和应用场景——分布式数据库精髓；
- 第 4 章，关键特性和应用场景——性能和安全；
- 第 5 章，探索 ShardingSphere 适配器；
- 第 6 章，安装并配置 ShardingSphere-Proxy；
- 第 7 章，准备并配置 ShardingSphere-JDBC。

第3章　关键特性和应用场景——分布式数据库精髓

阅读第2章后，你对 ShardingSphere 的架构和理念有了大致认识。你可能还记得，第2章介绍了一些位于 ShardingSphere 架构第3层（L3）的特性。本章将介绍最重要的 ShardingSphere 特性（让你能够创建分布式数据库并使用数据分片的特性），还有它们的工作原理以及它们如何集成到 ShardingSphere 架构中。阅读完本章，你将学到有关各种特性及其重要应用场景的新知识，还将拓展在前一章学到的架构知识。

你可能还记得，第1章介绍了数据库从业者以及大多数企业面临的主要痛点，这些痛点主要是数字化转型和业务快速发展引发的。阅读本章，你将能够把每个特性同应用场景和业务痛点联系起来，掌握与分布式数据库相关的 ShardingSphere 的特性，以及它们的应用场景和解决方案。这些特性包括读写分离、高可用性、可观察性和数据加密。与这些特性相关联的常见主题是性能和安全性，即实现这些特性可提高系统的性能和安全性。

本章涵盖如下主题：

- 分布式数据库解决方案；
- 数据分片；
- SQL 优化；
- 分布式事务及其特征；
- 弹性伸缩简介；
- 读写分离。

3.1　分布式数据库解决方案

在当今的互联网时代，业务数据以极高的速度增长。在存储和访问海量数据方面，使用单节点存储的传统关系数据库解决方案面临着严峻的挑战：从性能、可用性和运维开销方面看，关系数据库难以满足海量数据的需求。

- 性能：关系数据库大多使用 B+树索引。在数据量很大的情况下，索引深度也将增大，进而增加磁盘输入/输出（input/output，I/O）次数，导致查询性能降低。
- 可用性：应用服务是无状态的，能够支持低开销的本地扩容，这导致数据库成了整个系统的瓶颈。传统的单数据节点或主从架构逐渐难以承受整个系统的压力。由于这些原因，数据库的可用性变得日益重要。
- 运维开销：数据库实例中的数据量增加到一定程度后，运维开销将急剧上升。花费在数据备份和恢复方面的时间将呈爆炸式增长，从某种程度上说，这与管理的数据量成正比。在有些情况下，当关系数据库无法满足海量数据的存储和访问需求时，有些用户选择将数据存储在支持分布式的 NoSQL 中。然而，NoSQL 与 SQL 不兼容，对事务的支持也不完美，无法完全取代关系数据库，因此关系数据库的核心位置依然不可动摇。

由于需要存储和管理的数据快速增长，为满足海量数据的存储和访问需求，通常的做法是采用数据拆分方案，即通过拆分数据确保关系数据库中每个表的数据量都不超过阈值。

为实现数据拆分，最重要的方法是数据分片（勿将其与数据分区混为一谈）。接下来将介绍数据分片、数据分片为数据存储问题提供的解决方案，以及 ShardingSphere 是如何支持和实现数据分片的。

3.2 数据分片

数据分片指的是根据特定的维度，将单个数据库中的数据拆分成多个数据库或表，以改善性能和可用性。

不要将数据分片与数据分区混为一谈，后者指的是将数据分成几组，但依然将这些数据存储在单个数据库中。在如何区分分片和分区方面，学术界和产业界有很多不同的观点，但分片和分区主要的不同在于用于存储数据的数据库数量。

根据粒度的不同，可将数据分片分为两大类：分库和分表。

- 分库指的是对数据库中的数据进行拆分，并将拆分得到的每个分片都存储在不同的数据库中。
- 分表指的是对表进行拆分，而拆分得到的分片将分散在多个真实表中。

另外，分库可有效地减少数据库单点的访问量，降低数据库承受的压力。虽然分表不能降低数据库承受的压力，但可将分布式事务转换为本地事务，避免分布式事务带来的复杂性。

根据数据分片方法，可将数据分片分为垂直分片和水平分片。下面更深入地介绍这两种分片的特征。

3.2.1 垂直分片

垂直分片指的是根据业务需求进行拆分，核心理念是专库专用。在拆分前，数据库包含多个表，每个表都对应不同的业务；而在拆分后，根据业务对表进行分类，并将它们分散到不同的数据库中。这有助于将访问压力分散到不同的数据库。

垂直分片通常要求调整架构和设计，且无法解决数据库的单点瓶颈。如果经过垂直分片后单个表的数据依然太多，就需要接着进行水平分片。

图 3.1 所示是一种垂直分片方案，它将用户（user）表和订单（order）表放在不同的数据库中。

至此，你明白了什么是垂直分片，那么水平分片又是怎么回事呢？接下来我们介绍水平分片，它是 ShardingSphere 实现的第一个特性。

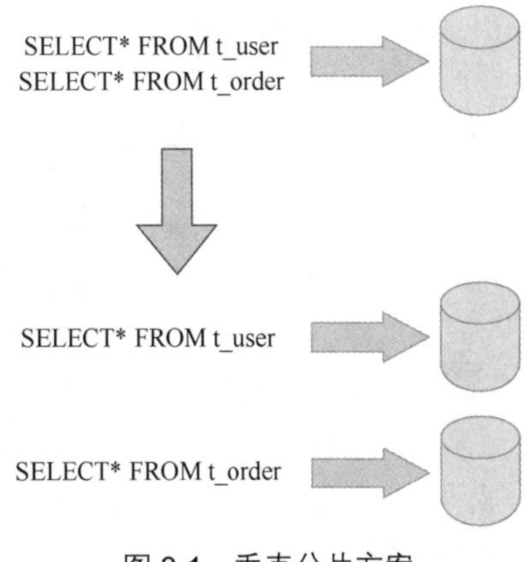

图 3.1 垂直分片方案

3.2.2 水平分片

水平分片指的是根据特定的规则，按一个字段或多个字段将数据分散到多个数据库中，这样每个分片都只包含部分数据。图 3.2 所示水平分片方案是根据主键将用户表中的数据分散到不同的数据库和表中。

从理论上说，水平分片可突破数据库单点瓶颈，且扩展起来相对自由。水平分片是标准的数据分片解决方案。

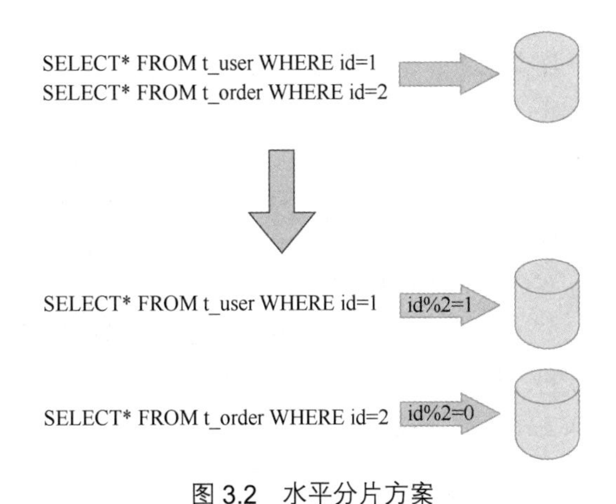

图 3.2 水平分片方案

虽然数据分片解决了性能、可用性和运维开销方面的问题，但同时带来了新问题。对于应用开发人员和 DBA，要更新或移动分片后的数据是一件非常困难的事情。另外，在单节点数据库中能够正确运行的很多 SQL 在分片后的数据库中可能都无法正确运行。

鉴于数据分片导致的这些问题，ShardingSphere 中的数据分片模块提供了透明的分片功能，让用户能够像使用原生数据库一样使用分片后的数据库集群。

3.2.3 数据分片要点

为降低使用分片功能的开销，并实现透明的数据分片，ShardingSphere 引入了一些核心概念，包括表、数据节点、分片、行表达式和分布式主键。下面来详细介绍这些概念。

1. 表

表是与数据分片相关的关键概念。为满足不同场景中的数据分片需求，ShardingSphere 提供了各种表，包括逻辑表、真实表、绑定表、广播表和单表。

- 逻辑表指的是具有相同结构的分片表，是在 SQL 中指定表的逻辑标识。如果根据主键取模计算分片结果，将订单数据拆分到了 20 个表中（这些表分别是 t_order_0 到 t_order_19），那么订单表的逻辑表名便是 t_order。
- 真实表指的是水平分片后位于数据库中的物理表，即 t_order_0 到 t_order_19。
- 绑定表指的是分片规则一致的主表和子表。注意，必须使用分片键来关联多个分片表，否则将出现笛卡儿积关联，进而影响查询效率。
- 广播表指的是在所有分片数据源中都有的表。在所有数据库中，这个表的结构和数据都完全一致。广播表适用于数据量很小且需要与大量数据表关联的场景，如字典表。
- 单表指的是在全部分片数据源中只存在一个的表。单表适用于数据量很小且没有分片的表。

介绍完表这个概念，我们介绍下一个数据分片概念——数据节点。

2. 数据节点

数据节点是最小的数据分片单位，是逻辑表和真实表之间的映射关系，由数据源名称和真实表组成。在配置多个数据节点时，需要用逗号分隔它们，如 ds_0.t_order_0, ds_0.t_order_1, ds_1.t_order_0, ds_1.t_ order_1。用户可根据需要灵活配置数据节点。

要真正理解数据节点及其组成，必须将它们分类。这让你能够根据它们的共性进行学习，例如先了解分片键、分片算法和分片策略。你可能猜到了，这里的共同主题是分片。接下来，你需要学习行表达式以及分布式主键。完成这些步骤，你就可以学习分片工作流程了。

3. 分片

分片涉及的核心概念包括分片键、分片算法和分片策略。我们来介绍一下这些概念。

- 分片键指的是用来拆分数据库（表）的数据库字段。例如，将订单表中的订单主键的尾数取模分片，则订单主键为分片字段。ShardingSphere 数据分片功能支持根据单个或多个字段进行分片。

- 分片算法指的是用来对数据进行分片的算法，它支持使用=、>=、<=、>、<、between 和 in 进行分片。开发人员可实现分片算法，也可使用 ShardingSphere 内置的分片算法，这提供了极大的灵活性。
- 分片策略包括分片键和分片算法，是实际用于分片操作的对象。由于分片算法是独立的，因此你可以独立地提取分片算法。

4. 行表达式

为了帮助简化和集成配置，ShardingSphere 提供了行表达式，可以简化数据节点和分片算法的配置工作。

行表达式使用起来非常简单。要在配置中指定行表达式，只需使用${ expression }或$->{ expression }。行表达式使用 Groovy 语法，这种语法是从用于 Java 平台的面向对象编程语言 Groovy 那里借鉴而来的，与 Java 语法兼容。行表达式支持 Groovy 支持的所有操作。例如，在前面的数据节点示例中，使用了 ds_0.t_order_0, ds_0.t_ order_1, ds_1.t_order_0, ds_1.t_order_1，通过使用行表达式，可将其简化为 ds${0..1}.t_order${0..1}或 ds$->{0..1}.t_order$->{0..1}。

5. 分布式主键

大多数传统关系数据库都提供了主键自动生成技术，如 MySQL 的自增键、Oracle 的自增序列等。经过数据分片后，要让不同的数据节点生成全局唯一的主键是件非常困难的事情。ShardingSphere 提供了内置的分布式主键生成器，如 UUID 和 SNOWFLAKE。另外，ShardingSphere 还通过接口支持用户自定义主键。

前面介绍了数据分片，同时阐述并定义了相关的重要概念。下面介绍如何执行分片，以及在你发起数据分片后，幕后发生的与数据和数据库相关的事情。

6. 分片工作流程

根据是否执行查询优化，可将 ShardingSphere 的数据分片功能分为简单下推过程和 SQL 联邦过程。

在简单下推引擎和 SQL 联邦引擎中都包含 SQL 解析引擎和 SQL 绑定引擎。图 3.3 所示为分片工作流程，其中左边和右边的箭头表示输入和信息流向。

SQL 解析引擎负责对原始的用户 SQL 进行词法分析和语法分析。词法分析是将 SQL 拆分为不可分的单词，然后解析引擎通过语法分析理解 SQL 并获得 SQL 语句。

SQL 语句包括表、选择项、排序项、分组项、聚合函数、分页信息、查询条件、占位标记及其他信息。SQL 绑定引擎结合元数据和 SQL 语句（以补充通配符和 SQL 中缺失的部分），生成符合数据库表结构的完整语义上下文，并根据上下文信息判断是否有跨数据节点的分布式查询。这有助于确定是否使用 SQL 联邦引擎。至此，你对分片工作流程有了总体认识，下面将深入介绍简单下推引擎和 SQL 联邦引擎。

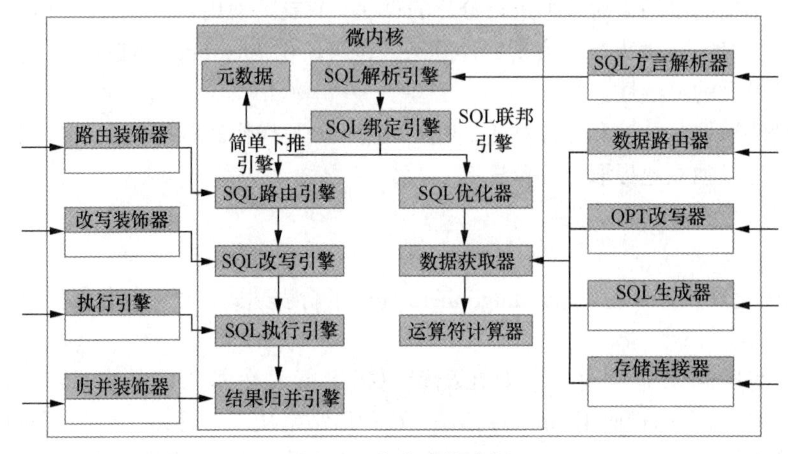

图 3.3 分片工作流程

7. 简单下推引擎

简单下推引擎包括 SQL 解析引擎、SQL 绑定引擎、SQL 路由引擎、SQL 改写引擎、SQL 执行引擎、结果归并引擎等模块，它们用于在标准分片场景中执行 SQL。图 3.4 展示了简单下推引擎中的执行过程。

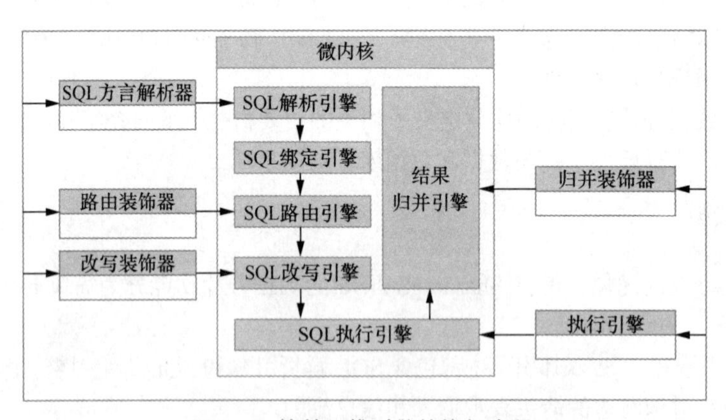

图 3.4 简单下推引擎的执行流程

SQL 路由引擎根据解析的 SQL 上下文信息匹配数据库分片策略和表，并生成路由上下文。ShardingSphere 5.0 支持分片路由和广播路由。对于包含分片键的 SQL，可根据分片键分为单片路由、多片路由和范围路由；对于不包含分片键的 SQL，采用广播路由。

SQL 改写引擎负责根据路由上下文，将用户编写的逻辑 SQL 改写为可在数据库中正确执行的 SQL。SQL 改写分为正确性改写和优化改写，正确性改写包括将分片配置中的逻辑表名改写为路由后的真实表名、补列和分页信息校正；优化改写是一种在不影响查询正确性的情况下改善性能的有效方式。

SQL 执行引擎负责将经过路由和改写后的真实 SQL 发送给底层数据源，以便通过自动执行引擎安全而高效地执行。SQL 执行引擎致力于在创建数据源连接导致的性能消耗和内存占用之间取得平衡，同时要尽可能合理利用并发性，并实现自动资源控制和较高的执行效率。

结果归并引擎负责将从各种数据节点获取的多个结果数据集合并为一个结果集，再正确地将其返回给发出请求的客户端。ShardingSphere 支持 5 种归并类型：遍历、排序、分组、分页和聚合。这些归并类型不是互斥的，因此可组合使用它们。从结构上来说，归并还可分为流式归并、内存归并和装饰器归并。

流式归并和内存归并是互斥的，而装饰器归并可用于对流式归并和内存归并的结果做进一步的处理。

8. SQL 联邦引擎

SQL 联邦引擎至关重要，不仅在数据分片实现中如此，在整个 ShardingSphere 生态中也是如此。图 3.5 展示了 SQL 联邦引擎的流程。这让你对整个流程有大致认识，为深入了解细节做好准备。

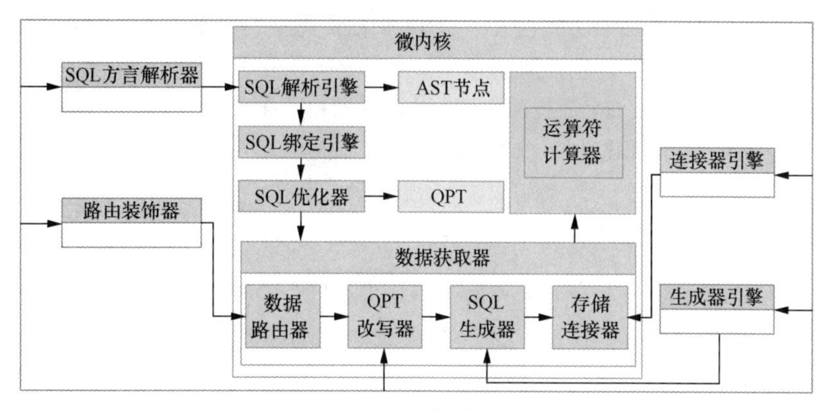

图 3.5 SQL 联邦引擎的流程

SQL 联邦引擎包含 SQL 解析引擎、AST 节点、SQL 绑定引擎、SQL 优化器、数据获取器和运算符计算器等，它们用于处理涉及多个数据库实例的关联查询和子查询。

SQL 联邦引擎底层基于关系代数，使用基于规则的优化器和基于开销的优化器，并通过最佳的执行计划来查询结果。SQL 优化器负责优化涉及多个数据库实例的关联查询和子查询，并执行基于规则的优化和基于开销的优化，以获得最佳的执行计划。

数据获取器负责根据最佳执行计划生成的 SQL 从存储节点获取数据，还负责路由、改写和执行生成的 SQL。

运算符计算器负责利用最佳执行计划以及从存储节点获取的数据来获取查询结果，并将其返回给用户。

3.2.4　为什么需要分片

至此，你对数据分片及其关键概念有了一定的认识。然而，你可能不知道数据分片有哪些用途，也不知道是什么样的动机促使DBA去实现数据分片。

ShardingSphere的数据分片功能提供了透明的分库和分表，你可像使用原生数据库那样使用ShardingSphere数据分片功能。与此同时，ShardingSphere还提供了完美的分布式事务解决方案，让用户能够以统一的方式管理分布式事务。

另外，ShardingSphere通过结合使用扩缩容功能，可实现数据分片弹性扩展，确保可根据业务需求不断调整系统，从而满足快速的业务增长带来的需求。然而，仅靠分片本身并不能解决当前所有的数据库问题，同时ShardingSphere也不是只提供了这项功能。接下来将介绍SQL优化。

3.3　SQL优化

在DBMS中，SQL优化至关重要。SQL优化的效果直接关系到SQL语句的执行效率，因此当前的主流关系数据库都提供了功能强大的SQL优化器。基于传统的关系数据库，ShardingSphere提供了分布式数据库解决方案，包括数据分片、读写分离、分布式事务和其他功能。

为满足分布式场景中涉及多个数据库实例的关联查询和子查询的需求，ShardingSphere通过联邦执行引擎提供了内置的SQL优化功能，这有助于在分布式场景中最大程度地提高查询语句的性能。

3.3.1　SQL优化的定义

SQL优化指的是使用查询优化技术对查询语句进行等价变换，以生成高效的物理执行计划，通常包括逻辑优化和物理优化。

- 逻辑优化属于RBO，指的是基于关系代数中的等价变换规则对查询SQL进行优化，包括列裁剪、谓词下推和其他优化内容。
- 物理优化属于CBO，指的是根据开销对查询SQL进行优化，包括表连接方式、表连接顺序、排序和其他优化内容。

下面详细介绍RBO和CBO。

1. RBO

RBO指的是基于规则的优化（rule-based optimization）。RBO的理论基础是关系代数，它基于关系代数中的等价变换规则对SQL进行逻辑优化：将逻辑关系代数表达式作为输入，对其进行规则变换，并返回一个逻辑关系表达式。

ShardingSphere的逻辑优化采取的主要策略是下推，通过将关联查询中的筛选条件下推到连接（join）操作中，可有效地减少连接操作涉及的数据量，如图3.6所示。

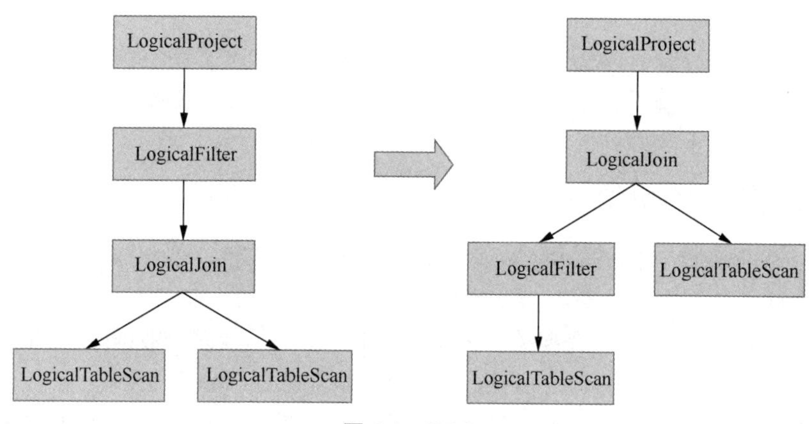

图 3.6 RBO

另外，考虑到 ShardingSphere 的底层存储节点具备计算能力，可同时将 Filter 和 Tablescan 下推到存储层去执行，从而进一步提高执行效率。

2. CBO

CBO 指的是基于开销的优化（cost-based optimization）。SQL 优化器负责根据开销模型对查询的耗时进行评估，让你能够选择开销最低的执行计划。图 3.7 是一个 CBO 示例。

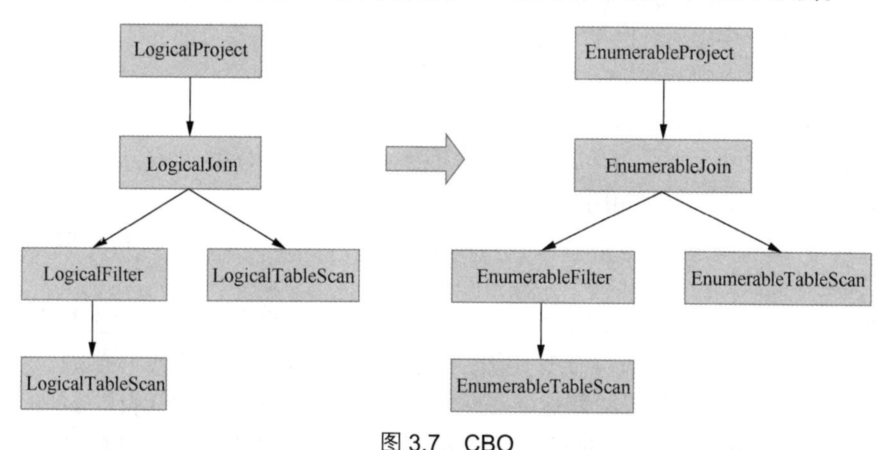

图 3.7 CBO

在传统的关系数据库中，开销评估通常是基于 CPU 开销和 I/O 开销的，但 ShardingSphere 中的 SQL 优化属于分布式查询优化，这使得查询优化的主要目标是减少传输和数据量。因此，除 CPU 开销和 I/O 开销外，还必须考虑节点之间的通信开销。

CBO 输入一个逻辑关系代数表达式，并返回通过优化得到的物理关系代数表达式。本书编写期间，ShardingSphere 的 CBO 没有引入统计信息，而是使用优化器 Calcite VolcanoPlanner 来实现逻辑关系代数表达式到物理关系代数表达式的变换。

注意 当前，ShardingSphere 的 SQL 优化器还是一项实验性功能，还需要在性能和内存消耗方面进行优化。因此，这项功能默认被禁用。要启用这项功能，用户可配置 sql-federation-enabled: true。

3.3.2 SQL 优化的价值

通过 SQL 优化功能，ShardingSphere 可支持涉及多个数据库实例的分布式查询语句，并保证高效的查询性能。

与此同时，业务研发人员不需要关心 SQL 的优化，因为涉及多个数据库实例的 SQL 会自动得到优化。另外，他们可专注于业务功能开发，并减少业务层面的功能限制。

至此，你对 ShardingSphere 如何通过简单下推和 SQL 联邦来优化 SQL 有了大致认识。这些认识很重要，因为 SQL 是我们用来同数据库交互的方式。接下来将介绍分布式事务，而前面的知识对你理解这些功能很重要。

3.4 分布式事务及其特征

对数据库系统来说，事务是一项很重要的功能。事务是对数据库进行操作的一个逻辑单元，包含一系列操作（通常被称为 SQL）。事务必须具有 ACID 特性，具体如下。

- 原子性：事务中的所有操作（读取、写入、更新或删除）要么都成功，要么都失败。
- 一致性：在事务执行前后的状态必须满足相同的约束条件，例如在经典的转账业务中，转账前后两个账户的余额之和必须相等。
- 隔离性：同时执行多个事务时，隔离性充当了并发控制机制，确保这些事务对数据库的影响与依次执行它们时相同。
- 持久性：确保成功执行事务导致的所有数据变更都将被保存，即便系统出现故障（如断电）也不会丢失。

对单机数据库来说，在一个物理节点上可以很容易地实现对事务的支持。在分布式数据库系统中，一个逻辑事务对应的操作可能涉及多个物理节点，因此不仅每个物理节点都需要提供事务支持，还需要有一种协调机制，对涉及多个物理节点的事务进行协调，以确保整个逻辑事务的正确性。

接下来将介绍 ShardingSphere 如何通过刚性和柔性事务来支持 CAP 和 BASE 理论，包括 CAP 和 BASE 之间的不同之处，以及 ShardingSphere 本地事务、分布式事务和柔性事务之间的不同之处。

3.4.1 分布式事务

根据 CAP 和 BASE 理论，分布式事务通常分为刚性事务和柔性事务。

- 刚性事务表示数据是强一致性的。
- 柔性事务表示数据是最终一致性的。

分布式事务实现包含如下 3 个角色。

- 应用程序（application program，AP）：发起逻辑事务的应用程序。
- 事务管理器（transaction manager，TM）：一个逻辑事务会有多个分支事务，事务管理器负责协调分支事务的执行、提交和回滚。
- 资源管理器（resources manager，RM）：负责执行分支事务。

介绍完分布式事务涉及的 3 个角色后，来看看分布式事务常采用的两阶段提交协议。

（1）准备阶段。TM 通知 RM 预执行相关操作。然后 RM 检查环境、锁定相关资源并执行操作。如果执行成功，则 RM 将处于 prepared 状态；同时，将执行结果告知 TM。

（2）提交/回滚阶段。如果 TM 收到的所有 RM 返回的结果都是成功，将通知 RM 进行事务提交；否则，TM 通知 RM 进行事务回滚。

注意　Saga 事务和两阶段提交步骤基本相同，不同之处在于，在 prepare 阶段执行成功时，Saga 事务是没有 prepared 状态的。

如果隔离级别为读已提交（read-committed，RC），数据对其他事务将是可见的。当执行回滚操作时，Saga 事务将执行相反的操作，以恢复到原来的状态。

注意　在 TM 和 RM 中，都将记录事务相关的日志，以应对容错问题。

3.4.2　ShardingSphere 对事务的支持

前面说过，ShardingSphere 支持刚性事务和柔性事务。它通过可插拔架构封装了各种 TM 实现，并提供了“begin/commit/rollback”（开始/提交/回滚）接口，让用户无须关心额外的配置。

当一条逻辑 SQL 到达多个存储数据库并执行时，ShardingSphere 将确保多分支操作具有事务的特征。这有助于以一致的方式在数据库之间传递消息。图 3.8 所示为 ShardingSphere 事务架构。

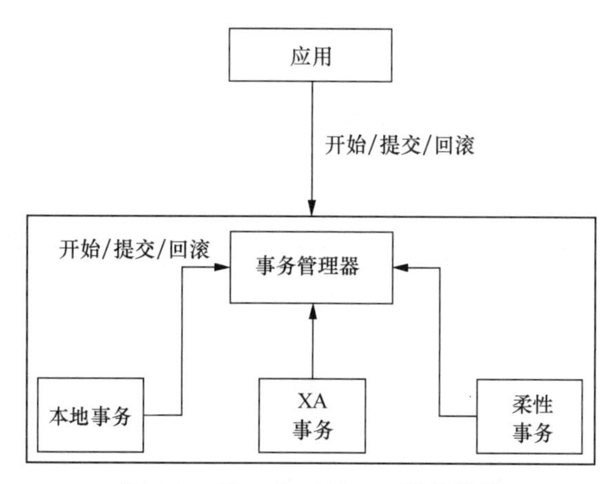

图 3.8　ShardingSphere 事务架构

ShardingSphere 提供了一站式的分布式事务解决方案，这极大地简化了分布式事务的使用。接下来将详细介绍各种事务类型之间的差别。

1. 本地事务

本地事务是基于底层数据库的事务。基于本地事务实现的分布式事务能够支持由跨数据库事务提交和逻辑错误导致的回滚。但是由于本地事务不维持中间状态，因此如果在事务执行期间发生了与网络和硬件相关的异常，可能会导致数据不一致。

2. XA 事务

对于 XA 事务，ShardingSphere 集成了两种开源的事务管理器实现——Atomikos 和 Narayana，以最大程度地保护数据，避免数据受损。XA 事务基于两阶段提交和底层数据库的 XA 接口，通过维护中间状态的事务日志来支持分布式事务。

与此同时，如果遇到由硬件故障（如断电或崩溃）、网络异常等导致的问题时，ShardingSphere 可根据事务日志回滚或提交处于中间状态的事务。

另外，可配置共享存储以存储事务日志（例如使用 MySQL 来存储事务日志）。以集群模式配置多个 ShardingSphere-Proxy，可提高 Proxy 的性能，并支持涉及多个 Proxy 的分布式事务。

3. 柔性事务

ShardingSphere 集成了 Seata 的 Saga 事务，以提供基于补偿的柔性事务。各个分支事务如果发生了异常或错误，全局事务管理器将根据事务日志执行相反的补偿操作以进行事务回滚，确保最终一致性。

前面介绍了本地事务、分布式事务和柔性事务以及它们的特征。这些事务之间有什么不同呢？你能指出区分这些事务的关键要素吗？接下来将介绍这方面的知识。

3.4.3 事务模式比较

表 3.1 从业务改造、一致性、隔离性和并发性能 4 个角度对本地事务、XA 事务和柔性事务做了比较。

表 3.1 事务模式比较

比较参数	本地事务	XA 事务	柔性事务
业务改造	无	无	搭建 Seata Server 实例
一致性	不支持	支持	最终一致性
隔离性	不支持	支持	业务端保证
并发性能	没影响	严重下降	稍微下降

看了表 3.1 中的比较，你可能会问，各种事务类型都适合什么场景呢？根据具体的场景，可

参考下面的经验规则：

- 如果有高性能需求，且业务端能够处理本地事务导致的数据不一致性，推荐使用本地事务模式；
- 如果要求强一致性，同时并发性要求不高，那么 XA 事务模式就是理想的选择；
- 如果可以牺牲一定的数据一致性、事务较大且并发性要求很高，那么柔性事务模式是不错的选择。

至此，你明白了 3 种事务类型及其特征，还掌握了有关它们各自适用于哪些场景的经验规则。接下来介绍 DBA 将越来越多遇到的一种场景，它增加了业务支持系统的压力。

3.5 弹性伸缩简介

当业务快速增长时，相关的支持系统通常将承受越来越大的压力，导致硬件和软件系统的各层都可能成为瓶颈。在严重的情况下，可能出现系统负载高、响应延迟乃至无法提供服务等问题，进而影响用户体验，给企业带来损失。

从系统的角度看，这属于高可用性问题。解决方案简单而直接：对于由资源不足（如存储容量不足）导致的系统压力问题，可通过添加资源来解决；而当资源过多时，可减少资源。这是一个与扩缩容（即弹性伸缩）相关的问题。

业内有两种扩缩容方案——垂直伸缩和水平伸缩。

- 垂直伸缩可通过升级单个硬件来实现。摩尔定律指出，每隔大约两年，微型芯片中的晶体管数量便翻一倍。受这个定律及硬件价格的影响，不断升级单个硬件带来的边际收益是下降的。为解决这个问题，数据库行业开发了水平伸缩方案。
- 水平伸缩可通过增减普通硬件资源来实现。虽然水平伸缩最初针对硬件，但当前它在计算层的应用已比较成熟，这是通过 Share-Nothing 架构来实现的。Share-Nothing 是一种典型的分布式计算架构，其设计使得只需在计算机集群[①]中添加节点[②]就可实现水平伸缩。

当前，使用弹性伸缩的主要是 ShardingSphere-Proxy 解决方案。ShardingSphere-Proxy 解决方案包含计算层和存储层，它们都支持弹性伸缩。存储层是 ShardingSphere 支持的底层数据库，如 MySQL 和 PostgreSQL。然而，存储层是有状态的，这给弹性伸缩带来了一些挑战。

3.5.1 掌握弹性伸缩

前面介绍了水平伸缩和垂直伸缩，那么什么是弹性伸缩呢？弹性伸缩指的是能够根据流量的变化，自动而灵活地增减分片数量的功能。在数据目标端[③]，弹性伸缩可分为迁移伸缩和自动伸

① 集群：为提供特定服务而被组合在一起的多个节点。

② 节点：计算层或存储层的组件实例，包括物理机器、虚拟机、容器等。

③ 目标端：迁移后数据所在的存储集群。

缩：如果目标端是新集群，则为迁移伸缩；如果目标端复用原始集群中的节点，则为自动伸缩。本书编写期间，ShardingSphere 支持迁移伸缩，而自动伸缩正在规划中。

在迁移伸缩中，将原始存储集群中的所有数据（包括存量数据和增量数据）都迁移到新的存储集群中。数据迁移[①]到新的存储节点需要一些时间，而在准备阶段，新存储集群是不可用的。

存储层弹性伸缩面临众多挑战，包括如何确保数据正确性、快速启用新存储节点、平稳启用新数据节点以及尽可能让弹性伸缩不影响既有系统的正常运行。对于这些挑战，ShardingSphere 提供了相应的解决方案。实现方法将在 3.5.2 节介绍。

另外，ShardingSphere 还在如下方面提供了良好的支持。

- 操作便利性。可使用 DistSQL 触发弹性伸缩，其操作体验与 SQL 相同。DistSQL 是 ShardingSphere 设计的一种扩展 SQL，在传统数据库上层提供了统一的功能扩展。
- 分片算法的自由度。不同的分片算法有不同的特征，有些有助于数据范围查询，有些有助于数据重分布。ShardingSphere 支持众多的分片算法，除了取模、哈希、范围和时间，还支持用户自定义分片算法。所有分片算法都支持弹性伸缩。

这些概念将在第 8 章详细讨论。

3.5.2 弹性伸缩的实现流程

介绍完垂直伸缩和水平伸缩，我们来看看如何使用 ShardingSphere 实现弹性伸缩。通用的操作流程类似于如下步骤。

（1）配置好自动切换配置、数据一致性校验、限流等。

（2）通过 DistSQL 触发弹性伸缩，例如通过 ALTER SHARDING TABLE 修改分片数。

（3）通过 DistSQL 查看进度，并收到失败报警或成功提醒。

弹性伸缩的主要工作流程如下。

（1）存量数据迁移。起初位于源端的数据为存量数据。存量数据可以直接提取出来，再被高效地导入目标端。

（2）增量数据迁移。在数据迁移期间，业务系统仍在提供服务，因此有新数据进入源端。这些新数据被称为增量数据，可通过 CDC 技术获取增量数据，再将其高效地导入目标端。

（3）检测增量数据迁移进度。增量数据是动态变化的，因此需要选择没有增量数据的时间点来执行后续步骤，以减少对既有系统的影响。

（4）设置只读模式。将源端设置为只读模式。

（5）数据一致性校验。对目标端和源端[②]的数据进行比较，确定两端数据是否一致。

（6）切换配置。将配置切换到新的目标存储集群，使用新的数据源和规则。

图 3.9 展示了 ShardingSphere 的弹性伸缩流程。

---

① 数据迁移：将数据从一个存储集群移到另一个存储集群。

② 源端：数据当前所在的存储集群。

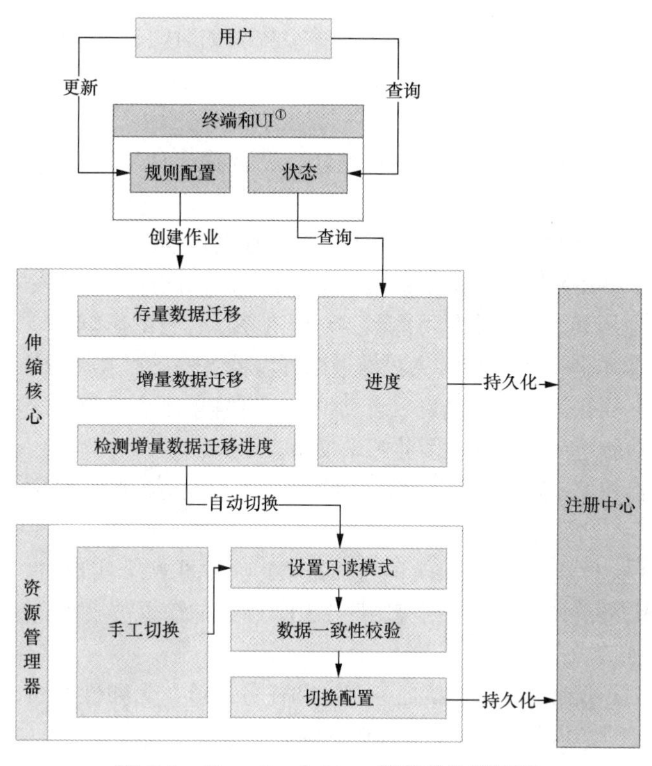

图 3.9　ShardingSphere 的弹性伸缩流程

如图 3.9 所示，需要做的设置非常简单，你只需通过与系统交互来配置规则，启动弹性伸缩，通过查询状态来跟踪进度即可。

3.5.3　弹性伸缩要点

调度是弹性伸缩的基石。弹性伸缩作业在调度系统的支持下，拥有了并行执行、集群迁移、异常后自动恢复等能力。ShardingSphere 使用如下方法确保数据的正确性。

- 数据一致性校验。对源端和目标端的数据进行比较，看看它们是否一致。如果两端的数据不一致，系统将认为弹性伸缩失败，进而不切换到新存储集群，以确保错误的数据不会上线。
- 将源端设置为只读。增量数据是动态变化的。为确认两端的数据完全一致，需要有一定的停止写入时间，以确保数据不变。停止写入时间通常取决于数据量、验证过程安排和验证算法。ShardingSphere 通过使用在线切换配置（包括数据源和规则）来平稳地启用新存储集群。可以让 schema[2]保持不变，ShardingSphere-Proxy 集群（计算层）节点都刷新到最新的元数据，从而让客户端无须重启即可继续正常使用。

① UI 为用户界面（user interface）的缩略词。

② 在某些场景下可理解为数据库。

通常，最耗时的是数据迁移任务，数据量越大，需要的时间越多。ShardingSphere 使用如下方法来更快地启用新存储集群。

- 将数据迁移任务分为多个部分，并且并行地执行它们。
- 合并对同一条记录的修改操作，例如将 10 个更新操作合并为 1 个更新操作。
- 使用批量数据导入以提高性能。
- 使用断点续传功能确保出现意外中断时数据传输的连续性。
- 集群迁移。本书编写期间，这项功能还在规划中，因此还没有开发完成。

ShardingSphere 使用如下方法来尽可能减少对既有系统运行的影响。

- 秒级只读和 SQL 恢复。无论多大数据量都可以秒级停止写入。另外，在只读期间，SQL 执行被挂起，并在停止写入结束后自动恢复，这样就不会影响系统的可用性。本书编写期间，这项功能还在开发中，因此并未发布。
- 限流。对弹性伸缩占用的系统资源进行限制。本书编写期间，这项功能还在开发中，因此并未发布。

这些增强功能是基于 ShardingSphere 的可插拔架构（见图 2.5）实现的。这个可插拔架构分 3 层——内核层（L1）、功能层（L2）和生态层（L3）。弹性伸缩也被集成到这个 3 层的可插拔架构中，其分层情况大致如下。

- 调度：位于内核层（L1），包括任务调度和任务编排，为弹性伸缩、在线加密与脱敏、MGR 检测等上层功能提供支持（未来还将支持更多功能）。
- 数据获取：位于内核层（L1），包括存量数据提取和增量数据获取，为弹性伸缩、在线加密与脱敏等上层功能提供支持（未来还将支持更多功能）。
- 数据流水线核心流程：位于内核层（L1），包括数据流水线元数据和各个步骤可复用的基础组件，可灵活地配置及组装，为弹性伸缩、在线加密与脱敏等上层功能提供支持（未来还将支持更多功能）。
- 弹性伸缩、在线加密与脱敏：位于功能层（L2）、复用内核层（L1），通过配置和组装实现轻量级功能，并通过依赖倒置原则实现部分内核层（L1）的 SPI。
- 数据库方言实现：位于生态层（L3），包括源端数据库权限检查、增量数据获取、数据一致性校验和 SQL 语句组装。
- 数据源抽象和封装：位于内核层（L1）和功能层（L2），即基本类和接口位于内核层（L1），而基于依赖倒置原则的实现位于功能层（L2）。

注意 在下述情况下，不支持弹性伸缩：

- 数据库表没有主键；
- 数据库表的主键为复合主键；
- 目标端没有新的数据库集群。

弹性伸缩可解决哪些实际问题？如何解决？请接着往下读。

3.5.4 如何利用弹性伸缩解决实际问题

本章前面说过，随着系统承受的压力不断增大，数据库可能成为瓶颈。针对这种问题，一种解决方案是得到了普遍认可的技术——弹性伸缩。下面介绍一些使用这种技术的真实案例。

1. 典型应用场景 1

假设一个应用系统在使用传统单体数据库。单表数据量达到了 1 亿条并且还在快速增长，数据库负载持续处在高位，逐渐成为系统瓶颈。在数据库成为瓶颈后，扩展应用服务器将不再有效，需要对数据库进行扩容。在这种情况下，ShardingSphere-Proxy 可提供帮助，具体流程如下。

（1）调整 ShardingSphere-Proxy 配置，让既有的单体数据库成为 ShardingSphere-Proxy 的存储层。

（2）系统连接到 ShardingSphere-Proxy，并将 ShardingSphere-Proxy 用作数据库。

（3）准备一个新的数据库集群，再安装并启动数据库实例。

（4）根据这个新数据库集群的硬件容量调整分片数，以触发 ShardingSphere 的弹性迁移功能。

（5）通过 ShardingSphere 的弹性伸缩功能执行数据库集群切换。

2. 典型应用场景 2

假设扩展前述数据库后，用户数量和访问量增加了 3 倍，而且还在快速增长，这将导致这个数据库的负载依然很高，并成了应用系统的瓶颈，因此需要继续扩展这个数据库。在这种情况下，ShardingSphere-Proxy 可提供帮助，具体流程与场景 1 类似。

（1）根据历史数据增长速率，就下一阶段（如 1 年）需要多少数据库节点做出规划，准备好硬件资源，再安装并启动数据库实例。

（2）接下来的步骤与场景 1 的第（4）步和第（5）步相同。

3. 典型应用场景 3

假设有一个应用系统，它包含一些以明文方式存储的敏感数据，为了保护用户的敏感数据（即便是在数据泄露的情况下可以减少损失），需要对数据进行加密。在这种情况下，ShardingSphere-Proxy 可帮助加密存量敏感数据，还可加密后续的新敏感数据，具体流程如下。

（1）与场景 1 类似，先配置并运行 ShardingSphere-Proxy。

（2）通过 DistSQL 添加加密规则并配置加密选项，以触发 ShardingSphere 的加密功能。

（3）通过 ShardingSphere 的在线加密功能，对存量数据和增量数据进行加密。

你完全理解以上应用场景后，即可尝试将掌握的弹性伸缩知识应用于数据环境，你也可以继续往下阅读，更深入地了解 ShardingSphere 的特性——读写分离。

3.6 读写分离

随着业务量的增长，很多应用都将遭遇数据库吞吐量瓶颈。单体数据库难以承载大量并发的查询和修改操作，此时采用主从配置的数据库集群就成了一套行之有效的方案。主从配置意味着主库负责事务型操作，如数据写入、修改和删除，而从库负责查询操作。

采用主从配置的数据库可将写操作导致的行锁限制在主库中，并通过从库支持大量的查询，从而极大地提高应用的性能。另外，可采用多主多从的数据库配置，确保即便数据节点宕机或数据库遭到物理性破坏时，系统依然可用。

然而，主从配置虽然具有高可靠性和高吞吐量等优点，但也带来了很多问题，具体如下。

- 主库和从库中数据的不一致。由于主库和从库之间的数据同步方式是异步的，因此数据库同步必然存在延迟，这很容易导致数据不一致。
- 数据库集群带来的复杂性。数据库运维人员和应用开发人员面临的应用系统日益复杂，为了实现业务需求或维护数据库，他们不得不考虑采用主从配置数据库。图 3.10 展示了应用系统同时使用数据分片和读写分离时，应用系统和数据库之间复杂的拓扑结构。

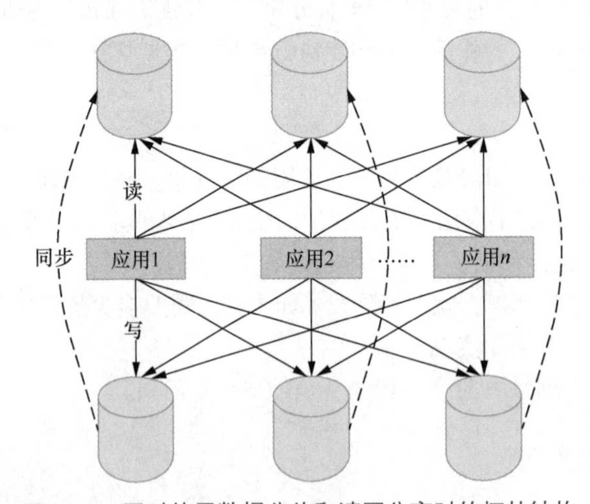

图 3.10　同时使用数据分片和读写分离时的拓扑结构

从图 3.10 可知，数据库集群非常复杂。为解决这些复杂的问题，ShardingSphere 提供了读写分离功能，让用户能够像使用原生数据库那样使用采用主从配置的数据库集群。

3.6.1 读写分离的定义

读写分离指的是将用户的查询操作和事务型写入操作路由到不同的数据库节点，从而改善数据库系统的性能。读写分离支持使用负载均衡策略将请求均匀地分发至不同的数据库节点。接下来介绍读写分离功能的要点、工作原理和应用场景。

3.6.2 读写分离功能的要点

ShardingSphere 的读写分离功能涉及很多与数据库相关的概念，包括主库、从库、主从同步和负载均衡策略。

- 主库指的是用于添加、更新和删除数据的数据库。本书编写期间，ShardingSphere 只支持配置单个主库。
- 从库指的是用于查询数据的数据库。ShardingSphere 可支持多个从库。
- 主从同步指的是异步地将主库中的数据同步到从库的操作。由于主从数据库同步的异步性，主库和从库中的数据将出现短暂的不一致。
- 负载均衡策略用于将查询请求疏导至不同的从库。

3.6.3 工作原理

ShardingSphere 读写分离模块通过 SQL 解析引擎，对来自用户的 SQL 输入进行分析，并提取解析上下文。SQL 路由引擎根据解析上下文确定当前 SQL 语句是否为查询语句，并据此自动将其路由到主库或从库。SQL 执行引擎根据路由结果执行 SQL 语句，并负责将 SQL 发送给相应的数据节点，以便高效地执行。ShardingSphere 的读写分离模块内置了各种负载均衡算法，使得请求可被均匀地分配给各个数据库节点，从而有效地改善系统的性能和可用性。

这里可以再次参考图 3.2，图 3.2 中展示了两个不同语义 SQL 的不同路由结果。对于同时包含读操作和写操作的事务，ShardingSphere 读写分离模块也将相应的 SQL 路由到主库，以免出现数据不一致情况。

3.6.4 应用场景

随着数据量指数级增长，摩尔定律给芯片性能带来的线性增长已经越来越难以满足用户对性能的需求，这一矛盾在互联网行业和金融行业尤其突出。

为解决这个问题，必然的解决方案是调整架构。凭借高可用性和高性能，ShardingSphere 的读写分离架构得到了众多企业的青睐。

为了降低读写分离带来的成本增加问题，ShardingSphere 有效降低了读写分离的复杂性，让用户能够像使用原生数据库那样使用采用主从配置的数据库集群。内置的负载均衡策略可将负载均匀地分配给各个从库，从而进一步改善系统性能。另外，还可结合使用 ShardingSphere 的分片功能，从而进一步减少负载，并让整个系统的性能更上一层楼。

读写分离的应用场景数不胜数，理解这项功能对你大有裨益。

3.7 小结

本章介绍了 ShardingSphere 的可插拔架构，并开启了对该架构中特性的探索之旅。通过探索诸如分布式数据库、数据分片、SQL 优化、弹性伸缩等特性，你可以明白 ShardingSphere 基于组件的性质。

ShardingSphere 旨在提供你可能需要的特性，而不将可能不需要的特性强加给你，这让你能够打造自己的 ShardingSphere。你现在具备了必要的知识，能够做出有依据的决策，可以决定自己的 ShardingSphere 应包含哪些特性。

本章专注于介绍如何打造分布式数据库并执行数据分片所需的主要特性，下一章将介绍 ShardingSphere 的其他主要特性。

第 4 章　关键特性和应用场景——性能和安全

本章将进一步加深你对 ShardingSphere 生态的认识，帮助你在打造理想数据库解决方案的过程中做出正确的决策。你将学习 ShardingSphere 的其他主要特性，具体地说是高可用性、数据加密和可观察性。

设计 ShardingSphere 时考虑到灵活性，旨在让你能够根据具体场景打造最佳的解决方案，同时避免无谓地占用大量内存。这些特性是为帮助改善系统的性能和安全而开发的。

本章涵盖如下主题：

- 理解高可用性；
- 数据加解密；
- 用户身份认证；
- SQL 授权；
- 数据库和应用的全链路监控；
- 数据库网关；
- 分布式 SQL；
- 理解集群模式；
- 集群管理；
- 可观察性。

4.1　理解高可用性

在分布式系统的架构设计中，高可用性是必须考虑的重要方面之一，它确保分布式系统能够稳定地提供服务。高可用性的目标是最大限度地缩短服务不可用的时间。作为一种分布式数据库服务解决方案，ShardingSphere 可为底层数据库提供分布式功能。

在生产环境中，不仅需要部署高可用性方案（它与各种数据库兼容，并能够实时地发现底层数据库集群的状态变化），还需要保证该方案提供的各种服务的高可用性。

接下来介绍高可用性概念，如果你对这个概念较为熟悉，可以温故。介绍高可用性概念后，将深入介绍 ShardingSphere 的高可用性。

4.1.1 数据库高可用性

数据库是软件系统架构的基础设施，高可用性是其重要的功能之一，这样才能确保业务数据的安全性和连续性。无论使用哪种数据库，都有很多高可用性方案可选择。通常，数据库高可用性方案旨在解决如下问题。

- 数据库意外宕机或中断时，可最大限度地缩短宕机时间，确保业务不会因数据库故障而中断。
- 确保主节点和备用节点的实时性或最终一致性。
- 切换数据库角色时，切换前后的数据必须一致。

当前，对数据架构层中的互联网软件来说，读写分离也是必不可少的措施。集成传统的数据库高可用性解决方案时，通常必须考虑读写分离场景。

4.1.2 ShardingSphere 的高可用性

ShardingSphere 采用了存算分离的架构模式。存储层为 ShardingSphere 管理的底层数据库集群，为实现强大的增强功能，计算层部分依赖于底层数据库集群提供的计算能力。因此，ShardingSphere 的高可用性取决于计算层和存储层能否同时提供稳定的服务。在 ShardingSphere 中，存储层的数据库集群被称为存储节点，计算层的数据库集群被称为计算节点。ShardingSphere-Proxy 的典型系统的拓扑结构如图 1.4 所示。

由于 ShardingSphere 的可插拔架构，用户可灵活地结合使用 ShardingSphere 提供的读写分离功能和高可用性功能。当底层数据库的主从关系发生变化时，ShardingSphere 能够自动将相应的 SQL 路由到新的数据库。

下面更深入地介绍计算节点与存储节点、高可用性的工作原理及其在实际场景中的应用。

1. 计算节点

作为计算节点，ShardingSphere-Proxy 是无状态的。因此，可通过实时地添加计算节点来水平扩展集群，以提高整个 ShardingSphere 分布式数据库服务的吞吐量。在流量低谷期间，用户可实时地将计算节点下线，以释放资源。

为确保计算节点的高可用性，可在计算节点的上层部署负载均衡软件，如 HAProxy 或 Keepalived。

2. 存储节点

ShardingSphere 存储节点为底层的数据库节点，其高可用性由底层数据库本身予以保证。例如，MySQL 可使用 MySQL 组复制（MySQL Group Replication，MGR）插件、第三方编排器和其他高可用性方案，而 ShardingSphere 可通过灵活的配置轻松地集成数据库的高可用性方案。通过内部探索机制，ShardingSphere 可实时地查询底层数据库的状态信息，并同步到 ShardingSphere 集群中。

3. 工作原理

ShardingSphere 使用标准的服务提供者接口（SPI）来集成各种数据库的高可用性方案。每个方案都需要实现数据库发现接口。在初始化期间，ShardingSphere 将使用用户配置的高可用性方案来创建一个基于 ElasticJob 的调度任务，这个任务默认每隔 5 秒执行一次，以查询底层数据库的状态，并实时地将结果同步到 ShardingSphere 集群。

4. 应用场景

在实际应用场景中，通常将 ShardingSphere 存储节点高可用性和读写分离功能结合起来使用，以实现实时的主从节点状态管理。ShardingSphere 能够自动处理诸如主从切换、主库上线和从库下线等场景。下面是结合使用高可用性和读写分离时的配置。

```
rules:
!DB_DISCOVERY
  dataSources:
    pr_ds:
      dataSourceNames:
        - ds_0
        - ds_1
        - ds_2
      discoveryTypeName: mgr
  discoveryTypes:
    mgr:
      type: MGR
      props:
        groupName: 92504d5b-6dec-11e8-91ea-246e9612aaf1
        zkServerLists: 'localhost:2181'
        keepAliveCron: '0/5 * * * * ?'


  discoveryTypes:
    mgr:
```

```
    type: MGR
    props:
      groupName: 92504d5b-6dec-11e8-91ea-246e9612aaf1
```

这是结合使用高可用性和读写分离的典型配置。具备必要的知识后，你接下来将学习更复杂的特性（如加密）。

4.2 数据加解密

信息技术日益普及且复杂，这让越来越多的企业认识到数据资产的价值和数据安全的重要性。数据加解密成了各种企业的普遍需求，而使用密钥对信息进行编码的数据保护方法能够让你安全地管理数据。

考虑到行业当前面临的需求和痛点，ShardingSphere 提供了集成的数据加密方案。这个解决方案开销低且透明、安全，可帮助所有企业满足其数据加解密需求。下面介绍什么是数据加解密、关键组件、工作流程以及应用场景。

4.2.1 什么是数据加解密

数据加密指的是根据加密规则和算法对数据进行转换，以确保用户数据的机密性；数据解密指的是根据解密规则对加密的信息进行解码。ShardingSphere 的加解密模块根据 SQL 获取要加密的列，调用加密算法进行加密，再将它们存储到数据库中。之后当用户发送查询时，ShardingSphere 可调用解密算法，对加密列进行解密，并将明文数据发送给用户。在整个过程中，用户感觉不到加密和解密。另外，这个模块同时为新旧业务提供了完整的解决方案。为说明新旧业务场景的不同，我们找到两种要求数据加密的业务场景。

- 先来看第一种场景，它表明了升级旧加密方法很难。企业 A 是一家初创企业，一切都是新的。如果企业 A 要求加密数据，其开发团队可能选择一种简单的数据加解密解决方案，以满足基本的加密要求。然而，企业 A 成长得非常快，导致原来的加密方案不够好，无法满足新业务场景的需求。鉴于此，企业 A 需要大规模改造业务系统，这样做开销很大。
- 再来看第二种场景，它表明了在成熟的业务系统中添加数据加密功能，让没有数据加密功能的软件依然可用有多困难。有些企业以前选择以明文方式存储数据，但现在需要对数据进行加密。为添加数据加密功能，必须解决一系列问题，例如旧数据迁移加密（或数据清洗）、重新编写相关的 SQL。这个过程已经够复杂了，还需要确保零宕机时间。为在不宕机的情况下升级关键业务，开发人员必须搭建预发布环境并指定回滚计划，这将导致开销飙升。

4.2.2　关键组件

要搞明白 ShardingSphere 的加解密特性，必须搞明白相关的规则和配置，如图 4.1 所示。

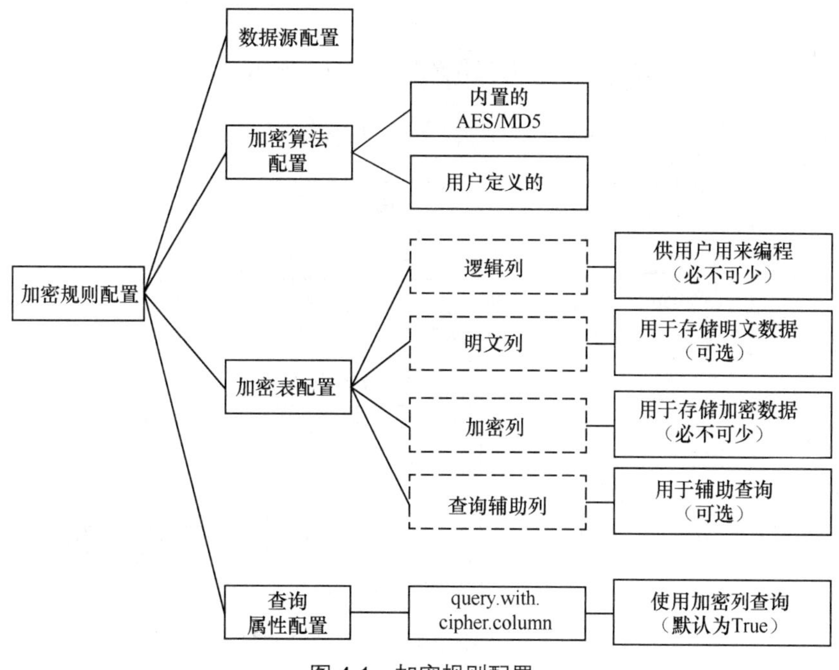

图 4.1　加密规则配置

下面详细介绍图 4.1 中的术语。

- 数据源配置：用于配置数据源。
- 加密算法配置：用于选择加密算法。ShardingSphere 内置了多种加密算法——高级加密标准（advanced encryption standard，AES）和消息摘要算法（message-digest algorithm，MD5）等。当然，必要时用户可利用 API 来开发自定义加密算法。
- 加密表配置：用于指出哪列是用于存储加密数据的加密列、哪列是用于存储非加密数据的明文列、哪列是用户用来编写 SQL 语句的逻辑列。
- 逻辑列：用于计算加密/解密列的逻辑名，也是在 SQL 中用于指定逻辑列的逻辑标识符。
- 加密列：包含加密后数据的列。
- 查询辅助列：顾名思义，查询辅助列用于简化查询。对于一些安全等级较高的非幂等加密算法，ShardingSphere 还提供了可在查询中使用的不可逆幂等列。

■ 明文列：明文列存储了明文，它在加密数据迁移过程中依然可提供服务。数据清洗过程结束后，用户可将明文列删除。

下面介绍 ShardingSphere 是如何实现加密的。

4.2.3 工作流程

在 ShardingSphere 中，加解密特性的工作流程如图 4.2 所示。

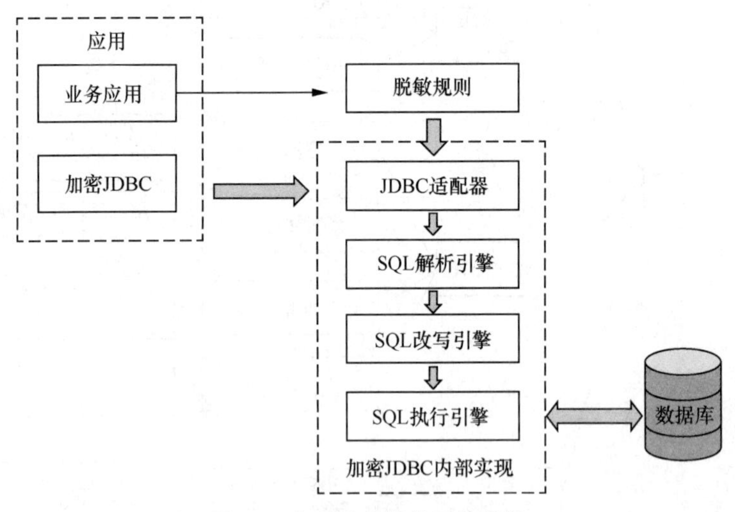

图 4.2 加解密特性的工作流程

首先，SQL 解析引擎对 SQL 输入进行分析并提取上下文信息。接着，SQL 改写引擎根据上下文信息和配置的加解密规则对 SQL 进行改写——改写逻辑列并对明文进行加密。然后，由 SQL 执行引擎高效且安全地执行改写结果。可以看到，整个加解密过程对用户都是透明的，因此非常适用于安全的数据存储。

下面通过一个示例来说明加解密工作流程。假设你的数据库中有一个名为 t_user 的表，它包含存储明文数据的 pwd_plain 列（要加密的列）和存储加密数据的 pwd_cipher 列（加密后的列），同时你需要将逻辑列定义为 pwd。此时应定义如下 SQL 命令：INSERT INTO t_user SET pwd = '123'。

收到这个 SQL 命令后，ShardingSphere 将完成转换过程——改写 SQL。通过查看图 4.3，你就能明白在加密模块中，数据处理是如何进行的。图 4.4 展示了转换流程和逻辑。

下面来看看一些需要执行加密工作流程的应用场景。

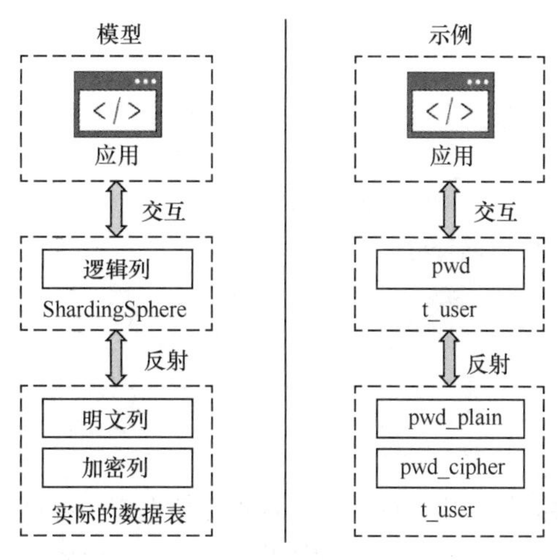

图 4.3　加解密流程

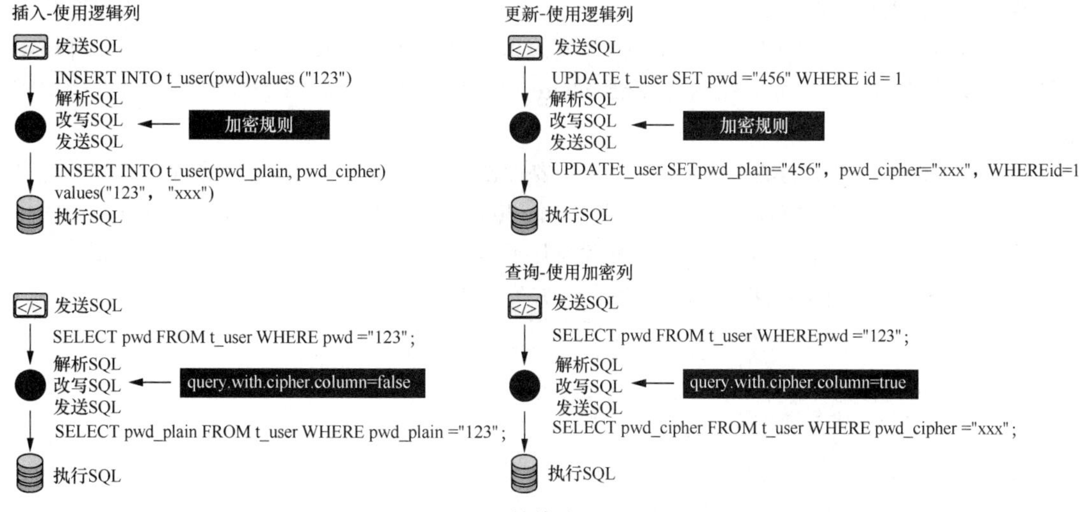

图 4.4　转换流程和逻辑

4.2.4　应用场景

ShardingSphere 加解密模块向用户提供了集成的加解密解决方案，无论是新开发的产品还是成熟的产品，都可轻松地访问这个加解密模块。

因为新开发的产品无须进行数据迁移和数据转换，所以用户只需访问加解密模块并创建相关的配置和规则即可。选择合适的加密算法（如 AES）后，只需配置逻辑列（用于编写面向用户的 SQL）和加密列（用于在数据表中存储加密后的数据），如下面的代码块所示。其中，逻辑列和加密列的名称可以不同。

```
-!ENCRYPT
encryptors:
   aes_encryptor:
      type: AES
      props:
        aes-key-value: 123456abc
tables:
    t_user:
      columns:
        pwd:
          cipherColumn: pwd
          encryptorName: aes_encryptor
```

当你访问 ShardingSphere 的加密特性时，将自动在数据库中存储加密列 pwd；当你发送查询时，ShardingSphere 将自动解密这个列，以获得明文。之后，如果用户要更换加密算法，只需修改一些相关的配置就会自动生效。

然而，对于成熟的业务，加密特性有什么帮助呢？ShardingSphere 添加了明文列配置和加密列查询配置，这让你能够轻松地向支持加密过渡，从而最大程度地降低开销。京东科技提供了一个不错的案例，下面介绍 ShardingSphere 是如何帮助京东科技的成熟系统向支持加密过渡的。

在这个案例中，要加密的表为 t_user，其中要加密的列为 pwd，当前在数据库中存储了这个未加密的列。首先，需要将标准 JDBC 替换为 ShardingSphere JDBC。由于 ShardingSphere JDBC 本身就是一个标准的 JDBC API，因此这种替换几乎不会带来任何开销。然后，需要在原始表中添加 pwd_cipher 列（用于存储加密数据的列），并完善配置，如下面的代码块所示。

```
-!ENCRYPT
   encryptors:
    aes_encryptor:
      type: AES
      props:
        aes-key-value: 123456abc
   tables:
    t_user:
      columns:
        pwd:
          plainColumn: pwd
          cipherColumn: pwd_cipher
          encryptorName: aes_encryptor
          queryWithCipherColumn: false
```

在上面的配置中，将 logicColumn 设置成 pwd，让用户无须修改相关的 SQL 语句。接下来，启用该配置。在数据插入阶段，依然在 pwd 列中存储未加密的数据，但同时在 pwd_cipher 列中存储加密后的数据。另外，由于 queryWithCipherColumn 被设置为 False，因此依然可使用明文列 pwd 来执行查询和其他操作。下一步是对旧数据的加密迁移，即数据清洗。

然而，ShardingSphere 当前没有提供对数据进行迁移和清洗的工具，因此用户必须自己对旧数据进行处理。

完成数据迁移后，用户可将 queryWithCipherColumn 设置为 True，进而对加密后的数据执行查询和其他操作。至此，向支持加密过渡的过程就差不多完成了。在这一过程中，建立了一个加密的数据处理流程系统，但为支持回滚保留了明文列（这样，如果系统出现问题，只需将 queryWithCipherColumn 设置为 False，就可建立一个明文数据处理流程系统）。

系统平稳地运行一段时间后，可将明文配置和数据库中的明文列删除，从而完成向支持加密的过渡。最终的配置如下面的代码块所示。

```
-!ENCRYPT
   encryptors:
    aes_encryptor:
      type: AES
      props:
        aes-key-value: 123456abc
   tables:
    t_user:
      columns:
        pwd:
          cipherColumn: pwd_cipher
          encryptorName: aes_encryptor
```

在 ShardingSphere 中，加解密模块提供了一种透明的自动加密方法，让你无须关心加密实现的细节。有了 ShardingSphere 后，你可轻松地使用其内置的加解密算法，以满足数据加密需求。当然，你也可通过 API 开发自己的加密算法。更令人印象深刻的是，无论是新系统还是成熟系统，都可轻松地访问这个加解密模块。

另外，ShardingSphere 的加解密模块还提供了一个增强的加密算法，它比常规加密算法更复杂，也更安全。使用这个增强的加密算法时，即便是两项完全相同的数据，加密得到的结果也不同。这个增强的加密算法同时对原始数据和一些变量进行加密，其中一个变量是时间戳。然而，由于相同数据的加密结果是不同的，因此无法通过查询加密列来返回所有的数据。为解决这个问题，ShardingSphere 引入了辅助查询列（assisted query column）的概念，这种列可用于存储以不可逆方式加密的原始数据：用户查询加密列时，辅助查询列概念可提供相关的帮助。当然，所有这一切对用户来说都是透明的。

ShardingSphere 是透明的、自动化的、可伸缩的，让你能够以较低的开销完成向支持加密过渡，同时即便以后安全需求发生了变化，你也可快速、方便地做出调整，以适应这些变化。

说到数据安全和保护，你可能想了解其另一个重要方面——用户身份认证。下一节就将详细介绍 ShardingSphere 的用户身份认证。

4.3 用户身份认证

身份认证是数据库安全的基石，它确保只有通过身份认证的用户才能操作数据库。另外，数据库也需要根据当前用户的身份来确定每一个操作是否获得了授权。

随着分布式数据库接替集中式 DBMS，用户身份认证面临着新的挑战。本节将帮助你理解分布式数据库的身份认证机制以及 ShardingSphere 的相关特性。

4.3.1 DBMS 身份认证和分布式数据库身份认证

你可能已经熟悉 DBMS 的用户身份信息存储方式，因为它是使用最为广泛的，但继续往下阅读前，了解用户身份信息存储及其 DBMS 实现和分布式数据库实现之间的差别将更加重要。

1. 用户身份信息的存储

在集中式 DBMS 中，用户身份信息通常存储在一个特殊的数据表中。例如，著名的 MySQL 就是一款集中式 DBMS，它将用户身份信息存储在系统表 mysql.user 中。

```
mysql> select Host, User from mysql.`user`;
+-----------+---------------+
| Host      | User          |
+-----------+---------------+
| %         | root          |
| localhost | mysql.session |
| localhost | mysql.sys     |
| localhost | root          |
+-----------+---------------+
4 rows in set (0.00 sec)
```

因此，当客户端建立与 MySQL 的连接时，MySQL 服务器将比较请求信息与 mysql.user 表中的数据，以确定是否允许当前用户连接。当然，mysql.user 表还包含经过加密的用户密码字符串，因为如果没有密码，将无法对用户进行身份认证。

然而，当使用 ShardingSphere-Proxy 或其他分布式系统管理的数据库集群时，情况完全不同。ShardingSphere-Proxy 管理的数据库资源数量从零到数以千计不等，在这种情况下，如果还坚持像集中式数据库那样使用表（mysql.user）来存储身份信息数据，将可能面临如下问题。

- 在没有存储资源的情况下，身份信息数据将存储在什么地方呢?
- 在资源数量数以千计的情况下，身份信息数据将存储在什么地方呢?
- 在资源数量增加或减少时，是否需要同步身份信息数据?

2. 不同的协议和加密算法

除了用户身份信息的存储，协议适配也是分布式数据库要解决的一个棘手问题。ShardingSphere-

Proxy 支持不同的数据库协议，如 MySQL 和 PostgreSQL，因此用户可直接从 MySQL 客户端或 PostgreSQL 客户端连接到 ShardingSphere-Proxy。

不同的数据库客户端在发起传输控制协议（transmission control protocol，TCP）握手和连接时，会把用户输入的密码用不同的规则进行加密，这就需要 ShardingSphere-Proxy 能够识别不同的数据库协议，并采用分别支持的加密算法对密码进行校验，从而验证用户的身份。

不同的数据库客户端发起 TCP 握手以建立连接时，将使用不同的规则对用户密码进行加密。为解决这种问题，ShardingSphere-Proxy 能够识别不同的数据库协议，进而使用相应的加密算法来验证密码和用户标识（identification，ID）。接下来将从机制的角度来介绍用户身份信息的存储。

4.3.2 机制

这里的机制实际上是指为明白该机制而必须熟悉的几个要点。下面来介绍用户身份信息存储和协议适配。

1. 存储用户身份信息

将用户身份信息存储在一个或多个数据库资源中显然是不合适的，分布式数据库需要提供集中式用户身份信息存储空间。实际上，将这些数据存储在注册中心是不错的主意。

如图 4.5 所示，当部署分布式数据库系统时，每个 DBMS 依然有自己的用户信息，用于在 ShardingSphere-Proxy 和 DBMS 之间建立连接。应用在使用分布式数据库时，将使用存储在注册中心的用户 ID 和密码来连接到 ShardingSphere-Proxy，这样就可以实现分布式数据库的身份认证了。

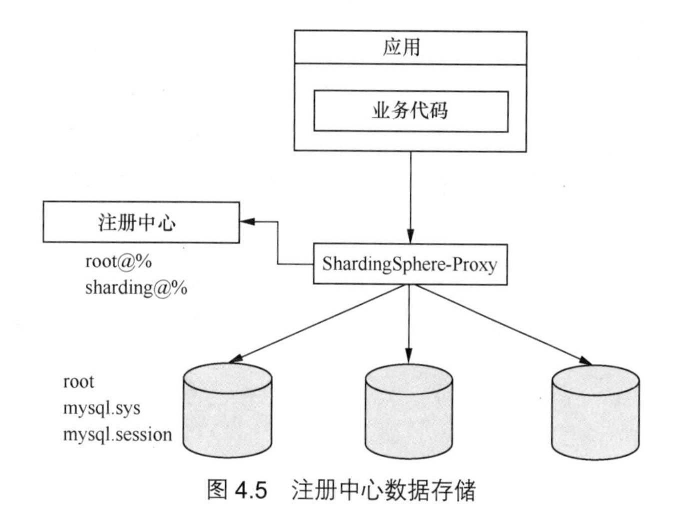

图 4.5 注册中心数据存储

2. 适配不同的协议

ShardingSphere 以其强大的 SPI 机制著称，这种机制有助于解决协议适配问题：ShardingSphere-

Proxy 为不同的数据库协议提供不同类型的身份认证引擎。每个身份认证引擎都采用原生实现方法（相应数据库类型实现的加密算法），以确保数据库迁移后的用户体验是最佳的。图 4.6 概述了 ShardingSphere 与不同协议的兼容性。

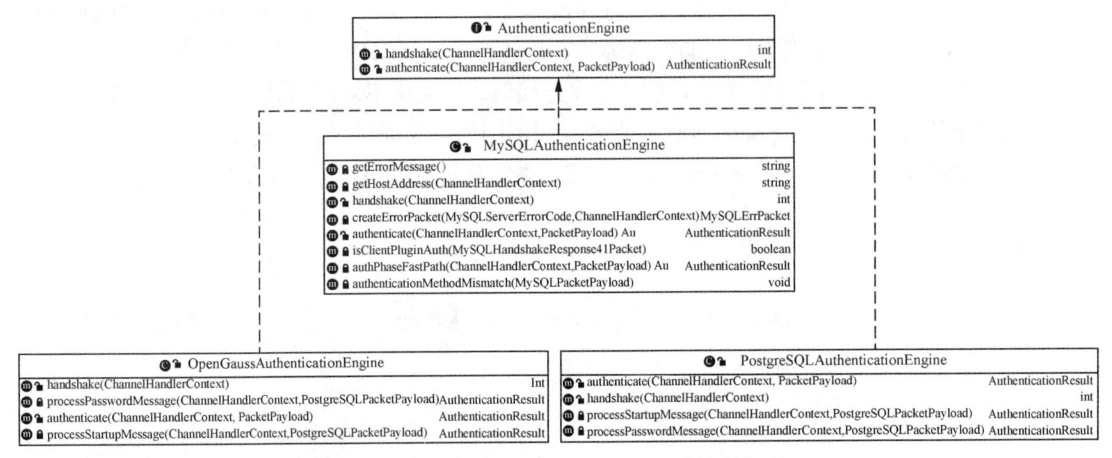

图 4.6 ShardingSphere 与不同协议的兼容性

图 4.6 展示了兼容的协议。对于与用户身份认证特性相关的机制，就简要地介绍到这里，接下来介绍该特性的工作流程和应用场景。

4.3.3 工作流程

ShardingSphere 将众多能力抽象为规则，并以 SPI 的方式将这些规则加载到内核中，组成了高度可定制的业务能力。AuthorityRule 作为一个全局规则，是 ShardingSphere-Proxy 中不可或缺的规则。当前，ShardingSphere 向用户提供了默认的 AuthorityRule 实现。

下面来介绍配置，让你能够在 ShardingSphere 生态中实现用户身份信息存储。

4.3.4 配置

一开始需要在 server.yaml 中指定初始用户，这个文件位于 ShardingSphere-Proxy 的工作目录中。

```
rules:
  - !AUTHORITY
    users:
      - root@%:root
      - sharding@:sharding
    provider:
      type: ALL_PRIVILEGES_PERMITTED
```

在上面的配置中，Proxy 初始化了两个用户——root@%和 sharding@，它们的初始密码分别是 root 和 sharding。

注意，root@%中的%意味着可通过任何主机地址连接到 ShardingSphere-Proxy。如果@后面什么都没有，默认值将为%。也可使用 user1@localhost 对 user1 进行限制，使其只能本地登录。

1. 初始化

ShardingSphere-Proxy 启动时，它将先把本地配置信息持久化到注册中心（如果 mode 的 overwrite 值为 true）。然后，从注册中心获取必要配置信息以构建 ShardingSphere-Proxy 的元数据，包括之前配置的用户身份信息。

ShardingSphere 根据 provider 配置使用指定的授权提供者来构建用户元数据，包括以 Map 形式存储在内存中的用户身份信息和授权信息。这样，当用户请求连接或获取授权时，系统可快速做出响应，无须再次向注册中心查询。

2. 身份认证

以使用 MySQL 客户端登录为例，ShardingSphere 将为用户执行如下操作。

（1）在元数据中搜索用户输入的用户名，确定指定的用户是否存在，如果不存在，则拒绝连接。

（2）确定用户输入的主机地址是否与用户配置兼容，如果不兼容，则拒绝连接。

（3）根据加密算法对元数据中的用户密码进行加密，再将加密后的密码同收到的密码进行比较，如果它们不一致，则拒绝连接。

（4）如果用户指定了数据库，则查询用户授权列表，确定用户是否有权连接到该数据库，如果没有这样的权限，则拒绝连接。

（5）上述流程结束后，用户便可登录并连接到指定的逻辑数据库。

本节讨论了 ShardingSphere 的用户身份认证机制，以及为什么它是实现数据库安全保护的第一步。通过配置不同的用户并限制不同的登录地址，ShardingSphere 可向企业提供不同程度的数据安全。

在 ShardingSphere 活跃的社区的帮助下，ShardingSphere 未来有望提供更多的安全机制，如配置加密和自定义加密算法。当然，凭借其灵活的 SPI 机制，ShardingSphere 让用户能够开发自定义的身份认证插件以及构建自己的分布式数据库访问控制系统。

接下来介绍 SQL 授权，它是确保数据和分布式数据库的安全的一个至关重要的特性。

4.4 SQL 授权

我们已经知道，从集中式数据库演进到分布式数据库后，用户身份认证机制发生了很大的变化。同理，由于 ShardingSphere 提供的所有逻辑数据库不存在于特定的数据库资源中，因此 ShardingSphere-Proxy 必须集中处理用户权限验证。

4.3 节已经提到，在用户身份认证过程中，如果用户指定了要连接的数据库，ShardingSphere 将能够根据授权信息判断用户是否有相应的权限。这样的判断是如何做出的呢？接下来将阐述 ShardingSphere 的 SQL 授权特性及其可扩展性。

4.4.1　定义 SQL 授权

SQL 授权是指收到用户的 SQL 命令后，ShardingSphere 根据命令请求的操作类型和数据范围检查用户是否有相应的权限，从而决定允许还是拒绝指定的操作。

4.4.2　机制

在 4.3 节中，我们介绍了 AuthorityRule。实际上，除了用户身份信息，用户授权信息受 AuthorityProvider 的控制。

当前，除了默认的 AuthorityProvider 类型 ALL_PRIVILEGES_PERMITTED，ShardingSphere 还提供了用于控制数据库授权（database authorization）的 AuthorityProvider 类型 DATABASE_PRIVILEGES_PERMITTED。要使用 DATABASE_PRIVILEGES_PERMITTED，可采用下面代码块中的配置。

```
rules:
  - !AUTHORITY
    users:
      - root@:root
      - user1@:user1
      - user1@127.0.0.1:user1
    provider:
      type: DATABASE_PRIVILEGES_PERMITTED
      props:
        user-schema-mappings: root@=test, user1@127.0.0.1=db_
dal_admin, user1@=test
```

上述配置包含如下要点：

- 用户 root 从任何主机连接到 ShardingSphere 后，将有权访问数据库 test；
- 用户 user1 从 127.0.0.1 连接到 ShardingSphere 后，将有权访问数据库 db_dal_admin；
- 用户 user1 从任何主机连接到 ShardingSphere 后，将有权使用数据库 test。

除了登录时，在用户输入如下 SQL 语句时也将执行数据库权限检查：

- show databases；
- use database；
- select * from database.table。

SQL 授权引擎发现输入的 SQL 语句请求数据库资源时，将使用 AuthorityProvider 提供的接口来执行权限检查，从而从各种角度确保用户数据的安全。

4.4.3 规划

由于 AuthorityProvider 是通过 SPI 织入 ShardingSphere 的，因此未来还有很多的想象空间。除了库级别的授权控制，ShardingSphere 还可能涉及基于表级、列级的细粒度授权方式，让我们拭目以待。

另外，借助 5.0.0 版本新增的 DistSQL 特性，未来 AuthorityRule 会和 DistSQL 联动，探索更加灵活的用户和授权管理方式，为用户提供更多的便利。

4.4.4 应用场景

通过“用户身份认证+SQL 授权”的机制，ShardingSphere 提供了数据库级别的完整安全方案。

同时，ShardingSphere 抽象出了完善的顶层接口，社区和每个用户都可以根据接口来实现各种级别的数据安全控制，为 SQL 审计等应用场景提供技术支持。

4.5 数据库和应用的全链路监控

分布式跟踪系统是基于与 Google 的相关论文[①]设计的。当前，市面上有很多相对成熟的实现，如 Twitter 的 Zipkin、Apache 的 SkyWalking 以及美团点评的 CAT。

下面简要介绍数据库和应用全链路监控的工作原理，再说明 ShardingSphere 是如何实现这项特性的。

4.5.1 工作原理

分布式调度链将分布式请求转换为多个调度链。调度分布式请求（例如每个节点的时间消耗）时，全链路监控系统将能够在后端看到收到请求的服务器以及请求在每个服务节点上的状态。图 4.7 展示了分布式请求调度链。

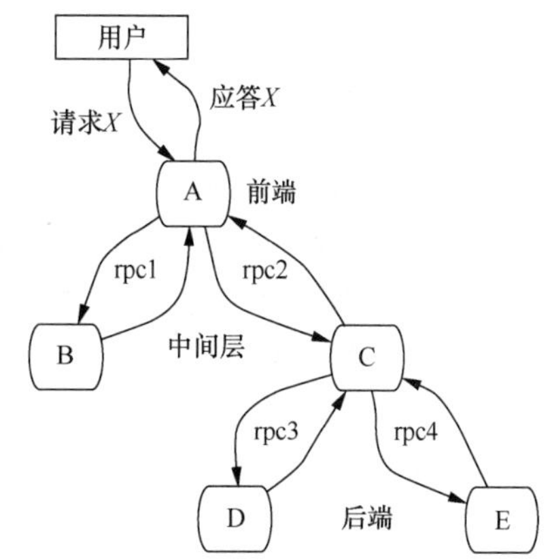

图 4.7 分布式请求调度链

在图 4.7 中，用户发出的请求经由各种节点从前端到达后端，再从后端回到前端。如果对所有节点进行监控，就意味着对系统进行全面监控。接下来介绍可集成到 ShardingSphere 中的监控解决方案。

---

① 参见 Google 的相关论文“Dapper, A Large-Scale Distributed Systems Tracing Infrastructure”。

4.5.2　一个全面的全链路监控解决方案

本节介绍 ShardingSphere 可插拔架构的另一个特性——全链路监控解决方案。你将学习这种解决方案，以及我们是如何实现数据库监控、跟踪和影子库的。这项特性提供了全面的解决方案，具体由 3 层组成。

- 网关层（cyborg-flow-gateway）：由 Apache APISIX 实现，能够给数据加上标签，并将标签分发和传递给链路调度上下文。
- 跟踪服务（cyborg-agent、cyborg-dashboard）：由 SkyWalking 实现，能够将压力测试标签传遍整个链路。
- 影子库（cyborg-database-shadow）：由 ShardingSphere 实现，能够根据压力测试标签隔离数据。

向网关层（cyborg-flow-gateway）发出压力测试请求时，将根据配置文件中的配置给压力测试数据添加标签。这些标签将被传递给分布式链路系统，同时用户在整个链路中都将看到流经信息（cyborg-dashboard）。请求数据库前，链路跟踪服务将添加压力测试标签，以便通过提示（Hint）来执行 SQL。

```
INSERT INTO table_name (column1,…) VALUES (value1…)
/*foo:bar,…*/;
```

向数据库代理层（cyborg-database-shadow）发出请求时，将根据压力测试标签把请求路由到相应的影子库。

明白 ShardingSphere 如何实现数据库监控后，你就可以开始学习数据库网关了。

4.6　数据库网关

通过数据库网关能够以统一的方式操作后端的异构数据库，从而最大程度地减少数据库碎片化带来的影响。除了高性能、熔断、限速、黑名单、白名单等功能，数据库网关还应提供统一访问、透明的数据访问、SQL 方言转换和路由决策等功能。另外，数据库代理的精华在于开放的生态和灵活的可扩展性。

这里将像前文一样，在介绍机制和组件之前，我们先介绍一些背景知识。鉴于当前数据库正经历重大转变，我们需要理解什么是数据库网关。

理解数据库网关

当前，分布式数据库正处于转变阶段，虽然数据库提供商的最终目标是提供统一的产品，但数据库碎片化趋势并未停止。数据库产品要在行业中取得一席之地，关键在于充分发挥其优势。

数据库的日益多样化带来了新需求：在数据库之上构建中性的网关产品，有效地降低异构数据库之间的差异导致的使用成本，进而将不同数据库的优势充分发挥出来。

网关并非新产品，它需要提供标准的功能，包括熔断、限速、黑名单和白名单等。鉴于其承担的流量引导和分配角色，网关产品还需要具备一些非功能性特性，如稳定性、高性能和安全性。数据库网关以既有网关为基础，进一步改善了数据库功能。数据库网关和流量网关之间最大的不同在于访问协议的多样性和目标节点的有状态性。

1. 深入探讨数据库网关机制

ShardingSphere 提供了数据库网关的基本功能，还提供了为未来实现数字网关所需的进阶功能。数据库网关提供的主要功能包括异构数据库支持、数据库存储适配器、SQL 方言转换、路由决策和灵活的扩展。接下来将讨论数据库网关的主要功能和实现机制，以及 ShardingSphere 的相对路由规划。

2. 支持异构数据库

当前，ShardingSphere 支持多种数据协议和 SQL 方言。用户可通过 MySQL 和 PostgreSQL 访问 ShardingSphere，也可直接访问支持类似协议的其他数据库，例如支持 MySQL 协议的 MariaDB 和 TiDB，以及支持 PostgreSQL 协议的 openGauss 和 CockroachDB。ShardingSphere 通过实现数据库的二进制交互协议来模拟目标数据库。

工程师可使用 MySQL、PostgreSQL、Oracle、SQL Server 以及遵循 SQL92 标准的其他 SQL 方言来访问 ShardingSphere。SQL 语法文件（由 ANTLR 定义并通过代码生成）通过传统的词法解析器（Lexer）和解析器（Parser）方式将 SQL 转换为抽象语法树和访问者模型。

3. 数据库存储适配器对接

当前，ShardingSphere 支持通过 JDBC 访问后端数据库。JDBC 是一个让 Java 能够访问数据库的标准接口，它支持多数据库。同时，从理论上说，它还可在不修改任何代码的情况下支持使用 JDBC 协议的数据库。

实际上，虽然 JDBC 在代码层级提供了统一的接口，但用来访问数据库的 SQL 并未统一。因此，除了 SQL 方言获得 ShardingSphere 支持的后端数据库，对于 SQL 方言未获得 ShardingSphere 支持的数据库，ShardingSphere 可通过 SQL92 标准来访问。换言之，除非后端数据库为 MySQL、PostgreSQL、Oracle、SQL Server 或 SQL 方言获得 ShardingSphere 支持的数据库，否则必须让数据库的 SQL 方言支持 SQL92 标准，如果不这样做，ShardingSphere 将可能出现访问错误。另外，如果数据库除支持 SQL92 标准外还支持其他功能，ShardingSphere 是无法识别这些功能的。后端数据库满足上述基本需求后，工程师便可通过相应的 SQL 方言轻松地访问它们。

大多数关系数据库以及部分 NoSQL 数据库都支持通过 JDBC 进行访问，但有些数据库不支持。在 ShardingSphere 的路由规划中，支持针对特定数据库的访问模型，这旨在提供广泛的数据库支持。

4. SQL 方言转换

虽然通过特定的数据库协议和 SQL 方言来访问数据库可获得该数据库协议的基本功能，但这并没有消除数据库之间的壁垒。为消除异构数据库之间的壁垒，在 ShardingSphere 的规划中，提供了 SQL 方言转换功能。

例如，工程师可通过 MySQL 协议和 SQL 方言来访问 HBase 集群中的数据，从而真正地实现混合事务/分析处理（hybrid transactional/analytical processing，HTAP）。另外，他们还可以通过 PostgreSQL 协议和 SQL 方言来访问其他关系数据库，从而实现低成本的数据库迁移。实际上，ShardingSphere 会重新生成 SQL，这是通过匹配分析得到的 SQL AST 和其他数据库 SQL 方言转换规则实现的。

虽然 SQL 转换并不能完全实现方言转换，当遇到目标数据库中没有的运算符和函数时，只能引发 UnsupportedOperationException 异常。尽管如此，方言转换使异构数据库协议更加方便，这让数据库网关不再是面对单数据库的，相反，它将根据数据库协议和 SQL 方言动态地选择合适的数据库协议解析器和 SQL 分析引擎，从而真正支持以统一的方式访问异构数据库。

5. 路由决策

动态的统一访问让数据库网关能够根据 SQL 语法对请求进行分析，并将其路由给合适的数据库，从而支持采用混合部署的异构数据库集群，并提供更强大的计算能力。路由决策主要是根据数据位于何处以及哪个数据库能够更好地处理当前请求这两个因素做出的。

通过匹配元数据信息和 SQL AST，可确定数据副本所在的异构数据库集群。在数据存储在多个异构数据库中的情况下，可通过识别 SQL 特性和匹配异构数据库的属性标签，来决定使用哪个数据库来处理查询请求。例如，对于聚合和分组操作，将其路由到具有 OLAP 特征的数据库，而对于基于主键的事务查询，将其路由到具有 OLTP 特征的数据库。根据规则或查询开销来做决策是一种相对有效的路由策略。

路由决策在当前的 ShardingSphere 还不支持。在 SQL 方言转换功能完成后，将把它纳入考虑范围。

6. 可扩展性

不同于流量网关，对数据库网关来说，开放性和快速对接各种数据库是重要的功能。流量网关可通过识别协议和分配权重来将请求路由到后端服务。在数据库网关和无状态的服务节点之间，最大的差别在于数据库网关中的数据库是有状态的，这要求精确地路由请求。另外，从可扩展性的角度看，流量网关不用理解它传输的内容，也不用参与后端资源操作，而数据库网关需要匹配不同数据库的详细操作。

当前，ShardingSphere 的可扩展性是由数据库协议和可扩展的 SQL 方言表示的，未来 ShardingSphere 的可扩展性将由数据库操作和 SQL 方言转换来表示。在未来的规划中，路由策略可由工程师决定并开发。开发人员可通过 SPI 来实现新数据库和路由决策对接，并无须修改核心代码。ShardingSphere 始终持中立立场，致力于拥抱开源生态和各种异构数据库。图 4.8 展示了数据库网关的总体架构。

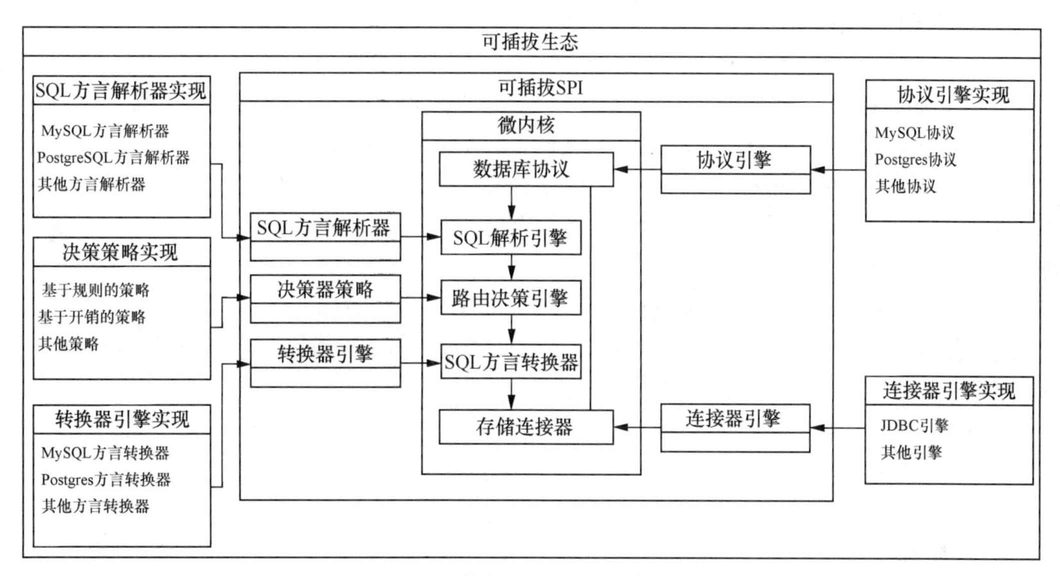

图 4.8 数据库网关的总体架构

确定数据库协议和 SQL 方言后，路由决策引擎便可将 AST 路由到合适的数据源，同时可将 SQL 转换为相应的数据源方言并加以执行。

在 ShardingSphere 中，与数据库访问相关的五大方面是数据库协议、SQL 方言分析、路由决策策略（开发中）、SQL 方言转换器（开发中）和数据执行器。

7. 价值

数据库网关的价值在于统一数据库访问、让异构数据访问透明、实现数据库细节隐藏以及让工程师能够使用各种异构数据库集群。

8. 统一的数据库访问

在以编程方式访问数据库方面，凭借异构数据库协议以及对 SQL 方言和 SQL 方言转换的支持，工程师可通过在数据库网关中进行编程来在不同数据库之间切换。数据库网关并非针对单一数据库的，而是中性的，它提供了统一的异构数据库访问。

9. 透明的异构数据访问

从数据存储的角度看，工程师无须关注具体的存储空间或方法。数据库网关可自动管理后端数据库，这是通过搭配强大的路由决策引擎和透明的数据库存储访问实现的。

对于数据库网关，不要将其与可扩展性混为一谈，这很重要。至此，你明白了数据库网关和可扩展性之间的差别，以及它们提供了哪些功能。

4.7 分布式 SQL

在 ShardingSphere 4.*x* 和更早的版本中，就像其他中间件一样，用户需要使用配置文件来管理 ShardingSphere，让它执行特定的操作，例如创建哪些逻辑数据库、数据怎样分片、对哪些列进行加密等。虽然大多数开发人员都习惯了将配置文件作为中间件管理工具，但作为分布式数据库入口，ShardingSphere 同时服务于广大的运维人员和 DBA 们。和编辑配置文件相比，他们对执行 SQL 的方式更加熟悉

在 Database Plus 的推动下，ShardingSphere 5.0.0 引入了 DistSQL。DistSQL 是 ShardingSphere 特有的一种内置语言，让用户通过类似 SQL 的方式管理 ShardingSphere 和所有的规则配置，实现了“像操作数据库一样操作 ShardingSphere”。

DistSQL 分为如下 3 种类型。

- 资源和规则定义语言（resource & rule definition language，RDL）用于创建、修改和删除资源和规则。
- 资源和规则查询语言（resource & rule query language，RQL）用于查询资源和规则，让你无须查看文件就能获悉配置状态。
- 资源和规则管理语言（resource & rule administration language，RAL）用于管理诸如 Hint、执行计划查询和弹性伸缩控制等特性，包括权限控制、事务类型切换和熔断等高级特性。

接下来将介绍 DistSQL 的优势、它在 ShardingSphere 中是如何实现的以及一些实际应用场景。

4.7.1 DistSQL 简介

在使用 DistSQL 以前，如果想要通过 ShardingSphere-Proxy 来进行数据分片，我们需要配置一个 YAML 文件，类似如下：

```
# 用于外部服务的逻辑数据库名称
schemaName: sharding_db
# 实际使用的数据源
dataSources:
  ds_0:
    url: jdbc:mysql://127.0.0.1:3306/db0
    username: root
    password:
# 指定分片规则；这里的示例代码意味着将数据库中的数据表分成 4 个分片
tables in the database into 4 shards
rules:
- !SHARDING
  autoTables:
```

```
    t_order:
      actualDataSources: ds_0
      shardingStrategy:
        standard:
          shardingColumn: order_id
          shardingAlgorithmName: t_order_hash_mod
  shardingAlgorithms:
    t_order_hash_mod:
      type: HASH_MOD
      props:
        sharding-count: 4
```

编写好 YAML 配置文件后，就可部署 ShardingSphere-Proxy 并开始使用它。但如果随后要调整资源或规则，就必须更新配置文件，并重启 ShardingSphere-Proxy 让配置生效。

而在使用 DistSQL 时，用户无须配置文件，可直接启动 ShardingSphere-Proxy 并执行下面的 SQL 命令：

```
# 创建一个逻辑数据库
CREATE DATABASE sharding_db;
# 连接到 sharding_db
USE sharding_db;
# 添加数据源
ADD RESOURCE ds_0 (
    HOST=localhost,
    PORT=3306,
    DB=db0,
    USER=root
);
# 创建分片规则
CREATE SHARDING TABLE RULE t_order (
RESOURCES(ds_0),
SHARDING_COLUMN=order_id,TYPE(NAME=hash_mod,
PROPERTIES("sharding-count"=4))
);
```

执行上述 DistSQL 命令后，便实现了与上面 YAML 配置文件等效的规则配置。并且，以后可使用 DistSQL 动态地添加、修改或删除资源和规则，而无须重启 ShardingSphere-Proxy。

考虑到数据库开发人员和运维人员的习惯，DistSQL 在语法上借鉴了标准 SQL 语言，兼顾可读性和易用性的同时，最大程度地保留了 ShardingSphere 自身的特性。

4.7.2 应用场景

分布式 SQL 是一款强大的工具，它“多才多艺”且学习起来非常容易，适用于几乎所有的常规 SQL 应用场景。下面介绍一些应用场景，确保你熟悉 DistSQL 的应用场景。没有 DistSQL 的应用系统如图 4.9 所示。

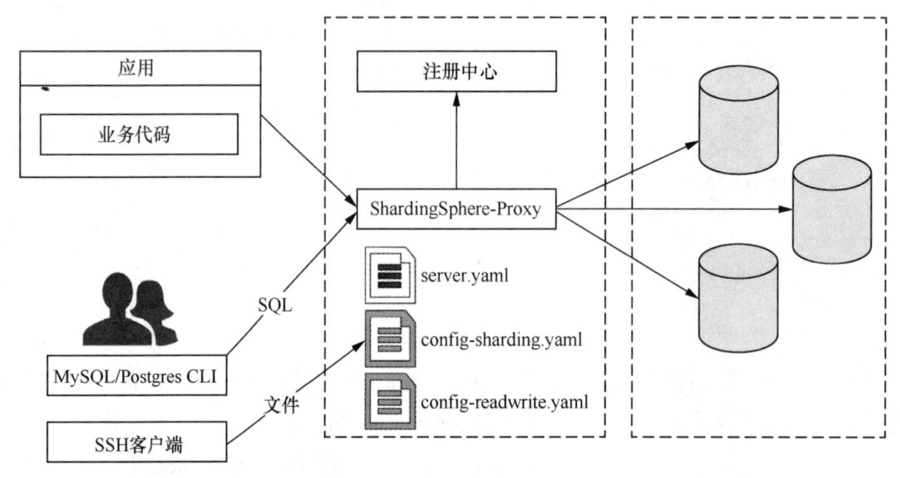

图 4.9 没有 DistSQL 的应用系统

在没有 DistSQL 的情况下，普遍的情形如下。

- 应用系统连接到 ShardingSphere-Proxy，并通过 SQL 命令读写数据。
- 开发人员或运维人员通过 SQL 客户端连接到 ShardingSphere- Proxy，并使用 SQL 命令来查看数据。
- 同时，他们通过安全外壳（secure shell，SSH）客户端连接到 ShardingSphere- Proxy 所在的服务器，以便执行文件操作以及配置 ShardingSphere-Proxy 使用的资源和规则。
- 远程编辑文件并不像编辑本地文件那样简单。
- 每个逻辑数据库都使用不同的配置文件，因此服务器上可能有很多这样的文件，导致很难记住它们的位置和差别。
- 更新配置文件后，为让新配置生效，必须重启 ShardingSphere-Proxy，这可能导致系统中断。

在拥有 DistSQL 之后，ShardingSphere-Proxy 与数据库更像一个整体了，如图 4.10 所示。

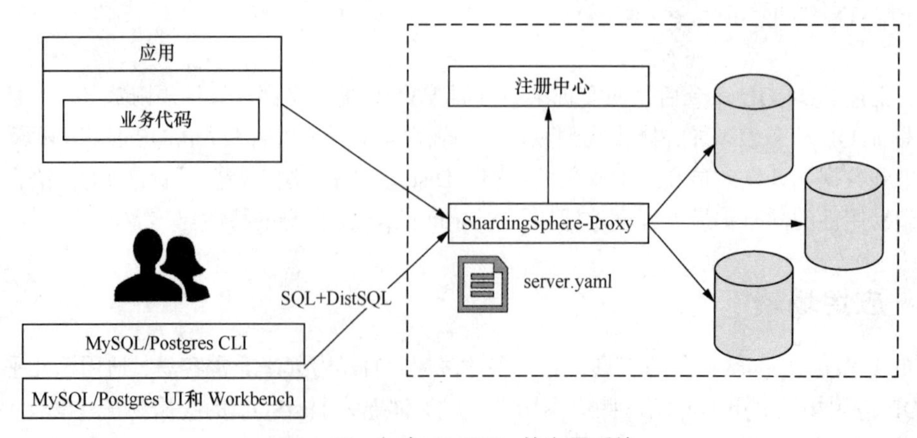

图 4.10 包含 DistSQL 的应用系统

包含 DistSQL 后，情况发生了变化：消除了数据库和 ShardingSphere-Proxy 之间的隔膜。在这种情况下，应用依然连接到 ShardingSphere-Proxy，并通过 SQL 命令读写数据。开发人员和运维人员无须使用另两个工具，而只需打开 SQL 客户端就可同时查看数据和管理 ShardingSphere，即不需要编辑文件，并且无须担心文件数量可能呈爆炸性增长。

DistSQL 可实时地执行更新操作，因此用户无须重启 ShardingSphere-Proxy，从而避免了系统可能中断的问题。

4.7.3　有关 DistSQL 的其他说明

3.2 节以数据分片为例，演示了如何使用 RDL 来定义资源和规则。下面来探索其他令人印象深刻的 DistSQL 特性。

（1）查看添加的资源。RQL 让你能够查询系统，进而获悉包含的资源的大致情况：

```
> SHOW SCHEMA RESOURCES;
+------+-------+-----------+------+------+-----------+
| name | type  | host      | port | db   | attribute |
| ds_0 | MySQL | 127.0.0.1 | 3306 | db0  | ...       |
+------+-------+-----------+------+------+-----------+
1 rows in set (0.01 sec)
```

（2）查看分片规则。RQL 让你能够获悉系统当前的分片规则：

```
> SHOW SHARDING TABLE RULES;
mysql> show sharding table rules;
+---------+---------------------+---------------------+--
---------------------+-------------------------------+---
-----------------------------+
| table   | actual_data_sources | table_strategy_type |
table_sharding_column | table_sharding_algorithm_type |
table_sharding_algorithm_props |
+---------+---------------------+---------------------+--
---------------------+-------------------------------+---
-----------------------------+
| t_order | ds_0                | hash_mod            |
order_id              | hash_mod                      |
sharding-count=4               |
+---------+---------------------+---------------------+--
---------------------+-------------------------------+---
-----------------------------+
1 row in set (0.01 sec)
```

（3）预览分布式执行计划。RAL 让你能够查看逻辑 SQL 对应的执行计划（但不实际执行这些 SQL 语句）：

```
> PREVIEW select * from t_order;
+------------------+------------------------------------
-----------+
```

```
| data_source_name |
sql                                          |
+------------------+------------------------------------
-----------+
| ds_0             | select * from t_order_0 ORDER BY
order_id ASC  |
| ds_0             | select * from t_order_1 ORDER BY
order_id ASC  |
| ds_0             | select * from t_order_2 ORDER BY
order_id ASC  |
| ds_0             | select * from t_order_3 ORDER BY
order_id ASC  |
+------------------+------------------------------------
-----------+
4 rows in set (0.01 sec)
```

除了这些特性的应用场景，DistSQL 还考虑了其他应用场景，支持定义和查询读写分离、数据加密、数据库发现和影子库等相关的规则。

4.7.4 对 ShardingSphere 的影响

设计 DistSQL 旨在重新定义中间件和数据库之间的边界，让开发人员能够像操作数据库那样使用 ShardingSphere。

DistSQL 的语法系统充当了 ShardingSphere 和分布式数据库之间的桥梁。未来，随着一些更具创意的想法成为现实，DistSQL 的功能将更加强大，助力 ShardingSphere 成为更出色的数据库基础设施。

4.8 理解集群模式

在部署方面，ShardingSphere 提供了 3 种运行模式：集群模式、内存模式和单机模式。在生产环境中部署 ShardingSphere 时，推荐使用集群模式。使用集群模式时，可通过添加计算节点来实现水平伸缩，同时这种多节点部署还可确保服务的高可用性。

4.8.1 集群模式的定义

除了集群模式，ShardingSphere 还提供了与之相反的单机模式。在单机模式下，用户也可部署多个计算节点。但与集群模式不同的是，在单机模式下，用户不能在多个计算节点之间协调配置和状态，对配置或元数据的修改只影响当前节点，即任何节点都无法感知其他节点执行的修改操作。在集群模式下，利用注册中心的能力让集群中所有的计算节点能够共享配置信息和元数据信息。因此，这些共享的信息发生变化时，注册中心能够实时地将变化下推给所有计算节点，从而确保整个集群的数据一致性。

4.8.2 核心概念

下面介绍运行模式（集群模式）、注册中心和集群模式启用流程。

1. 运行模式

集群模式是 ShardingSphere 的运行模式之一，适用于生产环境部署。除了集群模式，ShardingSphere 还提供了内存模式和单机模式，它们分别用于集成测试和本地开发测试。不同于单机模式，在内存模式下，ShardingSphere 不会持久化任何元数据和配置信息，因此对这些信息所做的修改都只在当前线程中有效。这些运行模式涵盖了所有应用场景——开发、测试和生产部署。

2. 注册中心

注册中心是集群模式实现的基石。在集群模式下，ShardingSphere 能够共享元数据和配置，这是因为它集成了第三方注册组件（ZooKeeper 和 etcd）。ShardingSphere 利用注册中心的通知和协调功能，确保共享数据变更得以在整个集群中实时同步。

3. 集群模式启用流程

要在生产环境中启用集群模式，需要在 server.yaml 中配置 mode 标签：

```
mode:
  type: Cluster
  repository:
    type: ZooKeeper
    props:
      namespace: governance_ds
      server-lists: localhost:2181
      retryIntervalMilliseconds: 500
      timeToLiveSeconds: 60
      maxRetries: 3
      operationTimeoutMilliseconds: 500
  overwrite: false
```

接下来，为在集群中添加多个计算节点，必须确保 namespace 和 server-lists 的配置相同，这样这些计算节点才能在同一个集群中发挥作用。

如果用户需要使用本地配置来初始化或覆盖集群中的配置，可配置 overwrite: true。

4.8.3 与其他 ShardingSphere 特性的兼容性

集群模式的核心功能是确保分布式环境中 ShardingSphere 配置和数据的一致性，这让 ShardingSphere 能够在分布式环境中提供增强特性。用户在特定计算节点上通过 DDL 修改元数据后，该计算节点将把元数据变更提交给注册中心，而注册中心将使用其协调功能向集群中的其他计算节点发送变更消息，从而确保集群中所有计算节点的元数据信息都是一致的。

在生产环境中部署 ShardingSphere 时，必须使用集群模式，它让 ShardingSphere 能够提供对互联网软件架构来说不可或缺的分布式功能。对于分布式系统，集群模式提供的水平伸缩和高可用性等核心特性也是不可或缺的。

掌握这些知识后，接下来你将学习如何管理集群。

4.9 集群管理

随着技术的进步，我们不仅需要执行大数据计算，还必须确保系统服务是 7×24h 提供服务的。鉴于此，单节点部署方法已无法满足需求，多节点集群部署方法是大势所趋。然而，要部署多节点集群，将面临众多的挑战。

一方面，ShardingSphere 需要管理存储节点、计算节点，同时需要实时地监测最新的节点变更，并使用心跳检测机制确保存储节点、计算节点和数据库节点的正确性和可用性。另一方面，ShardingSphere 需要解决如下两个问题。

- 如何确保集群中不同节点的配置和状态一致？
- 如何确保节点之间能够协同地工作？

ShardingSphere 不仅集成了第三方组件 ZooKeeper 和 etcd，还提供了用于自定义扩展的接口 ClusterPersistRepository。另外，用户还可根据喜好使用其他配置注册组件。为在集群中不同节点之间同步策略和规则，ShardingSphere 利用了 ZooKeeper 和 etcd 的特性。为更好地管理集群，ShardingSphere 使用 ZooKeeper 和 etcd 来存储数据源配置、规则和策略以及计算节点和存储节点的状态。

在 ShardingSphere 中，计算节点和存储节点是最重要的方面。计算节点负责处理运行实例的上线和熔断，而存储节点负责管理主从数据库之间的关系以及数据库状态（启用或禁用）。下面来看看这两者之间的差别以及它们是如何协同工作的。

4.9.1 计算节点

在计算节点/status/compute_nodes 下，列出了如下两个子节点。

- /status/compute_nodes/online：存储上线（online）运行实例。
- /status/compute_nodes/circuit_breaker：存储下线（breaker）运行实例。

不管处于上线状态还是下线状态，运行实例的身份都相同——由主机 IP 地址和端口号组成。运行实例上线时，自动将其主机 IP 地址和端口号记录到计算节点/status/compute_nodes/online 下，以便成为集群的一员。

同样，运行实例下线时，将其主机 IP 地址和端口号从计算节点/status/compute_nodes/online 中删除，并将它们记录到计算节点/status/compute_nodes/circuit_breaker 下。

4.9.2 存储节点

在存储节点/status/storage_nodes 下，列出了如下两个子节点。

- /status/storage_nodes/disable：存储当前被禁用的次数据库。
- /status/storage_nodes/primary：存储主库。

要修改主从数据库之间的关系或禁用从库，可使用 DistSQL，也可利用高可用性来自动检查主从关系以及禁用/启用数据库。

1. 配置

在 ShardingSphere 中，集群管理可集中管理规则配置。

- 在节点/rules 中，存储了全局规则配置，包括 ShardingSphere-Proxy 中的授权配置（用户名和密码）、分布式事务类型配置等。
- 在节点/props 中，存储了全局配置信息，例如是否打印 SQL 日志、是否启用跨数据库查询。
- 在节点/metadata/${schemaName}/dataSources 中，存储了数据源配置，例如数据库链接、账号、密码和其他连接参数。
- 在节点/metadata/${schemaName}/rules 中，存储了规则配置。ShardingSphere 的所有功能规则配置都存储在这个节点中，例如数据分片规则、读写分离规则、数据脱敏规则和高可用性规则。
- 在节点/metadata/${schemaName}/schema 中，存储了元数据信息，还有逻辑表的表名、列和数据类型。

2. 状态协调

为在集群中不同计算节点之间共享规则和策略，ShardingSphere 选择使用一种监控通知事件机制。用户只需在一个运行实例上执行 SQL 语句或 ShardingSphere 提供的 DistSQL 语句，当前集群中的其他所有运行实例都将感知到这一点，并同步指定的操作。

总之，为确保高可用性服务的稳定性和正确性，集群管理不可或缺。在单机模式部署下，宕机将严重影响系统，而集群模式部署可保证服务的可用性。

4.10 可观察性

可观察性始于工业领域：使用传感设备来测量液体混合物的流速和物质含量，再将这些数据传到向操作员提供监控数据的仪表板，这极大地提高了工作效率。近年来，可观察性在信息技术和软件系统中广泛应用。具体地说，诸如云原生、研发运营一体化（DevOps）和智能运维等新兴的 IT 概念加快了可观察性在 IT 领域的流行速度。在以前，大家使用的概念是“监控”，而不是“可观察性”。

具体来说，运维管理强化了监控系统的重要性。那么，监控和可观察性之间有何不同呢？简单地说，监控是可观察性的一个子集。监控强调的是内部系统对观察者来说是不可知的（黑盒），而可观察性强调的是观察者的能动性及其与系统的联系（白盒）。

对你来说，可观察性可能是个新概念，接下来将给出其定义和应用场景。

4.10.1　什么是可观察性

可观察性指的是系统能够观察到的量化数据的特征，这些数据反映了系统本身的性质和实际状态。在 IT 系统中，可观察性强调的是在从设计到实现的整个系统开发过程中都具有这种功能。如果可观察性被视为业务需求，它就应该与其他开发需求（如可用性和可伸缩性）并行。

可观察性数据通常是通过 APM 系统显示出来的。这种系统能够收集、存储和分析可观察性数据，以执行系统性能监视和诊断，其功能包括但不限于性能指标监视、调用链分析和应用拓扑结构分析。

4.10.2　将可观察性应用于 IT 系统

在 IT 系统中，有 3 种实现可观察性的方法——指标监控、链路跟踪和日志。

- 指标监控：利用数据聚合来显示可观察性，以反映系统的状态和趋势。然而，指标监控无法反映系统的细节，如计数器、仪表盘、直方图和摘要。
- 链路跟踪：能够从头到尾地记录有关所有请求及相关调用的数据，从而更好地展示细节。
- 日志：将系统执行过程写入日志，以提供有关系统运行情况的详细信息，但这种方法可能耗费大量的资源。

在实际工作中，系统的可观察性是通过结合使用多种方法实现的。另外，还必须配以良好的用户界面，因此可观察性常常与可视化相关联。

4.10.3　机制

可用来实现可观察性的机制有两种，一是内部系统使用 API 来提供外部可观察的数据，二是通过非侵入的探针方法来收集可观察的数据。第二种方法在开发可观察性平台时很常见，因为可观察性平台的开发和部署可独立于系统本身，这有助于解耦，如图 4.11 所示。

对你来说，指标监控、链路跟踪和可观察性肯定很有用，但当前其重点是改善各行各业的效率，当然也可用来改善数据库系统的效率。可观察性不仅让你能够了解系统的性能，还让你能够准确地知道可从什么地方着手来改善系统。

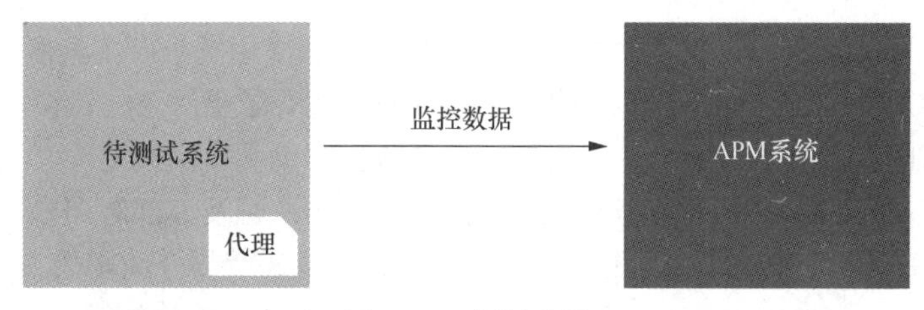

图 4.11　探针方法

4.10.4　应用场景

通过利用可观察性提供的数据，可分析并解决 IT 系统中存在的在线问题。你可分析系统性能，找出较慢的请求，跟踪并审计安全事故。另外，可观察性还可给系统提供基于行动（action-based）的特性，如警告和预测，以影响用户的管理变更，并帮助他们做出更好的决策。图 4.12 展示了 ShardingSphere-Proxy 的代理（agent）模块的架构。

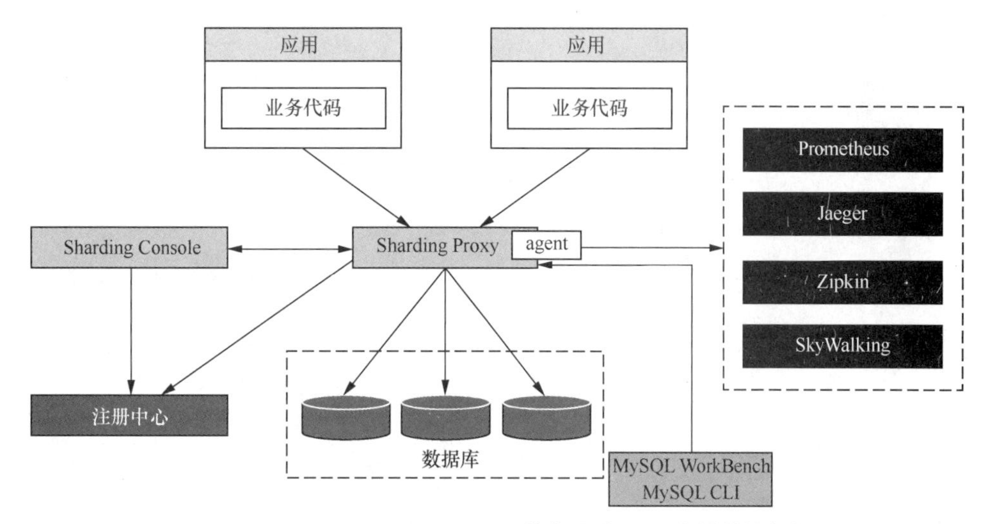

图 4.12　ShardingSphere-Proxy 的代理（agent）模块的架构

ShardingSphere 支持可观察性特性，如指标监控、链路跟踪和日志。这些特性并非内置的，而是以可扩展插件的方式提供的，这让用户能够开发自定义的代理插件以及实现特定的数据收集、存储和显示方法。当前，ShardingSphere 默认提供的代理插件支持 Prometheus、SkyWalking、Zipkin、Jaeger 和 OpenTelemetry。在 ShardingSphere 中实现自定义的可观察性很容易，这都是因为其代理模块的架构。你肯定会发现，可观察性是一个很有用的特性。

4.11 小结

至此，你对 ShardingSphere 的各种特性及其实现方式和应用场景有了全面的认识。通过阅读本书的前 4 章，你对 ShardingSphere 的架构及其提供的特性有了更深入的认识。现在你可能在想，ShardingSphere 有哪些部署方式呢？它们对解决痛点有何帮助呢？

现在万事俱备，只欠东风——理解 ShardingSphere 客户端及其部署架构。这些部署架构是 ShardingSphere-Proxy、ShardingSphere-JDBC 和混合部署。第 5 章将介绍部署方式 ShardingSphere-Proxy 和 ShardingSphere-JDBC，还有结合使用这两种部署方式的混合架构。

第5章　探索ShardingSphere适配器

如果你按顺序阅读到本章，应该对ShardingSphere和分布式数据库系统有了一定的认识，即对ShardingSphere的架构、对分布式数据库来说至关重要的特性，以及可改善安全性和性能的其他特性有大致的认识。

接下来，将深入研究ShardingSphere-JDBC和ShardingSphere-Proxy的工作原理以及它们之间的差别。本章涵盖如下主题：

- 技术需求；
- ShardingSphere-JDBC和ShardingSphere-Proxy之间的差别；
- ShardingSphere-JDBC；
- ShardingSphere-Proxy；
- 混合部署架构简介。

阅读完本章，你将对ShardingSphere-JDBC和ShardingSphere-Proxy之间的差别有全面认识，清楚地知道哪个能够更好地满足你的需求。另外，你将知道如何部署ShardingSphere-JDBC和ShardingSphere-Proxy，对架构有所认识，以及如何在环境中同时部署ShardingSphere-JDBC和ShardingSphere-Proxy。

5.1　技术需求

你不需要有使用任何语言的经验，但如果有一些使用Java的经验更好，因为ShardingSphere就是使用Java编写的。要运行本章的实例，需要有如下工具。

- JRE或JDK 8+：所有Java应用都需要的基本环境。
- 文本编辑器（并非必需）：如果要修改YAML配置文件，可使用Vim或VS Code。
- 2个处理器内核、内存4GB的UNIX或Windows操作系统的计算机：在大多数操作系统中，都可安装并启动 ShardingSphere。

- 7-Zip 或 tar 命令：在 macOS 或 Linux 操作系统中，可使用这些工具来解压缩代理制品（proxy artifact）。

提示 本书源代码可以在本书的 GitHub 仓库找到。

5.2 ShardingSphere-JDBC 和 ShardingSphere-Proxy 之间的差别

考虑到分布式数据库的复杂应用场景，ShardingSphere 提供了两款独立的产品：ShardingSphere-JDBC 和 ShardingSphere-Proxy。它们也可称为适配器。在总体架构方面，ShardingSphere-JDBC 和 ShardingSphere-Proxy 使用的是相同的可插拔内核，因此它们都可提供标准的增强功能，如数据分片、读写分离、分布式事务和分布式治理。另外，这两款产品的定位不同，它们提供了两种使用 ShardingSphere 的不同方式。表 5.1 对这两款产品做了比较。

表 5.1 ShardingSphere-JDBC 和 ShardingSphere-Proxy 比较

比较项	ShardingSphere-JDBC	ShardingSphere-Proxy
数据库	任何	MySQL/PostgreSQL
部署方法	集成到应用中	独立
异构语言	仅 Java	任何语言
性能损耗	低	相对较高
无中心化	是	否
静态入口	无	有

ShardingSphere-JDBC 的定位是适用于任何 Java 应用的轻量级 JAR 包，可在应用的 JDBC 层提供增强服务。它可称为增强的 JDBC 驱动程序，支持任何遵循 JDBC 标准的数据库。ShardingSphere-JDBC 通过驱动程序直接访问数据库，其性能损耗几乎可忽略不计。

ShardingSphere-Proxy 的定位是透明的数据库代理，它通过封装数据库二进制协议来支持异构语言。当前，ShardingSphere-Proxy 提供了 MySQL 和 PostgreSQL 版本，让用户能够直接将它用作数据库。它适用于任何与 MySQL 和 PostgreSQL 数据库协议兼容的客户端，让 DBA 和运维人员能够更轻松地管理分布式数据库服务。

下面来深入介绍这两个适配器及其应用场景。

5.3 ShardingSphere-JDBC

ShardingSphere-JDBC 是 ShardingSphere 提供的第一款产品，发布于 2017 年，它对应的开源

项目名为 Sharding-JDBC。在社区的帮助下，这个开源项目不断地改进和打磨。图 5.1 展示了 ShardingSphere-JDBC 的架构。

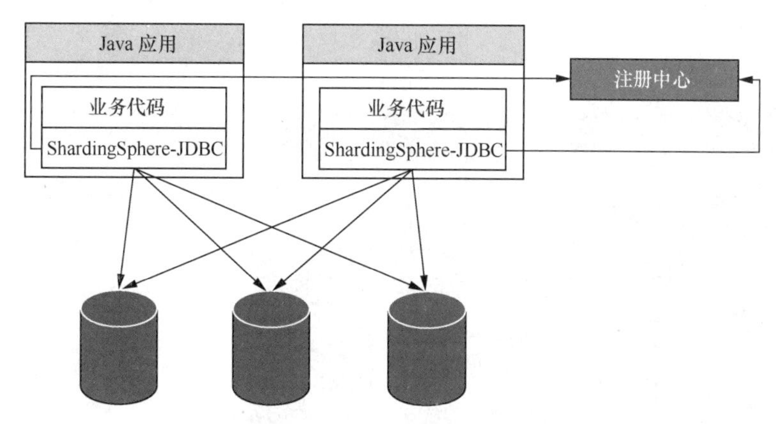

图 5.1　ShardingSphere-JDBC 的架构

要使用 ShardingSphere 生态中最成熟的产品，只需将相关的 JAR 文件指定为依赖，而无须做额外的部署工作。它与 JDBC 和 ORM 完全兼容。

接下来介绍 ShardingSphere-JDBC 的开发机制、适用场景和目标用户，供你判断 ShardingSphere-JDBC 是否符合你的需求。如果符合，则可以接着阅读后面的部署和用户快速入门指南。

5.3.1　开发机制

JDBC 协议是 ShardingSphere-JDBC 实现的基础。其中，ShardingSphereDataSource 是通过 ShardingSphereDataSourceFactory 创建的，它实现了接口 DataSource 和 AutoCloseable，确保 ShardingSphere-JDBC 能够无缝地连接到基于 JDBC 协议的各种组件。

在 ShardingSphereDataSource 中，请求需要经由图 5.2 中的虚线标识的处理路径，这个处理路径由 SQL 解析引擎、SQL 路由引擎、SQL 改写引擎、SQL 执行引擎和结果归并引擎组成。

下面的步骤列表详细说明了图 5.2 所示的处理流程，该流程始于 SQL 请求被发送，终于归并引擎对执行引擎的结果的合并。

（1）首先，发送给 ShardingSphere-JDBC 的 SQL 请求将经过解析引擎，在其中将 SQL 请求由 ANTLR（ANother Tool for Language Recognition）解析为一个 AST。

（2）接下来，路由引擎根据上下文的分片策略生成路由路径。

（3）在这一步中，改写引擎将逻辑 SQL 改写为能够在实际数据库中正确执行的 SQL。

（4）然后，SQL 请求进入执行引擎，自动在资源控制和执行效率之间折中，并执行引擎对正确的数据库执行 SQL 请求。

（5）根据执行引擎提供的结果，归并引擎将每个数据节点获得的所有结果集合并为一个结果集，并将其正确地返回给客户端。

明白相关的机制让你能够深入理解工作原理，要获得能够给你带来长远好处的技能，必须具备这样的知识。下面介绍适用场景，确定谁可能需要这些技能。

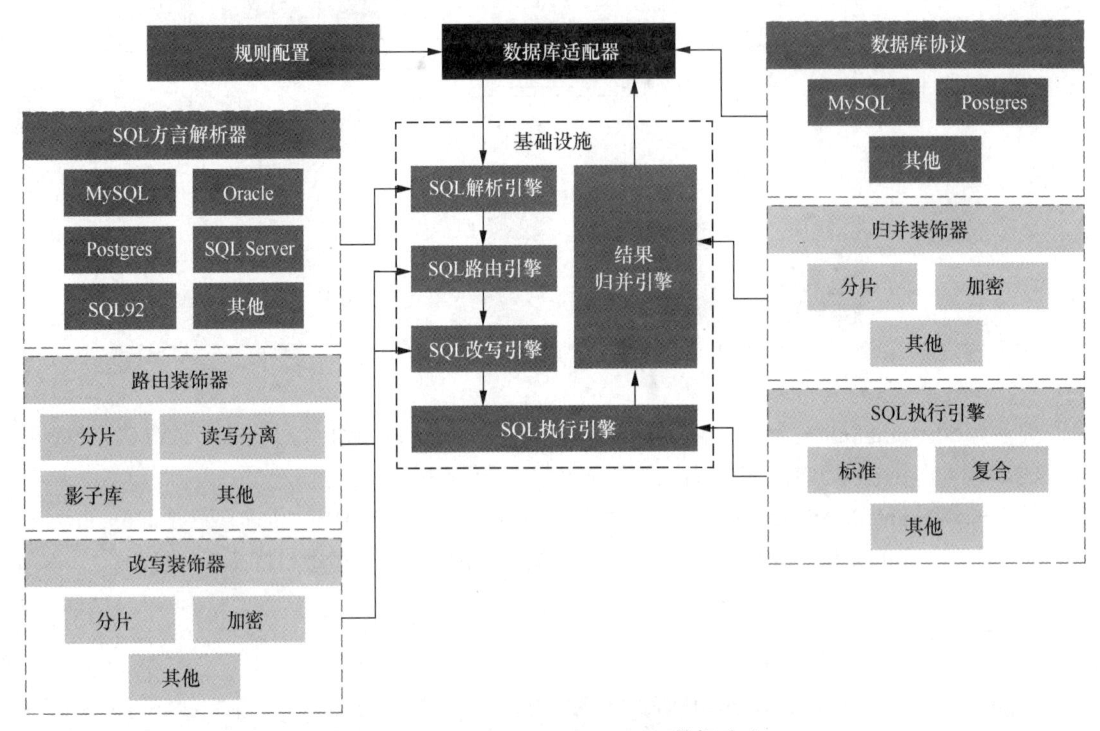

图 5.2　ShardingSphere-JDBC 数据路由

5.3.2　适用场景和目标用户

ShardingSphere-JDBC 完全符合 JDBC 标准，这让你能够轻松地入门，进而实现诸如读写分离、分片、加密和分布式事务等特性。ShardingSphere-JDBC 非常适用于简化这些复杂功能的实现。

ShardingSphere-JDBC 的目标用户是开发人员。开发人员只要熟悉 JDBC 和基于 JDBC 的 ORM 工具，便可迅速入门 ShardingSphere-JDBC。

下面列出了一些可平滑地连接到 ShardingSphere-JDBC 的工具。

- 基于 JDBC 的 ORM 框架，如 JPA、Hibernate、MyBatis 和 Spring JDBC Template。
- DBCP、C3P0、BoneCP 和 HikariCP 在内的第三方数据库连接池。

■ 与 JDBC 兼容的数据库，如 MySQL、PostgreSQL、Oracle 和 SQL Server。

熟悉 ShardingSphere 的开发机制和适用场景后，你可能会问，如何部署它呢?

下面将提供一份指南，阐述部署 ShardingSphere-JDBC 的各种方法。阅读完该指南，你将能着手部署 ShardingSphere-JDBC。注意，第 8 章将通过一系列示例阐述如何使用 ShardingSphere 的各种特性。

5.3.3 部署和用户快速入门指南

ShardingSphere-JDBC 使用起来非常容易，只需采取如下步骤即可。

（1）首先，在 Java 项目中添加 ShardingSphere-JDBC 依赖项：

```
<dependency>
    <groupId>org.apache.shardingsphere</groupId>
    <artifactId>shardingsphere-jdbc-core</artifactId>
    <version>5.0.0</version>
</dependency>
```

注意 如果必要，可将 ShardingSphere-JDBC 版本替换为其他任何版本。

（2）然后，在路径中添加配置文件，如 resources/sharding-databases.yaml：

```
mode:
  type: Standalone
  repository:
    type: File
  overwrite: true

dataSources:
  ds_0:
    dataSourceClassName: com.zaxxer.hikari. HikariDataSource
    driverClassName: com.mysql.jdbc.Driver
    jdbcUrl: jdbc:mysql://127.0.0.1:13306/demo_ds?server
Timezone=UTC&useSSL=false&useUnicode=true&character
Encoding=UTF-8
    username: root
    password:
  ds_1:
    dataSourceClassName: com.zaxxer.hikari.
HikariDataSource
    driverClassName: com.mysql.jdbc.Driver
    jdbcUrl: jdbc:mysql://127.0.0.1:13307/demo_ds?server
Timezone=UTC&useSSL=false&useUnicode=true&character
Encoding=UTF-8
```

```
    username: root
    password:
```

（3）接下来，使用下面的代码来获取 DataSource：

```
DataSource dataSource =
YamlShardingSphereDataSourceFactory.
createDataSource(YamlDataSourceDemo.class.
getResource(fileName).getFile())
```

获取 DataSource 对象后，便可像操作其他 JDBC 那样操作 ShardingSphere-JDBC。

本节介绍了查询数据库时 ShardingSphere-JDBC 在内部所做的处理。如果你熟悉其他 JDBC 驱动程序，将发现 ShardingSphere-JDBC 非常友好，它的学习曲线非常平坦。ShardingSphere-JDBC 是 ShardingSphere 生态中一个非常重要的适配器，即便你根本没有打算依赖它，也应该熟悉它，因为在混合架构部署中，可将其与 ShardingSphere-Proxy 集成。下面介绍 ShardingSphere-Proxy，同样先介绍机制，再介绍适用场景和目标用户，最后介绍部署和应用场景。

5.4 ShardingSphere-Proxy

ShardingSphere-Proxy 是一个对用户透明的数据库代理，提供了 ShardingSphere 生态的所有特性，如分片、读写分离、影子库、数据加密/解密和分布式治理。

不同于 ShardingSphere-JDBC，ShardingSphere-Proxy 实现了一些流行的数据库访问协议，因此从理论上说，ShardingSphere-Proxy 能够支持所有基于 MySQL、PostgreSQL 或 openGauss 协议的数据库客户端。你会感觉使用 ShardingSphere-Proxy 就像使用数据库一样。ShardingSphere-Proxy 的典型系统的拓扑结构如图 1.4 所示。

可以看到，ShardingSphere-Proxy 位于多个数据库之上，同时位于多个应用之下。当需要连接多个应用和多个数据库实例时，ShardingSphere-Proxy 提供了极大的方便，可极大地简化工作流程，用户不需要为每个应用或数据库提供自定义配置。

5.4.1 开发机制

ShardingSphere-Proxy 实现了 MySQL、PostgreSQL 和 openGauss 数据库协议，因此能够分析客户端发送的 SQL 和命令参数。然后，ShardingSphere 内核将路由和改写 SQL，并使用正确的数据库驱动程序来执行实际的 SQL 和参数。ShardingSphere-Proxy 协议层将聚合数据库执行结果并将结果封装成数据库网络包，再将数据库网络包返回给客户端，如图 5.3 所示。

从图 5.3 可知，在 ShardingSphere-Proxy 中，SQL 查询经过处理后，由 SQL 执行引擎路由给正确的数据库。

说明了开发机制后，下面来简要地介绍 ShardingSphere-Proxy 的适用场景和目标用户。

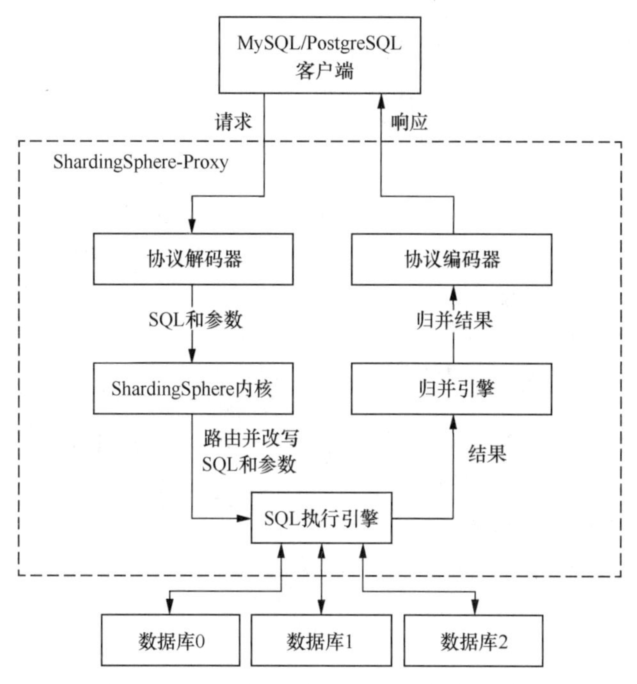

图 5.3 ShardingSphere-Proxy 的查询机制

5.4.2 适用场景和目标用户

ShardingSphere-Proxy 具有如下优点。

- 零侵入：用户可以像操作数据库一样操作 ShardingSphere-Proxy。
- 操作方便：从理论上说，任何使用 MySQL 或 PostgreSQL 数据库的客户端都能够访问 ShardingSphere-Proxy。
- 独立于语言：只要数据库协议是 MySQL、PostgreSQL 或 openGauss 的，就能够连接到 ShardingSphere-Proxy。这意味着在 ShardingSphere 生态中，所有位于数据库之上的增强特性（如数据分片和读写分离）都是可用的。

为说明 ShardingSphere-Proxy 的适用场景和目标用户，最佳的方式是通过示例，请看如下场景。

- 场景 1：独立数据库妨碍了应用性能的改善，如何在不修改应用的情况下消除这个瓶颈？
- 场景 2：一款应用使用 ShardingSphere-JDBC 对数据进行分片，再将这些数据分配给 10 个数据库实例，开发人员/DBA 如果想要收集一些数据（如数据总量）应该如何做？
- 场景 3：Python/Go 开发人员如果想使用读写分离、数据加密、影子库或其他 ShardingSphere 特性应该如何做？

在没有 ShardingSphere-Proxy 的情况下，对于上述场景，建议的解决方案可能如下。

■ 解决方案 1：要使用 ShardingSphere-JDBC，用户需要添加依赖项并调整数据源。由于前提是不能修改应用，因此必须在数据库层或其上面某层寻找解决方案。
■ 解决方案 2：如果用户熟悉 Java（或其他 JVM 语言），可编写通过 ShardingSphere-JDBC 来操作数据的代码，也可是使用脚本来遍历所有的数据库。
■ 解决方案 3：在这种情况下，必须寻找其他可能的解决方案。

ShardingSphere-JDBC 是一个 SDK，这种局限性导致了很多其他的问题。这正是 ShardingSphere-Proxy 诞生的原因，它不仅能够解决 ShardingSphere-JDBC 无能为力的很多问题，还对（使用 Java 或其他语言的）开发人员和 DBA 更友好。

5.4.3　部署和用户快速入门指南

对于所有已发布的 ShardingSphere-Proxy 版本，用户都可在 ShardingSphere 官网和 Docker Hub 找到对应的二进制包。另外，用户还可自己编译 ShardingSphere-Proxy，为此可下载相应的源代码，也可克隆 GitHub 仓库的主分支下的源代码。

下面以 ShardingSphere-Proxy 和 PostgreSQL 为例，说明如何快速部署。

5.4.4　从官网下载

要下载二进制 ShardingSphere-Proxy 包，可在 ShardingSphere 官网下载。在本节的 ShardingSphere-Proxy 部署示例中，使用的是 5.0.0 版。

（1）首先，下载 ShardingSphere-Proxy 二进制包，再将其解压缩并进入如下目录：

```
tar zxf apache-shardingsphere-5.0.0-shardingsphere-proxy-
bin.tar.gz
cd apache-shardingsphere-5.0.0-shardingsphere-proxy-bin
```

在 conf/server.yaml 中添加授权配置：

```
rules:
  - !AUTHORITY
    users:
      - proxy_user@%:proxy_password
    provider:
      type: ALL_PRIVILEGES_PERMITTED
```

在 conf/config-sharding.yaml 中添加数据源。注意，你不需要指定任何规则，因为发送给 proxy_db 的 SQL 都将被直接路由给配置的数据源：

```
schemaName: proxy_db
dataSources:
  postgres:
```

```
    url: jdbc:postgresql://127.0.0.1:5432/postgres
    username: postgres
    password: postgres
    connectionTimeoutMilliseconds: 30000
    idleTimeoutMilliseconds: 60000
    maxLifetimeMilliseconds: 1800000
    maxPoolSize: 50
    minPoolSize: 1
rules: []
```

（2）启动 ShardingSphere-Proxy。目录 bin 中的脚本被用来启动或终止 ShardingSphere-Proxy：

```
bin/start.sh
```

（3）检查是否成功启动了 ShardingSphere-Proxy。代理日志被写入文件 logs/stdout.log 中：

```
[INFO ] 2021-12-21 13:38:49.842 [main]
o.a.s.p.i.BootstrapInitializer - Database name is
'PostgreSQL', version is '14.0 (Debian 14.0-1.pgdg110+1)'
[INFO ] 2021-12-21 13:38:50.026 [main] o.a.s.p.frontend.
ShardingSphereProxy - ShardingSphere-Proxy start success
```

（4）将客户端连接到 ShardingSphere-Proxy。成功启动 ShardingSphere-Proxy 后，就可将客户端（如 psql）连接到它。在下面的示例中，执行了 DistSQL 语句 show schema resources：

```
% psql -h 127.0.0.1 -p 3307 -U proxy_user -d proxy_db
Password for user proxy_user:
psql (14.0 (Debian 14.0-1.pgdg110+1))
Type "help" for help.
proxy_db=> show schema resources;
   name    |     type     |    host     | port |    db     |

attribute

----------+------------+-----------+------+----------+
---------------------------------------------------
--------------------------------------
-------------------------------------------------
--------------------
postgres | PostgreSQL | 127.0.0.1 | 5432 | postgres |
{"maxLifetimeMilliseconds":1800000,"readOnly":
false,"minPoolSize":1,"idleTimeoutMilli
seconds":60000,"maxPoolSize":50,"connectionTimeout
Milliseconds":30000}
(1 row)
```

上文说明了 ShardingSphere-Proxy 的典型部署步骤，可以看到，整个流程简单而直接。下面介绍如何从源代码构建 ShardingSphere-Proxy 以及如何从 Docker 执行它。这些内容是选读的，因此你可跳过，直接进入 5.5 节。

1. 从源代码构建（选读）

如果你想编译源代码，请参阅 ShardingSphere 的 GitHub 仓库的 Wiki 部分。你可以执行如下步骤。

（1）要获取 ShardingSphere 的源代码，可从 ShardingSphere 官网下载，也可从相应的 GitHub 仓库克隆。

（2）进入源代码所在的目录，并执行它：

```
./mvnw clean install -Prelease -T1C -DskipTests -Djacoco.
skip=true -Dcheckstyle.skip=true -Drat.skip=true -Dmaven.
javadoc.skip=true -B
```

在目录 shardingsphere-distribution/shardingsphere-proxy-distribution/target 中，应该能够找到 ShardingSphere-Proxy 的二进制包，其名称以 tar.gz 结尾。

获取 ShardingSphere-Proxy 的二进制包后，可执行余下的步骤，详情请参阅 ShardingSphere 官网的 Downloading 部分。

2. 使用 Docker 镜像执行 ShardingSphere-Proxy（选读）

在 Docker Hub，可找到 ShardingSphere-Proxy 的 Docker 镜像。你可执行如下步骤。

（1）获取最新的 ShardingSphere-Proxy Docker 镜像：

```
docker pull apache/shardingsphere-proxy:latest
```

（2）创建配置目录。如果选择通过 Docker 镜像来使用 Sharding-Proxy，需要挂载配置文件所在的目录（在容器中，该目录为/opt/shardingsphere-proxy/conf）。

（3）创建一个用于存储配置的目录：

```
mkdir -p $HOME/shardingsphere-proxy/conf
```

（4）创建 server.yaml 并配置授权规则：

```
rules:
  - !AUTHORITY
    users:
      - postgres@%:postgres
    provider:
      type: ALL_PRIVILEGES_PERMITTED
```

（5）创建 config-sharding.yaml 并配置数据源。注意，你不需要配置任何规则，因为发送给 proxy_db 的 SQL 都将被直接路由给配置的数据源：

```
schemaName: proxy_db
dataSources:
```

```
  postgres:
    url: jdbc:postgresql://127.0.0.1:5432/postgres
    username: postgres
    password: postgres
    connectionTimeoutMilliseconds: 30000
    idleTimeoutMilliseconds: 60000
    maxLifetimeMilliseconds: 1800000
    maxPoolSize: 50
    minPoolSize: 1
rules: []
```

（6）创建作为日志配置的 logback.xml。默认情况下，ShardingSphere-Proxy 将 logback 用作日志实现：

```
<configuration>
    <appender name="console" class="ch.qos.logback.core.
ConsoleAppender">
        <encoder>
            <pattern>[%-5level] %d{yyyy-MM-dd HH:mm:ss.SSS}
[%thread] %logger{36} - %msg%n</pattern>
        </encoder>
    </appender>
    <logger name="org.apache.shardingsphere" level="info"
additivity="false">
        <appender-ref ref="console" />
    </logger>
    <logger name="com.zaxxer.hikari" level="error" />
    <logger name="com.atomikos" level="error" />
    <logger name="io.netty" level="error" />
    <root>
        <level value="info" />
        <appender-ref ref="console" />
    </root>
</configuration>
```

（7）启动 ShardingSphere-Proxy：

```
docker run --name shardingsphere-proxy -i -t -p3307:3307 -v
$HOME/shardingsphere-proxy/conf:/opt/shardingsphere-proxy/
conf apache/shardingsphere-proxy:latest
```

现在可以将 PostgreSQL 客户端连接到 ShardingSphere-Proxy 了。如果看到如下输出，就说明你成功启动了 ShardingSphere-Proxy 容器。

```
Starting the ShardingSphere-Proxy ...
The classpath is /opt/shardingsphere-proxy/conf:.:/opt/
```

```
shardingsphere-proxy/lib/*:/opt/shardingsphere-proxy/
ext-lib/*
Please check the STDOUT file: /opt/shardingsphere-proxy/
logs/stdout.log
[INFO ] 2021-12-21 06:36:30.284 [main] o.a.s.p.frontend.
ShardingSphereProxy - ShardingSphere-Proxy start success
```

5.5 混合部署架构简介

在实际的使用场景中，ShardingSphere 除了支持 Java，还必须支持其他异构语言，如 Go 和 Python。然而，这些使用不同语言的应用需要访问和管理相同的分布式数据库服务。

虽然 ShardingSphere-JDBC 和 ShardingSphere-Proxy 是两款独立的产品，但由于 ShardingSphere 强大的架构设计，我们可通过同一个注册中心同时部署这两款产品，且它们可同时在线。同时包含 ShardingSphere-JDBC 和 ShardingSphere-Proxy 的部署架构被称为混合部署架构，混合部署的拓扑结构如图 1.5 所示。

这种部署架构分成两层。上层运行时，我们使用 ShardingSphere-JDBC 部署 Java 应用，从而开发高性能的轻量级 OLTP 应用。管理工作是在下层完成的，下层使用 ShardingSphere-Proxy，并独立于应用部署集群。这不仅提供了静态接入，让 DBA 和运维人员能够更轻松地动态管理数据库分片，还支持异构语言，因此适用于 OLAP 应用。

在 ShardingSphere-JDBC 和 ShardingSphere-Proxy 之间，是它们共同管理的底层数据库以及它们共同使用的注册中心。注册中心确保 ShardingSphere-JDBC 和 ShardingSphere-Proxy 同时在线，并使用位于相同逻辑数据库中的元数据信息。当应用修改数据库集群中的元数据信息时，注册中心将实时地把修改后的元数据信息推送给其他所有应用，从而确保整个架构中的数据一致性。

在混合部署架构中，ShardingSphere-Proxy 作为管理端的不仅能够在不重启应用的情况下修改在线元数据信息（如分片规则），还提供了诸如熔断和禁用从库等功能。这为数据库流量管理提供了更方便、更微妙的操作方法。

5.5.1 适用场景和目标用户

随着数据库生态的发展，开发人员在数据库服务方面有了更大的选择空间，各种分布式数据库、NewSQL 数据库以及基于数据库中间件 ShardingSphere 的分布式数据库服务等，能够满足你的数据服务需求。

不同于其他产品，ShardingSphere 是一个生态圈，由多个适配器组成，而 ShardingSphere-JDBC 和 ShardingSphere-Proxy 的内核架构和开放生态都相同。

在特性方面，用户可使用 ShardingSphere 提供的基于底层数据库的增强功能。另外，它们能够以透明和无差别的方式使用 ShardingSphere-JDBC 和 ShardingSphere-Proxy 提供的基于任何开放生态的扩展功能。不管选择哪种集成方式，用户都可获得相同的功能。同时，ShardingSphere 可满足各种不同应用场景的需求，包括具有高性能要求的 OLTP 应用以及运维场景。

在部署方面，用户通过 Java 应用集成 ShardingSphere-JDBC 时，可轻松地执行透明的操作（如数据分片和读写分离），而不需要单独地部署服务，这有助于加快项目的发布速度。另外，通过同时部署 ShardingSphere-Proxy，可通过统一的在线管理配置下灵活地构建适合不同场景的应用系统。

5.5.2　部署和用户快速入门指南

在混合部署架构下，用户需要分别部署 ShardingSphere-Proxy 和基于 ShardingSphere-JDBC 的 Java 应用，并且 ShardingSphere-JDBC 和 ShardingSphere-Proxy 必须使用相同的注册中心。因此，用户需要采用集群模式。在集群模式下，用户需要单独部署 ZooKeeper 或 etcd 服务。

（1）在 ShardingSphere-Proxy 文件 server.yaml 和 ShardingSphere-JDBC 配置文档中，添加如下配置（这里以 Spring Boot 为例）。ShardingSphere-Proxy 部署如下：

```
mode:
  type: Cluster
  repository:
    type: ZooKeeper
    props:
      namespace: governance_ds
      server-lists: localhost:2181
      retryIntervalMilliseconds: 500
      timeToLiveSeconds: 60
      maxRetries: 3
      operationTimeoutMilliseconds: 500
  overwrite: false
```

ShardingSphere-JDBC 部署如下：

```
spring.shardingsphere.mode.type=Cluster
spring.shardingsphere.mode.repository.type=ZooKeeper
spring.shardingsphere.mode.repository.props.namespace=
governance_ds
spring.shardingsphere.mode.repository.props.server-
lists=localhost:2181
spring.shardingsphere.mode.overwrite=false
```

注意　为确保 ShardingSphere-JDBC 和 ShardingSphere-Proxy 管理相同的集群，必须在配置 mode 时指定相同的 namespace 和 server-lists 设置。

（2）在 ShardingSphere-JDBC 和 ShardingSphere-Proxy 中，需要配置相同的逻辑数据库。如

果要在 ShardingSphere-Proxy 中指定逻辑数据库，可在安装目录 conf 下的 YAML 文档中定义 schemaname，还可通过语句 CREATE DATABASE schemaname 动态地创建逻辑数据库。这里以 YAML 配置为例：

```
schemaName: sharding_db

dataSources:
  ds_0:
    url: jdbc:mysql://127.0.0.1:3306/demo_ds_0?
serverTimezone=UTC&useSSL=false
    username: root
    password:
    connectionTimeoutMilliseconds: 30000
    idleTimeoutMilliseconds: 60000
    maxLifetimeMilliseconds: 1800000
    maxPoolSize: 50
    minPoolSize: 1
  ds_1:
    url: jdbc:mysql://127.0.0.1:3306/demo_
ds_1?serverTimezone=UTC&useSSL=false
    username: root
    password:
    connectionTimeoutMilliseconds: 30000
    idleTimeoutMilliseconds: 60000
    maxLifetimeMilliseconds: 1800000
    maxPoolSize: 50
    minPoolSize: 1
rules:
…
```

注意 在上面的配置中，ShardingSphere-Proxy 管理的逻辑数据库的名称被指定为 sharding_db。

在 ShardingSphere-JDBC 中，用于配置应用的逻辑数据库为 sharding_db：

```
spring.shardingsphere.schema.name=sharding_db

spring.shardingsphere.mode.type=Cluster
spring.shardingsphere.mode.repository.type=ZooKeeper
spring.shardingsphere.mode.repository.props.namespace=
governance_ds
spring.shardingsphere.mode.repository.props.server-
lists=localhost:2181
spring.shardingsphere.mode.overwrite=false
```

要以混合部署架构部署 ShardingSphere，可分别启动 ShardingSphere-JDBC 和 ShardingSphere-Proxy。

5.6　小结

本章介绍了 ShardingSphere 生态中的两款适配器 ShardingSphere-JDBC 和 ShardingSphere-Proxy。我们首先详细阐述了这两款适配器之间的差别，然后分别针对这两款适配器，深入探讨了开发机制、适用场景和目标用户，以及部署和用户快速入门指南。本章还介绍了混合部署（同时部署 ShardingSphere-JDBC 和 ShardingSphere-Proxy）以及这种部署方式解锁的众多可能性。

对 ShardingSphere-JDBC 和 ShardingSphere-Proxy 及其部署方式有了总体认识后，接下来该深入探索它们的内部工作原理了。第 6 章和第 7 章将分别介绍如何通过 ShardingSphere-Proxy 和 ShardingSphere-JDBC 来充分利用 ShardingSphere 提供的各种特性。

第 6 章　安装并配置 ShardingSphere-Proxy

不同于 ShardingSphere-JDBC，ShardingSphere-Proxy 提供了一个需要独立部署的代理服务。ShardingSphere-Proxy 基于数据库协议，让用户能够像操作集中式数据库那样操作分布式数据库：将数据库终端、第三方客户端或其他任何支持数据库协议的应用连接到 ShardingSphere-Proxy。

阅读到这里，你对 ShardingSphere 已有深入的认识，因此可能想知道该如何着手使用它。本章介绍安装和配置 ShardingSphere-Proxy 以及使其运行起来的步骤。

本章涵盖如下主题：

- 技术需求；
- 分布式 SQL 简介；
- 配置分片；
- 配置读写分离；
- 配置加密；
- 配置影子库；
- 配置模式；
- 配置伸缩；
- 配置多特性和服务器属性；
- 配置混合配置；
- 配置服务器。

6.1 节将带你入门，演示如何安装二进制包。

6.1　技术需求

要运行本章的示例，需要如下工具。

- 文本编辑器（并非必不可少）：如果要修改 YAML 配置文件，可使用 Vim 或 VS Code。
- 7-Zip 或 tar 命令：在 Linux 或 macOS 中，可使用这些工具来解压缩代理制品（proxy artifact）。
- MySQL/PostgreSQL 客户端：要执行 SQL 查询，可使用默认的 CLI 或其他 SQL 客户端，如 Navicat 或 DataGrip。

要安装 ShardingSphere-Proxy，可使用二进制包，也可使用 Docker。

提示 完整的代码文件可在本书的 GitHub 仓库找到。

6.1.1 使用二进制包安装

要使用二进制包来部署 ShardingSphere-Proxy，请执行以下步骤。

（1）安装 8.0 或更高版本的 Java 运行时环境（Java Runtime Environment，JRE）。

（2）下载 ShardingSphere-Proxy 二进制包。

（3）将这个二进制包解压缩。

（4）修改目录 conf.中的配置文件。有关如何修改，请参阅 6.3 节~6.11 节。

6.1.2 使用 Docker 安装

如果你想使用 Docker 来安装，可采取如下步骤。

（1）使用命令 docker pull apache/shardingsphere-proxy 拉取相应的 Docker 镜像。

（2）在目录/${your_work_ dir}/conf/下，创建文件 server.yaml 和 config-xxx.yaml，并使用它们来配置服务和规则。

（3）要启动相应的容器，可使用类似于下面的命令：

```
docker run -d -v /${your_work_dir}/conf:/opt/
shardingsphere-proxy/conf -e PORT=3308 -p13308:3308
apache/shardingsphere-proxy:latest
```

注意 用户可映射容器的端口。例如，在上面的命令中，3308 指的是 Docker 的容器端口，而 13308 指的是主机端口。配置必须挂载到/opt/shardingsphereproxy/conf。

至此，ShardingSphere-Proxy 便安装好了。

6.2 分布式 SQL 简介

分布式 SQL（DistSQL）是 ShardingSphere 为帮助用户管理而开发的一款交互式管理工具，它利用了 ShardingSphere 高效的 SQL 分析引擎。DistSQL 不仅是一个分布式数据库管理解决方案

(distributed database management solution，DDBMS)，还能够识别并处理资源和规则配置，以及查询请求。在 4.7 节我们介绍了 DistSQL 的 3 种类型，你可以回顾一下。

需要注意的是，目前仅有 ShardingSphere-Proxy 支持 DistSQL 语句。

6.3 配置分片

本节介绍如何在 ShardingSphere-Proxy 中使用 DistSQL 和 YAML 来配置数据分片。DistSQL 让用户能够使用类似于 SQL 的语句来配置和管理分片规则。

本节将重点放在 DistSQL 语法上，同时通过一些示例演示如何使用 DistSQL 来执行分片操作。另外，采用 YAML 方式时，需要使用配置文件来配置和管理数据分片特性。我们将介绍相关的配置项及其定义，并列举一些示例。

6.3.1 DistSQL

ShardingSphere 有 4 类表：分片表、绑定表、广播表和单表。为帮助用户执行创建表规则、修改表规则、删除表规则和显示表规则等操作，DistSQL 提供了 4 个相关的语句：CREATE、ALTER、DROP 和 SHOW。

1. 分片表

设计用于分片表管理的 DistSQL 语句专注于分片规则，而配置分片规则时，用户需要指定分片策略、分片算法和分布式主键生成器。因此，ShardingSphere 提供了用于管理分片策略、分片算法和分布式主键生成的 DistSQL 语句。

下面给出了用于创建分片表规则的 DistSQL 语句的最简单的语法，有关其他可选参数，请参阅最新的 DistSQL 文档。

2. 删除分片表规则

相比创建和修改分片表规则，删除分片表规则的语法更简单，如下面的示例：

```
DROP SHARDING TABLE RULE tableName [, tableName] …
```

3. 查询分片表规则

通常，用户可查看当前数据库中所有的分片表规则，为此可使用语法 SHOW SHARDING TABLE RULES。下面的示例演示了用于创建分片表规则的 SQL 语句：

```
CREATE SHARDING TABLE RULE t_order (
   RESOURCES(ds_0, ds_1),
   SHARDING_COLUMN=order_id, TYPE(NAME=hash_mod,
```

```
PROPERTIES("sharding-count"=4)),
   GENERATED_KEY(COLUMN=another_id, TYPE(NAME=snowflake,
PROPERTIES("worker-id"=123)))
);
```

4. 绑定表规则

DistSQL 还为管理绑定表规则设计了相关的语法。绑定表规则基于分片表规则，绑定了不同分片表规则形成绑定表关系。先来看看创建绑定表规则的语法：

```
CREATE SHARDING BINDING TABLE RULES  (tableName [, tableName]
… ) [,  (tableName [, tableName]* ) ]
```

修改和删除绑定表规则的语法与创建语法基本相同，只需将 CREATE 替换为 ALTER 或 DROP 即可。下面来查询绑定表规则：

```
SHOW SHARDING BINDING TABLE RULES [FROM schemaName]
```

来看一个例子，下面是创建绑定表规则的语句。主表和关联表的分片规则必须相同，在这里主表和关联表分别是 t_order 和 t_order_item，它们都使用 order_id 作为分片键，因此可以设置为绑定表。在多表关联查询中，不会出现笛卡儿积关联，这意味着查询效率将得到极大地提高。

```
CREATE SHARDING BINDING TABLE RULES (t_order, t_order_item);
```

5. 广播表

可使用 DistSQL 来创建广播表规则。广播表与分片表规则没有任何关系，用于创建广播表规则的表可以是现存的表，也可以是还未创建的表。

首先，来看创建分片广播表规则的语法：

```
CREATE SHARDING BROADCAST TABLE RULES (tableName [, tableName]
…)
```

与绑定表规则类似，要修改或删除广播表规则，只需将 CREATE 替换为 ALTER 或 DROP 即可。

接下来，查询分片广播表规则如下：

```
SHOW SHARDING BROADCAST TABLE RULES [FROM schemaName]
```

来看一个例子，创建广播表规则如下：

```
CREATE SHARDING BROADCAST TABLE RULES (t_config);
```

6.3.2 YAML 配置项

下面来看看 YAML 配置，以下展示了 YAML 配置中的具体配置项。

表配置项指分片中表的相关配置项，包括自定义分片表、自动分片表、绑定表和广播表，它们主要用于配置相关的分片信息，确保分片特性能够正确地运行，具体如下。

- tables：用户自定义分片表配置。
- autoTables：自动分片表配置。
- bindingTables：绑定表配置。
- broadcastTables：广播表配置。

策略配置项指分片中策略相关的配置项，包括默认分库策略、默认分表策略和默认主键生成策略，可用来指定与分片相关的策略信息。

- defaultDatabaseStrategy：默认分库策略。
- defaultTableStrategy：默认分表策略。
- defaultKeyGenerateStrategy：默认主键生成策略。

默认分片键指默认的分片键。分片策略不包含分片键配置时，将使用默认的分片键。

- defaultShardingColumn：默认分片键的名称。

分片算法指分片算法配置信息。这些算法将计算相应的路由信息。

- shardingAlgorithms：分片算法配置。

主键生成器指用于配置主键生成的算法。

- keyGenerators：键生成器配置。

表配置项中的 tables 用于配置表的自定义分片信息，包括表名、数据节点名、分库策略、分表策略和主键生成策略。

- logicTable：逻辑表名。
- actualDataNodes：数据节点名（由数据源名和表名组成）。
- databaseStrategy：分库策略。没有配置时，将使用默认分库策略。
- tableStrategy：分表策略。没有配置时，将使用默认分表策略。
- keyGenerateStrategy：键生成策略。没有配置时，将使用默认键生成策略。

表配置项中的 autoTables 用于配置表的自动分片信息，包括表名、实际数据源、分片策略和主键生成策略。

- logicTable：逻辑表名。
- actualDataSources：数据源名。
- shardingStrategy：分片策略。
- keyGenerateStrategy：键生成策略。没有配置时，将使用默认键生成策略。

tables 中的 databaseStrategy 是用于指定数据源的分片策略，包括标准（Standard）、复合

（Complex）、提示（Hint）和无（None）。

- strategyType：策略类型，如 Standard、Complex、Hint 和 None。
- shardingColumn：分片键的名称。
- shardingAlgorithmName：分片算法的名称。
- tableStrategy：分表策略。用户指定的分表策略，包括 Standard、Complex、Hint 和 None。
- strategyType：策略类型，如标准、复合、提示和无。
- shardingColumn：分片键的名称。
- shardingAlgorithmName：分片算法的名称。

tables 和 autoTables 中的 keyGenerateStrategy 可用于配置分片功能下的主键生成策略，并指定相应的主键生成算法。

- column：列名。
- keyGeneratorName：键生成器的名称。

注意 有关 defaultDatabaseStrategy 的配置项，请参阅 databaseStrategy 相关文档。有关 defaultTableStrategy 的配置项，请参阅 tableStrategy 相关文档。有关 defaultKeyGenerateStrategy 的配置项，请参阅 keyGenerateStrategy 相关文档。

默认分片键中的 shardingAlgorithms 用于配置分片的算法。

- shardingAlgorithmName：分片算法的名称。
- type：分片算法的类型。
- props：分片算法的属性。

主键生成器中的 keyGenerators 用于配置主键生成的算法。

- keyGeneratorName：键生成器的名称。
- type：键生成器的类型。
- props：键生成器的属性。

下面是一个配置分片的 yaml 文件：

```
rules:
- !SHARDING
 tables:
   t_order:
     actualDataNodes: ds_${0..1}.t_order_${0..1}
     tableStrategy:
       standard:
         shardingColumn: order_id
         shardingAlgorithmName: t_order_inline
```

别忘了，你还可根据需求配置其他策略。

6.4 配置读写分离

本节介绍管理读写分离规则的 DistSQL 语法。

6.4.1 DistSQL

（1）先来创建读写分离规则：

```
CREATE READWRITE_SPLITTING RULE ruleName (
    WRITE_RESOURCE=resourceName,
    READ_RESOURCES(resourceName [ , resourceName] *),
    TYPE(NAME=algorithmName, PROPERTIES("key"="value" [,
"key"="value" ]* )
);
```

这是创建读写分离规则的标准语法，它支持配置动态数据源。要修改读写分离规则，只需将 CREATE 替换为 ALTER，并保持其他部分不变。

（2）再来删除读写分离规则：

```
DROP READWRITE_SPLITTING RULE ruleName, [ruleName]*
```

（3）最后是显示读写分离规则：

```
SHOW READWRITE_SPLITTING RULES [FROM schemaName]
```

下面是一条创建读写分离规则的 DistSQL 语句：

```
CREATE READWRITE_SPLITTING RULE write_read_ds (
WRITE_RESOURCE=write_ds,
READ_RESOURCES(read_ds_0, read_ds_1),
TYPE(NAME=random)
);
```

下面来看看使用 YAML 时涉及的配置选项。

6.4.2 YAML 配置项

ShardingSphere 读写分离特性的规则配置和数据源配置具体如下。

规则配置可配置各种 ShardingSphere 规则，如读写分离、数据分片、加密和解密。

- dataSources：数据源配置。
- loadBalancers：从库负载均衡配置。

数据源配置用于配置读写分离的主从数据源信息，可帮助 ShardingSphere 识别主从数据源。

- writeDataSourceName：主库的名称。
- readDataSourceNames：从库的名称。
- loadBalancerName：从库负载均衡配置。

下面是为读写分离特性配置数据源的示例：

```
rules:
- !READWRITE_SPLITTING
 dataSources:
   read_write_ds:
     writeDataSourceName: write_ds
     readDataSourceNames:
       - read_ds_0
       - read_ds_1
     loadBalancerName: random
 loadBalancers:
   random:
     type: RANDOM
```

有关 ShardingSphere 读写分离特性的配置项就介绍到这里，下一节将介绍加密特性的配置。

6.5 配置加密

数据加密指的是根据加密规则和加密算法对数据进行转换，以保护私密的用户数据。数据解密与数据加密相反。本节介绍如何使用 DistSQL 配置数据加密，并提供相关的示例；同时介绍如何使用 YAML 配置数据解密，并提供相关的示例。

6.5.1 DistSQL

下面来看看配置数据加密的 DistSQL 语句。

（1）创建加密规则：

```
CREATE ENCRYPT RULE tableName(
COLUMNS(
(NAME=columnName
,PLAIN=plainColumnName,CIPHER=cipherColumnName,
TYPE(NAME=encryptAlgorithmType
,PROPERTIES('key'='value'))))
,QUERY_WITH_CIPHER_COLUMN=true);
```

（2）要修改加密规则，只需将 CREATE 替换为 ALTER，并保持其他部分不变。下面是一个创建加密规则的例子：

```
CREATE ENCRYPT RULE t_encrypt (
COLUMNS(
(NAME=user_name,PLAIN=user_name_plain,
CIPHER=user_name_cipher,TYPE(NAME=AES,PROPERTIES
('aes-key-value'='123456abc'))),
(NAME=password, CIPHER =password_cipher,TYPE(NAME=MD5))
),QUERY_WITH_CIPHER_COLUMN=true);
```

（3）删除加密规则的语法如下：

```
DROP ENCRYPT  RULE ruleName, [ruleName]*
```

（4）查询加密规则的语法如下：

```
SHOW ENCRYPT RULES [FROM schemaName]
```

对于加密规则，修改语法类似于创建语法，而显示和删除它们的语法都非常简单。在实际的应用中，甚至可根据需要配置自己的加解密算法。

6.5.2 YAML 配置项

在 ShardingSphere-Proxy 中，也可使用 YAML 配置来管理数据加密。下面列出了与加密特性相关的 YAML 配置项。

!ENCRYPT 是加解密规则标识，用于将规则标识为加解密规则。

- tables：加密表配置。
- encryptors：加密算法配置。
- queryWithCipherColumn：是否使用加密列进行查询。也可使用明文列进行查询（如果有明文列的话）。

!ENCRYPT 中的 tables 包括表名和列信息。

- table-name：要加密的表的名称。
- columns：加密列配置。

tables 中的 columns 用于配置要解密的列的逻辑名以及加密列和查询辅助列的名称，帮助 ShardingSphere 正确地加解密数据。

- column-name：要对其进行加密的列的名称。
- cipherColumn：加密列的名称。
- assistedQueryColumn：查询辅助列的名称。
- plainColumn：明文列的名称。
- encryptorName：加密算法的名称。

!ENCRYPT 中的 encryptors 用于配置加密算法。

- encrypt-algorithm-name：加密算法的名称。
- type：加密算法的类型。
- props：配置属性 assistedQueryColumn 的加密算法。

下面是一个示例，供你配置加密特性时参考。

```
rules:
- !ENCRYPT
 tables:
   t_encrypt:
     columns:
       name:
```

```
          plainColumn: name_plain
          cipherColumn: name
          encryptorName: name-encryptor
  encryptors:
    name-encryptor:
      type: AES
      props:
        aes-key-value: 123456abc
```

这个示例说明了可使用的内置算法，但别忘了也可配置其他算法。

有关配置加密特性的介绍就到这里，下面介绍如何配置影子库。

6.6 配置影子库

可根据相应规则将 SQL 路由给影子库，从而将测试数据和生产数据分开。影子库解决了压力测试带来的数据染色问题。本节将介绍如何使用 DistSQL 来配置影子库，并提供相关示例；还将介绍如何使用 YAML 来配置影子库，并提供相关示例。

6.6.1 DistSQL

DistSQL 可用来配置影子库特性，这意味着可使用 DistSQL 来创建、修改、删除和查询影子规则。

（1）创建影子规则的语法如下：

```
CREATE SHADOW RULE shadow_rule(
SOURCE=resourceName,
SHADOW=resourceName,
tableName((algorithmName,
TYPE(NAME=encryptAlgorithmType
,PROPERTIES('key'='value')))
));
```

除了创建影子规则，DistSQL 还支持创建影子算法和设置默认影子算法。要修改影子规则，只需将 CREATE 替换为 ALTER，并保持其他部分不变。

（2）删除影子规则的语法如下：

```
DROP SHADOW RULE ruleName, [ruleName]*
```

（3）查询影子规则的语法如下：

```
SHOW SHADOW RULES [FROM schemaName]
```

来看一个创建影子库规则的示例：

```
CREATE SHADOW RULE shadow_rule(
SOURCE=ds,SHADOW=ds_shadow,
t_order((simple_hint_algorithm, TYPE(NAME=SIMPLE_HINT,
PROPERTIES("foo"="bar")))));
```

修改语法与创建语法类似，而显示和删除影子规则的语法都非常简单。

6.6.2 YAML 配置项

在 ShardingSphere-Proxy 中，也可使用 YAML 来配置影子库特性，下面列出了与该特性相关的配置项。

!SHADOW 是影子规则的基本配置项和参数描述。对各个参数详细描述如下。

- dataSources：配置从生产数据源到影子数据源的映射。
- tables：影子表的名称和配置。
- defaultShadowAlgorithmName：默认影子算法的名称。
- shadowAlgorithms：影子算法的名称和配置。

!SHADOW 中的 dataSources 相关配置如下。

- shadowDataSource：生产数据源和影子数据源映射配置的名称。
- sourceDataSourceName：生产数据源的名称。
- shadowDataSourceName：影子数据源的名称。

!SHADOW 中的 tables 相关配置如下。

- tableName：影子表的名称。
- dataSourceNames：影子表相关数据源映射配置列表。
- shadowAlgorithmNames：与影子表相关的影子算法。

!SHADOW 中的 defaultShadowAlgorithmName 是在影子规则中默认生效的影子算法配置。（可选，你可根据需要选择配置。）

- defaultShadowAlgorithmName：默认算法的名称。

!SHADOW 中的 shadowAlgorithms 相关配置如下。

- shadowAlgorithmName：影子算法的名称。
- type：影子算法的类型。
- props：影子算法的配置。

为方便你参考，下面是一个影子数据源映射配置示例：

```
dataSources:
   shadowDataSource:
# 配置 sourceDataSourceName 和 shadowDataSourceName
tables:
   t_order:
# 配置 dataSourceNames 和 shadowAlgorithmNames
shadowAlgorithms:
   simple_hint_algorithm:
# 配置类型和属性
```

这个示例相当标准，你经常会用到其中的脚本。下面介绍 ShardingSphere 的各种模式配置项。

6.7 配置模式

对开发人员和测试人员来说，运行模式使用起来非常简单，运行模式包含用于生产环境部署的集群模式。ShardingSphere提供了3种运行模式：内存模式、单机模式和集群模式。ShardingSphere不支持使用DistSQL来修改模式配置，因此这里只介绍如何使用YAML来配置模式。

对于ShardingSphere模式配置项，我们将其分成了3部分：mode、repository和props。

（1）mode：对于运行模式，可将其配置为内存模式、单机模式或集群模式。使用单机模式或集群模式时，可指定是否用本地配置覆盖远程配置。

- type：运行模式类型，包括内存、单机和集群。
- repository：运行模式配置。
- overwrite：是否覆盖远程配置，取值为true或false。

（2）repository：使用单机模式时，可指定基于文件的持久化配置；使用集群模式时，可使用ZooKeeper或etcd来持久化配置信息。

- type：配置中心，可使用ZooKeeper或etcd。
- props：持久化配置。

（3）props：在集群模式下，需要配置命名空间和注册信息。

- namespace：配置命名空间。
- server-lists：配置中心地址。

下面是一个模式配置示例，供你参考：

```
mode:
 type: Cluster
 repository:
   type: ZooKeeper
   props:
     namespace: governance_ds
     server-lists: localhost:2181
     retryIntervalMilliseconds: 500
     timeToLiveSeconds: 60
     maxRetries: 3
     operationTimeoutMilliseconds: 500
overwrite: true
```

有关如何配置各种ShardingSphere模式就介绍到这里，接下来将介绍与伸缩特性相关的配置项。

6.8 配置弹性伸缩

弹性伸缩的配置放在YAML配置中，我们也可通过DistSQL来轻松地配置弹性伸缩。

伸缩模式有两种：自动和手动。在自动模式下，必须激活配置 completionDetector，并根据实际需要决定是否启用其他配置，然后触发弹性伸缩作业。在手动模式下，可控制弹性伸缩的每个阶段。本节讨论如下两项内容：

- 与弹性伸缩作业相关的 DistSQL 语法和示例；
- 与弹性伸缩相关的 YAML 配置。

6.8.1　DistSQL

用户可通过 DistSQL 控制整个伸缩数据迁移过程，包括启动和停止伸缩作业、查看进度、停止写入、一致性校验、切换配置等。当前，只能通过 DistSQL 来触发弹性伸缩。

与伸缩相关的 DistSQL 语法不同于与其他特性相关的 DistSQL 语法，你将发现，它包含更多的运行模式。尽管如此，你最好熟悉如下常用语法：

```
SHOW SCALING LIST ;
SHOW SCALING STATUS jobId ;
START SCALING jobId ;
STOP SCALING jobId ;
DROP SCALING jobId ;
RESET SCALING jobId ;
```

除上述语法外，还有与之类似的验证语法：

```
CHECK SCALING jobId [BY TYPE(NAME=encryptAlgorithmType
,PROPERTIES('key'='value'))]? ;
```

注意，DistSQL 提供了一种与伸缩相关的高级语法如下：

```
SHOW SCALING CHECK ALGORITHMS ;
STOP SCALING SOURCE WRITING jobId ;
CHECKOUT SCALING jobId ;
```

在有些情况下，伸缩过程可能很复杂，因此与之相关的语法更多。

现在来看例子。与伸缩相关的语法很多，这里无法一一演示，只列举一些常用的语法。

（1）停止伸缩：

```
STOP SCALING 1449610040776297;
```

（2）启动伸缩：

```
START SCALING 1449610040776297;
```

（3）停止伸缩源写入：

```
STOP SCALING SOURCE WRITING 1449610040776297;
```

在上述示例中，1449610040776297 为操作编号（通常被称为作业 ID）。在这个示例中，返回的最终结果为 Query OK。

6.8.2　YAML 配置项

弹性伸缩相关的配置位于 server.yaml 中，需要调整分片时，将根据这些配置触发弹性伸缩作业。

下面来看与伸缩相关的配置项以及一个示例。

- blockQueueSize：数据传输通道的队列长度。
- workerThread：工作线程池的大小，即可同时运行的作业线程数。
- clusterAutoSwitchAlgorithm：配置这个配置项时，系统将在伸缩作业完成后自动切换集群配置。
- dataConsistencyCheckAlgorithm：配置这个配置项时，系统将使用指定的算法来执行数据一致性校验。

一个伸缩配置示例供你参考：

```
scaling:
  blockQueueSize: 10000
  workerThread: 40
  clusterAutoSwitchAlgorithm:
    type: IDLE
    props:
      incremental-task-idle-minute-threshold: 30
  dataConsistencyCheckAlgorithm:
    type: DEFAULT
```

注意　对于没有主键的表以及使用复合主键的表（新版本将会支持更多的索引类型），不支持伸缩。在当前存储节点上伸缩时，需要准备好作为目标端的新数据库集群。

6.9　配置多特性和服务器属性

本节讨论如何实现基于读写分离的数据分片规则配置。注意，这里使用的数据源必须是聚合读写分离后的数据源。

6.9.1　DistSQL

DistSQL 语法与单独配置各个特性时相同。相关语法详情请参阅 6.3 节、6.4 节和 6.7 节的内容。下面来看示例。

（1）先创建读写分离规则：

```
CREATE READWRITE_SPLITTING RULE ds_0 (
   WRITE_RESOURCE=write_ds_0,
   READ_RESOURCES(write_ds_0_read_ds_0,
write_ds_0_read_ds_1),TYPE(NAME=ROUND_ROBIN)
), ds_1 (
   WRITE_RESOURCE=write_ds_1,
   READ_RESOURCES(write_ds_1_read_ds_0,
write_ds_1_read_ds_1),TYPE(NAME=ROUND_ROBIN)
);
```

（2）成功地创建读写分离规则后，将读写分离数据源用作分表规则的分片数据源。为 t_order 创建一个分片表规则：

```
CREATE SHARDING TABLE RULE t_order (RESOURCES(ds_0,ds_1),
SHARDING_COLUMN=order_id,TYPE(NAME=hash_mod,PROPERTIES("sharding-count"=4)),
GENERATED_KEY(COLUMN=order_id,TYPE(NAME=SNOWFLAKE,PROPERTIES("worker-id"=123))));
```

至此，读写分离规则和分片表规则便创建好了。要查看相应的规则，可使用 SHOW，也可使用 DDL 语句通过代理来创建 t_order 表，这将在 write_ds_0 和 write_ds_1 上创建 4 个分片节点，即 4 个表。

6.9.2 YAML 配置项

YAML 配置项与独立使用各个特性时相同。有关这些配置项的详情，请参阅 6.3 节、6.4 节和 6.7 节的内容。例如，除了使用 DistSQL 来创建规则，也可使用配置文件来创建读写分离规则和分片规则。相应的配置步骤如下。

（1）定义逻辑数据库和数据源：

```
schemaName: sharding_db
dataSources:
  # 定义数据源write_ds_0、write_ds_1、write_ds_0_read_0、write_ds_0_read_1、write_ds_1_read_0和
write_ds_1_read_1.
```

（2）在同一个文件中创建读写分离规则和分片规则：

```
readwrite_splitting
rules:
- !READWRITE_SPLITTING
# 在这里定义规则 readwrite_splitting
- !SHARDING
# 在这里定义分片规则
```

6.10 配置混合配置

本节讨论如何同时配置数据加密和读写分离。

6.10.1　DistSQL

本节涉及的 DistSQL 语法与前面介绍的单独配置各个特性（而不是同时配置多个特性）的语法一样。有关语法方面的详情，请参阅 6.4 节、6.5 节和 6.7 节。本节将使用 DistSQL 来同时配置数据加密规则和读写分离规则，具体步骤如下。

（1）创建读写分离规则：

```
CREATE READWRITE_SPLITTING RULE wr_group (
WRITE_RESOURCE=write_ds,
READ_RESOURCES(read_ds_0,read_ds_1),
TYPE(NAME=random)
);
```

（2）创建加密规则：

```
--对 password 列进行加密，并将加密结果存储在 password_cipher 列中
CREATE ENCRYPT RULE t_encrypt (
COLUMNS(
(NAME=password,CIPHER=password_cipher,TYPE(NAME=AES,PROPE
RTIES('aes-key-value'='123456abc')))
));
```

至此，读写分离规则和加密规则都创建好了。

（3）创建用于验证的加密表 t_encrypt。注意，DDL 语句只指定了原始列，而额外的明文列和加密列都将由 ShardingSphere 自动处理。这里没有展示通过 MySQL 使用 DDL 语句创建表的过程，但需要指出的是，创建的表需要包含 password 列，即 t_encrypt 表包含 id、user_name 和 password 等列。

（4）在 t_encrypt 中插入数据：

```
--输入的 SQL 语句
INSERT INTO t_encrypt (user_name, password) VALUES
('user_name', 'plain_password');
--ShardingSphere 实际执行的 SQL 语句
INSERT INTO t_encrypt (user_name, password_cipher) VALUES
('user_name', 'OYd7QrmOWUiJKBj0oDkNIw==');
```

（5）查询 t_encrypt 表中的数据。从代理和实际数据库执行语句 select * from t_encrypt，以验证数据已被加密。直接从物理数据源中查询数据时，密码值为 OYd7QrmOWUiJKBj0oDkNIw==，这表明密码已被加密。在 ShardingSphere 中查询数据时，密码值为 plain_password，这表明密码被自动解密。

6.10.2　YAML 配置项

配置项与本章前面独立配置各个特性时的配置项相同。同时配置多个特性时，不需要添加任

何新的特殊配置。相关配置项的详情请参阅 6.4 节、6.5 节和 6.7 节。

在 ShardingSphere-Proxy 中，YAML 文件的配置格式与 ShardingSphere-JDBC 中相同，只是在每个 config-xxx.yaml 文件中，都需要添加 schemaName，以指定逻辑数据库的名称。具体步骤如下。

（1）定义逻辑数据库和数据源：

```
schemaName: mixture_db
dataSources:
  # 定义数据源 write_ds、read_ds_0 和 read_ds_1
```

（2）在同一个文件中创建加密规则和读写分离规则：

```
rules:
- !ENCRYPT
# 在这里定义加密规则
- !READWRITE_SPLITTING
# 在这里定义规则 readwrite_splitting
```

与使用 DistSQL 时不同，使用 YAML 文件来指定配置时，不需要手动创建数据库，除此之外，其他操作与使用 DistSQL 时相同。

6.11 配置服务器

ShardingSphere 可配置与授权控制、事务类型和系统配置相关的属性，这些都位于配置文件 server.yaml 中。

6.11.1 授权

ShardingSphere 可控制对代理的访问。要控制客户端对代理的访问权，可使用表 6.1 所示的 YAML 配置。

表 6.1 控制客户端对代理的访问权的 YAML 配置

配置	说明	默认值
Users	用于配置可访问代理的用户	None
Provider.type	授权管理方法，可能的选项包括 ALL_PRIVILEGES_PERMITTED 和 DATABASE_PRIVILEGES_PERMITTED，其中 ALL_PRIVILEGES_PERMITTED 表示默认授予所有权限（不进行身份认证），而 DATABASE_PRIVILEGES_PERMITTED 表示通过 user-schema-mappings 配置自定义授权	None
Provider.props.user-schema-mappings	用于指定哪些用户可访问特定的数据库	None

下面是一个使用类型 ALL_PRIVILEGES_PERMITTED 的示例：

```
rules:
- !AUTHORITY
   users:
     - root@%:root
     - sharding@:sharding
   provider:
     type: ALL_PRIVILEGES_PERMITTED
```

下面是一个使用类型 DATABASE_PRIVILEGES_PERMITTED 的示例：

```
rules:
- !AUTHORITY
   users:
     - root@:root
     - my_user@:pwd
   provider:
     type: DATABASE_PRIVILEGES_PERMITTED
     props:
       user-schema-mappings: root@=sharding_db, root@=test_db,
my_user@127.0.0.1=sharding_db
# 无论从哪个主机连接，根用户都可访问 sharding_db
# 无论从哪个主机连接，根用户都可访问 test_db
# 仅当从 127.0.0.1 连接时，用户 my_user 才能访问 sharding_db
```

6.11.2　事务

ShardingSphere 提供了事务功能。可通过表 6.2 所示的 YAML 配置指定事务类型（LOCAL、XA 或 BASE）。

表 6.2　指定事务类型的 YAML 配置

配置	说明	默认值
defaultType	ShardingSphere 中使用的分布式事务，选项包括 LOCAL、XA 和 BASE	LOCAL
providerType	ShardingSphere 中指定的事务实现方法	无

示例如下：

```
rules:
- !TRANSACTION
   defaultType: XA
   providerType: Narayana/Atomikos
```

6.11.3　特性配置

ShardingSphere 提供了一些可用于配置代理系统级特性的 YAML 配置项。特性开关的配置项如表 6.3 所示。

表 6.3　特性开关的配置项

配置	说明	默认值
sql-show	是否在日志中打印执行的 SQL	false
check-table-metadata-enabled	启动或刷新元数据时是否检查分片元数据结构的一致性	false
proxy-opentracing-enabled	是否在 ShardingSphere-Proxy 中启用 OpenTracing	false
proxy-hint-enabled	是否在 ShardingSphere-Proxy 中启用 Hint	false
check-duplicate-table-enabled	启动或刷新元数据时是否检查重复的表	false
sql-federation-enabled	是否启用联邦查询	false
show-process-list-enabled	是否启用 showprocesslist，注意只包含 DDL 和 DML[①]	false

调整参数的配置项如表 6.4 所示。

表 6.4　调整参数的配置项

配置	说明	默认值
kernel-executor-size	用于设置执行任务的线程池大小	infinite
max-connections-size-per-query	在每个存储资源中执行每个查询请求时可使用的最大连接数	1
proxy-frontend-flush-threshold	在 ShardingSphere-Proxy 中设置数据行传输的 I/O 冲刷阈值	128
proxy-backend-query-fetch-size	Proxy 后端使用游标与数据库交互时每次取回的数据行数	−1
proxy-frontend-executor-size	Proxy 前端 Netty 线程池大小，默认值 0 表示使用 Netty 的默认值	0
proxy-backend-executor-suitable	选项包括 OLAP 和 OLTP	OLAP
proxy-frontend-max-connections	用户端到 Proxy 的最大连接数，默认值 0 表示不受限制	0

示例如下：

```
props:
  max-connections-size-per-query: 1
  kernel-executor-size: 16
  proxy-frontend-flush-threshold: 128
  proxy-opentracing-enabled: false
  proxy-hint-enabled: false
  sql-show: true
  check-table-metadata-enabled: false
  show-process-list-enabled: false
  proxy-backend-query-fetch-size: -1
  check-duplicate-table-enabled: false
```

① DML 为数据操纵语言（data manipulation language）的缩写。

```
sql-comment-parse-enabled: false
proxy-frontend-executor-size: 0
proxy-backend-executor-suitable: OLAP
proxy-frontend-max-connections: 0
sql-federation-enabled: false
```

有关事务特性配置项就介绍到这里，这旨在让你能够对如何在系统中配置事务有大致认识。

6.12 小结

现在，你可采取必要的步骤让 ShardingSphere-Proxy 运行起来了。通过阅读本章，你明白了如何下载并安装 ShardingSphere-Proxy，这是实现分布式数据库目标的一个重要里程碑。

你现在能够熟练地使用 ShardingSphere-Proxy 了。下一章将帮助你掌握 ShardingSphere-JDBC，让你的技能水平更上一层楼。掌握 ShardingSphere-JDBC 后，你就能充分利用让 ShardingSphere 生态与众不同的 Database Plus 和面向插件的平台了。

第 7 章　准备并配置 ShardingSphere-JDBC

如果你阅读了第 5 章或较为熟悉 ShardingSphere-JDBC，就可能知道，将其引入应用非常简单。使用 ShardingSphere-JDBC 时，不需要额外的部署和服务，只需在项目中加入依赖项和配置即可。本章就是为帮助你完成这项工作而写的。

阅读完本章，你将具备必要的知识，能够着手使用 ShardingSphere-JDBC。另外，本章包含一些补充内容，让你能够定制分片策略、配置等。

本章涵盖如下主题：

- 技术需求；
- 准备工作和配置方法；
- 配置。

阅读完本章，你将能够着手利用 ShardingSphere-JDBC，让系统更上一层楼。本章将先简要介绍技术需求、准备工作和配置方法。

7.1　技术需求

要使用 ShardingSphere-JDBC，可使用 Maven 来获取相应的依赖项。

7.2　准备工作和配置方法

本节由两部分组成，第一部分帮助你确保满足所有的配置需求，第二部分概述配置方法。

7.2.1　基本需求简介

要使用 ShardingSphere-JDBC，首先需要添加 ShardingSphere-JDBC 依赖项，下面演示了如何

使用 Maven 来添加这个依赖项：

```
<dependencies>
<dependency>
   <groupId>org.apache.shardingsphere</groupId>
   <artifactId>shardingsphere-jdbc-core</artifactId>
   <version>5.0.0</version>
</dependency>
</dependencies>
```

然后，创建一个 ShardingSphere-JDBC 配置文件。如果你选择使用 Java 配置，可跳过这一步。这里以 YAML 配置文件 config-sharding.yaml 为例。先定义 mode 和 dataSources：

```
mode:
  type: Standalone
  repository:
     type: File
  overwrite: true

dataSources:
  ds_0:
     dataSourceClassName: com.zaxxer.hikari.HikariDataSource
     driverClassName: com.mysql.jdbc.Driver
     jdbcUrl: jdbc:mysql://localhost:3306/demo_
ds_0?serverTimezone=UTC&useSSL=false&useUnicode=true&character
Encoding=UTF-8
     username: root
     password:
  ds_1:
     dataSourceClassName: com.zaxxer.hikari.HikariDataSource
     driverClassName: com.mysql.jdbc.Driver
     jdbcUrl: jdbc:mysql://localhost:3306/demo_ds_1?
serverTimezone=UTC&useSSL=false&useUnicode=
true&characterEncoding=UTF-8
     username: root
     password:
```

然后，定义 rules 和 props：

```
rules:
- !SHARDING
  tables:
     t_order:
        actualDataNodes: ds_${0..1}.t_order
        keyGenerateStrategy:
           column: order_id
           keyGeneratorName: snowflake

  defaultDatabaseStrategy:
     standard:
        shardingColumn: user_id
```

```
          shardingAlgorithmName: database_inline

    shardingAlgorithms:
      database_inline:
        type: INLINE
        props:
          algorithm-expression: ds_${user_id % 2}
    keyGenerators:
      snowflake:
        type: SNOWFLAKE
        props:
            worker-id: 123
props:
  sql-show: false
```

至此，基本的配置工作便完成了。

7.2.2 配置方法简介

本章开头说过，ShardingSphere-JDBC 配置起来非常容易。ShardingSphere-JDBC 支持如下 4 种配置方法。

- Java API：Java API 是 ShardingSphere-JDBC 配置的基石，因为其他配置方法都将在内部通过代码转换为 Java API 方法。这种方法非常适合需要动态配置的场景。
- YAML：使用 YAML 文件可极大地简化配置。配置 ShardingSphere-JDBC 时，最常用的方法是将配置写入配置文件。
- Spring Boot Starter：ShardingSphere 提供了 Spring Boot Starter，让开发人员能够在 Spring Boot 项目中轻松地使用 ShardingSphere-JDBC。
- Spring 命名空间（Spring NameSpace）：通过利用 ShardingSphere 提供的命名空间和依赖项，开发人员可在 Spring 项目中快速使用 ShardingSphere-JDBC。

下面介绍如何配置 ShardingSphere-JDBC 的特性，先介绍如何配置数据分片，再介绍如何配置其他重要的特性，如读写分离、数据加密、影子库和集群模式。

7.3 分片配置

本节介绍如何配置分片，旨在帮助你快速理解分片功能。ShardingSphere-JDBC 提供了 4 种配置方法，你可选择其中任何一种。

7.3.1 Java 配置项

这里介绍一些与分片相关的配置项，表 7.1~表 7.6 列出了一些与分片规则相关的具体配置项

（表中+表示配置 1 个或多个，*表示配置 0 个或多个，？表示配置 0 个或 1 个）。

主类 ShardingRuleConfiguration 包含如表 7.1 所示的配置项。

表 7.1 ShardingRuleConfiguration 配置项

名称	数据类型	说明	默认值
tables(+)	Collection<ShardingTableRuleConfiguration>	分片表规则集合	无
autoTables(+)	Collection<ShardingAutoTableRuleConfiguration>	自动分片表规则集合	无

表 7.2 绑定表配置项

名称	数据类型	说明	默认值
bindingTableGroups(*)	Collection<String>	绑定表规则集合	None

表 7.3 广播表配置项

名称	数据类型	说明	默认值
broadcastTables(*)	Collection<String>	广播表规则集合	None

表 7.4 策略配置项

名称	数据类型	说明	默认值
defaultDatabaseShardingStrategy(?)	ShardingStrategyConfiguration	默认分库策略	不分片
defaultTableShardingStrategy(?)	ShardingStrategyConfiguration	默认分表策略	不分片

表 7.5 分片键和分片算法配置项

名称	数据类型	说明	默认值
defaultShardingColumn(?)	String	默认分片键的名称	None
shardingAlgorithms(+)	Map<String, ShardingSphere AlgorithmConfiguration>	分片算法的名称和配置	None

表 7.6 键生成器配置项

名称	数据类型	说明	默认值
keyGenerators(?)	Map<String, ShardingSphere AlgorithmConfiguration>	主键生成算法的名称和配置	None

表 7.7 ~ 表 7.11 介绍与表级分片规则相关的配置项。

分表配置的主类为 ShardingTableRuleConfiguration，配置项如表 7.7 所示。

表 7.7 分表配置项

名称	数据类型	说明	默认值
logicTable	String	逻辑表的名称	无

表 7.8 实际的数据节点配置项

名称	数据类型	说明	默认值
actualDataNodes	String	由数据源名 + 表名组成，以小数点分隔。 多个表以逗号分隔，支持行表达式	使用已知数据源与逻辑表名称生成数据节点，用于广播表或只分库不分表且所有库的表结构完全一致的情况

表 7.9 分片策略配置项

名称	数据类型	说明	默认值
databaseShardingStrategy(?)	ShardingStrategyConfiguration	分库策略	使用默认的分库策略
tableShardingStrategy(?)	ShardingStrategyConfiguration	分表策略	使用默认的分表策略
keyGenerateStrategy(?)	KeyGenerateConfiguration	主键生成器	使用默认的主键生成器

表 7.10 列出了自动分片表配置项的主类为 ShardingAutoTableRuleConfiguration。

表 7.10 自动分片表配置项

名称	数据类型	说明	默认值
logicTable	String	分片逻辑表的名称	无
actualDataSources(?)	String	数据源的名称（用逗号分隔）	使用所有配置的数据源

表 7.11 列出了标准的分片策略配置项，主类为 StandardShardingStrategyConfiguration。

表 7.11 标准的分片策略配置项

名称	数据类型	说明
shardingColumn	String	分片键的名称
shardingAlgorithmName	String	分片算法的名称

表 7.12 列出了标准复合分片策略配置项，主类为 ComplexShardingStrategyConfiguration。

表 7.12 标准复合分片策略配置项

名称	数据类型	说明
shardingColumn	String	分片键的名称（用逗号分隔）
shardingAlgorithmName	String	分片算法的名称

表 7.13 列出了提示（hint）分片策略配置项，主类为 HintShardingStrategyConfiguration:

表 7.13 提示分片策略配置项

名称	数据类型	说明
shardingAlgorithmName	String	分片算法的名称

如果将分片策略配置成了 none，就不需要做其他任何配置。分片策略配置的主类为 NoneShardingStrategyConfiguration。

表 7.14 列出了分布式键生成策略配置项，主类为 KeyGenerateStrategyConfiguration。

表 7.14 分布式键生成策略配置项

名称	数据类型	说明
column	String	分布式键生成列的名称
keyGeneratorName	String	分布式键生成算法的名称

介绍各种 Java 配置项后，我们来看几个示例。下面的示例演示了如何使用 Java API 创建分片规则:

```
public DataSource getDataSource() throws SQLException {
    return ShardingSphereDataSourceFactory.
createDataSource(createModeConfiguration(), createDataSourceMap(),
Collections.singleton(createShardingRuleConfiguration()), new
Properties());
}
```

下面的示例演示了如何创建分片规则配置:

```
private ShardingRuleConfiguration
createShardingRuleConfiguration() {
    ShardingRuleConfiguration result = new ShardingRuleConfiguration();
    result.getTables().add(getOrderTableRuleConfiguration())
    result.getKeyGenerators().put("snowflake", new ShardingSphereAlgorithmConfiguration
("SNOWFLAKE", getProperties()));
    return result;
}
```

下面的示例演示了如何创建模式配置:

```
private static ModeConfiguration createModeConfiguration() {
   return new ModeConfiguration("Standalone", new StandalonePersistRepositoryConfiguration
("File", new Properties()), true);
}
```

最后，下面的示例演示了如何创建表规则配置：

```
private static ShardingTableRuleConfiguration
getOrderTableRuleConfiguration() {
   ShardingTableRuleConfiguration result = new
ShardingTableRuleConfiguration("t_order");
   result.setKeyGenerateStrategy(new
KeyGenerateStrategyConfiguration("order_id", "snowflake"));
   return result;
}
```

7.3.2 YAML 配置项

这里介绍可在 YAML 中配置的分片配置项。

其中，tables 表示数据分片规则配置逻辑表名称，可配置的配置项如下。

- logic-table-name 表示逻辑表的名称。
- actualDataNodes 表示数据源名称和表名（请参阅 Inline 语法规则）。
- databaseStrategy 表示分库策略。没有其他配置时，将使用默认的分库策略。
- tableStrategy 表示分表策略。
- keyGenerateStrategy 表示分布式键生成策略。

autoTables 表示自动分表规则配置，可配置的配置项如下。

- logic-table-name 表示逻辑表的名称。
- actualDataNodes 表示数据源的名称。
- shardingStrategy 表示分库策略。没有其他配置时，将使用默认的分库策略。

bindingTables 表示绑定表规则集合，可配置的配置项如下。

- logic-table-name 表示逻辑表名称集合。

broadcastTables 表示广播表规则集合，可配置的配置项如下。

- table-name 表示逻辑表名称集合。

下面列出了可配置的策略。

defaultDatabaseStrategy 表示默认分库策略，可配置的配置项如下。

- strategyType 表示策略类型，如 Standard、Complex、Hint、None。
- shardingColumn 表示分片键的名称。
- shardingAlgorithmName 表示分片算法的名称。

别忘了，defaultDatabaseStrategy 与 databaseStrategy 相同。

defaultTableStrategy 表示默认分表策略。

defaultKeyGenerateStrategy 表示默认分布式键生成策略，可配置的配置项如下。

- column 表示主键生成列。没有新配置时，默认不会启用键生成器。
- keyGeneratorName 表示分布式键生成算法的名称。

别忘了，defaultKeyGenerateStrategy 与 keyGenerateStrategy 相同。

你可配置默认分片键、分片算法和主键生成器，可配置的配置项如下。

defaultShardingColumn 表示默认分片键的名称。

shardingAlgorithms 表示分片算法配置，可配置的配置项如下。

- sharding-algorithm-name 表示分片算法的名称。
- type 表示分片算法类型。
- props 表示分片算法属性配置。

keyGenerators 表示分布式主键生成算法配置，可配置的配置项如下。

- key-generate-algorithm-name 表示分布式主键生成算法的名称。
- type 表示分布式主键生成算法的类型。
- props 表示分布式主键生成算法属性配置。

我们来看一个有关分表规则的 YAML 示例：

```
tables:
  t_order:
    actualDataNodes: ds_${0..1}.t_order
    keyGenerateStrategy:
      column: order_id
      keyGeneratorName: snowflake
```

再来看一个有关策略的示例：

```
defaultDatabaseStrategy:
  standard:
    shardingColumn: user_id
    shardingAlgorithmName: database-inline
```

最后来看一个有关算法的示例：

```
shardingAlgorithms:
  database-inline:
    type: INLINE
    props:
      algorithm-expression: ds_${user_id % 2}
```

7.3.3　Spring Boot 配置项

这里介绍可在 Spring Boot 中配置的配置项。首先是有关实际数据节点的配置：spring.

shardingsphere.rules.sharding.tables.<table-name>.actual-data-nodes。其中有一个数据源名和一个表名（用点号分隔）。有多个表名时，它们之间用逗号分隔。ShardingSphere 配置支持行表达式。默认情况下，系统使用已知的数据源和逻辑表名来生成数据节点，这适用于广播表，以及分库但不分表，且表结构完全相同的情形。

分片键的名称如下：

- spring.shardingsphere.rules.sharding.tables.<table-name>.database-strategy.standard.sharding-column；
- spring.shardingsphere.rules.sharding.tables.<table-name>.database-strategy.complex.sharding-columns（用逗号分隔）。

算法名如下：

- spring.shardingsphere.rules.sharding.tables.<table-name>.database-strategy.standard.sharding-algorithm-name；
- spring.shardingsphere.rules.sharding.tables.<table-name>.database-strategy.complex.sharding-algorithm-name；
- spring.shardingsphere.rules.sharding.tables.<table-name>.database-strategy.hint.sharding-algorithm-name。

分表策略（与分库策略相同）为 spring.shardingsphere.rules.sharding.tables.<table-name>.table-strategy.xxx。

主键生成的配置如下。

- 分布式主键生成列名：spring.shardingsphere.rules.sharding.tables.<table-name>.key-generate-strategy.column。
- 分布式主键生成算法的名称：spring.shardingsphere.rules.sharding.tables.<table-name>.key-generate-strategy. key-generator-name。

绑定表规则集合为 spring.shardingsphere.rules. sharding.binding-tables[x]。

广播表规则集合为 spring.shardingsphere.rules. sharding.broadcast-tables[x]。

算法的配置如下。

- 分片算法的类型：spring.shardingsphere.rules.sharding.sharding-algorithms.<sharding-algorithm-name>.type。
- 分片算法属性配置：spring.shardingsphere.rules.sharding.sharding-algorithms.<sharding-algorithm-name>.props.xxx。

我们来看一个示例，下面的脚本代码演示了如何在 Spring Boot 中配置分片。

```
spring.shardingsphere.rules.sharding.tables.t_order.actual-
data-nodes=ds-$->{0..1}.t_order_$->{0..1}
spring.shardingsphere.rules.sharding.tables.t_order.table-
strategy.standard.sharding-column=order_id
spring.shardingsphere.rules.sharding.tables.t_order.table-
strategy.standard.sharding-algorithm-name=t-order-inline
```

7.3.4 Spring 命名空间配置项

这里介绍你可在 Spring 命名空间中配置的配置项。表 7.15 ~ 表 7.25 列出了与不同规则相关的配置项。

表 7.15 分片规则配置项

名称	类型	说明
table-rules(?)	标签	分表规则配置
auto-table-rules(?)	标签	自动分表规则配置
binding-table-rules(?)	标签	绑定表规则配置
broadcast-table-rules(?)	标签	广播表规则配置

表 7.16 表规则配置项

名称	类型	说明
actual-data-nodes	属性	数据源名称和表名（用点号分隔）；有多个表名时用逗号分隔；支持行表达式
database-strategy-ref	属性	标准分库策略的名称
table-strategy-ref	属性	标准分表策略的名称

表 7.17 绑定表规则配置项

名称	类型	说明
broadcast-table-rules(+)	标签	绑定表规则配置
logic-tables	属性	用逗号分隔的绑定表名称

表 7.18 广播表规则配置项

名称	类型	说明
broadcast-table-rules(+)	标签	广播表规则配置
table	属性	广播表名称

表 7.19 标准策略配置项

名称	类型	说明
id	属性	标准分片策略的名称
sharding-column	属性	分片键的名称
algorithm-ref	属性	分片算法的名称

表 7.20 复合策略配置项

名称	类型	说明
id	属性	复合分片策略的名称
sharding-columns	属性	用逗号分隔的分片键名称
algorithm-ref	属性	分片算法的名称

表 7.21 提示策略配置项

名称	类型	说明
id	属性	提示分片策略的名称
algorithm-ref	属性	分片算法的名称

表 7.22 None 策略配置项

名称	类型	说明
id	属性	分片策略的名称

表 7.23 键生成策略配置项

名称	类型	说明
id	属性	分布式主键生成策略的名称
column	属性	分布式主键生成列的名称
algorithm-ref	属性	分布式主键生成算法的名称

表 7.24 分片算法配置项

名称	类型	说明
id	属性	分片算法的名称
type	属性	分片算法的类型
props(?)	标签	分片算法属性配置

表 7.25 键生成算法配置项

名称	类型	说明
id	属性	分布式主键生成算法的名称
type	属性	分布式主键生成算法的类型
props(?)	标签	分布式主键生成算法属性配置

我们来看一个示例，它演示了如何在 Spring 命名空间中配置分片规则：

```
<sharding:rule id="shardingRule">
   <sharding:table-rules>
         <sharding:table-rule logic-table="t_order" actual-
data-nodes="demo_ds_${0..1}.t_order_${0..1}" database-strategy-
ref="databaseStrategy" table-strategy-ref="orderTableStrategy"
key-generate-strategy-ref="orderKeyGenerator" />
   </sharding:table-rules>
</sharding:rule>
```

7.4 读写分离配置

本节介绍读写分离配置，帮助你快速理解相关的功能。ShardingSphere-JDBC 提供了 4 种配置方法，你可选择任何一种。

7.4.1 Java 配置项

这里使用表格列出你可配置的与读写分离相关的配置项。

如果主类为 ReadwriteSplittingRuleConfiguration，配置项如表 7.26 所示。

表 7.26 读写分离规则的配置项

名称	数据类型	说明
dataSources(+)	Collection<ReadwriteSplittingDataSourceRuleConfiguration>	读写数据源配置
loadBalancers(*)	Map<String, AlgorithmConfiguration>	以数据库和负载均衡算法配置

如果主类为 ReadwriteSplittingDataSourceRuleConfiguration，配置项如表 7.27 所示。

表 7.27 读写分离特性的主从数据源配置项

名称	数据类型	说明	默认值
name	String	读写分离数据源的名称	无
autoAwareDataSourceName(?)	String	自动发现的数据源的名称(用于数据库自动发现)	无
writeDataSourceName	String	只写数据源的名称	无
readDataSourceNames(+)	List<String>	只读数据源名称集合	无
loadBalancerName(?)	String	只读负载均衡算法的名称	负载均衡算法轮询

下面的代码演示了如何使用 Java API 配置读写分离，供你参考：

```
  ReadwriteSplittingDataSourceRuleConfiguration dataSourceConfig
= new ReadwriteSplittingDataSourceRuleConfiguration(
             "demo_read_query_ds", "", "demo_write_ds",
Arrays.asList("demo_read_ds_0", "demo_read_ds_1"), "demo_weight_lb");
   Properties props= new Properties();
    props.put("demo_read_ds_0", "2");
    props.put("demo_read_ds_1", "1");
   ShardingSphereAlgorithmConfiguration algorithmConfiguration
= new ShardingSphereAlgorithmConfiguration("demo_ weight_lb",  props);
```

7.4.2 YAML 配置项

这里列出了可在 YAML 中配置的读写分离配置项。

读写分离规则配置如下。

- dataSources：读写分离数据源。
- loadBalancers：负载均衡算法配置。

数据源配置如下。

- data-source-name：读写分离逻辑数据源的名称。
- autoAwareDataSourceName：自动感知数据源的名称（用于数据库发现）。
- writeDataSourceName：写数据源的名称。
- readDataSourceNames：读数据源的名称（多个数据源名称之间用逗号分隔）。
- loadBalancerName：负载均衡算法的名称。

负载均衡配置如下。

- load-balancer-name：负载均衡算法的名称。
- type：负载均衡算法的类型。
- props：负载均衡算法的属性。

下面的代码演示了如何使用 YAML 配置读写分离：

```
dataSources:
   pr_ds:
      writeDataSourceName: write_ds
      readDataSourceNames: [read_ds_0, read_ds_1]
      loadBalancerName: weight_lb
loadBalancers:
   weight_lb:
      type: WEIGHT
      props:
         read_ds_0: 2
         read_ds_1: 1
```

7.4.3　Spring Boot 配置项

这里列出了可在 Spring Boot 中配置的配置项。

数据源配置项如下。

- 自动发现的数据源的名称（用于数据库发现）：spring.shardingsphere.rules.readwrite-splitting.data-sources.<readwrite-splitting-data-source-name>.auto-aware-data-source-name。
- 只写数据源的名称：spring.shardingsphere.rules.readwrite-splitting.data-sources.<readwrite-splitting-data-source-name>.write-data-source-name。
- 只读数据源的名称（用逗号分隔）：spring.shardingsphere.rules.readwrite-splitting.data-sources.<readwrite-splitting-data-source-name>.read-data-source-names。

负载均衡算法配置项如下。

- 负载均衡算法的名称：spring.shardingsphere.rules.readwrite-splitting.data-sources.<readwrite-splitting-data-source-name>.load-balancer-name。
- 负载均衡算法的类型：spring.shardingsphere.rules.readwrite-splitting.load-balancers.<load-balance-algorithm-name>.type。
- 负载均衡算法属性配置：spring.shardingsphere.rules.readwrite-splitting.load-balancers.<load-balance-algorithm-name>.props.xxx。

下面的代码演示了如何在 Spring Boot 中配置读写分离：

```
spring.shardingsphere.rules.readwrite-splitting.data-sources.
pr_ds.write-data-source-name=write-ds
spring.shardingsphere.rules.readwrite-splitting.data-sources.
pr_ds.read-data-source-names=read-ds-0,read-ds-1
```

7.4.4　Spring 命名空间配置项

表 7.28 ~ 表 7.30 列出可在 Spring 命名空间中配置的配置项。

表 7.28　读写分离规则配置项（<readwrite-splitting:rule />）

名称	类型	说明
id	属性	Spring Bean ID
data-source-rule(+)	标签	读写分离数据源规则配置

表 7.29　数据源开规则配置项（<readwrite-splitting:data-source-rule />）

名称	类型	说明
id	属性	读写分离数据源规则名称
auto-aware-data-source-name	属性	自动发现的数据源名称（用于数据库发现）

续表

名称	类型	说明
write-data-source-name	属性	写数据源名称
read-data-source-names	属性	只读数据源名称（用逗号分隔）
load-balance-algorithm-ref	属性	负载均衡算法的名称

表 7.30　负载均衡算法配置项（<readwrite-splitting:load-balance-algorithm/>）

名称	类型	说明
id	属性	负载均衡算法的名称
type	属性	负载均衡算法的类型
props(?)	标签	负载均衡算法属性配置

下面的代码演示了如何在 Spring 命名空间中配置读写分离规则：

```
<readwrite-splitting:load-balance-algorithm id="randomStrategy"
type="RANDOM" />
<readwrite-splitting:rule id="readWriteSplittingRule">
   <readwrite-splitting:data-source-rule id="demo_ds"
write-data-source-name="demo_write_ds"read-data-source-
names="demo_read_ds_0, demo_read_ds_1" load-balance-algorithm-
ref="randomStrategy" />
</readwrite-splitting:rule>
```

7.5　数据加密配置

本节介绍数据加密配置，旨在帮助你快速理解相关的功能。ShardingSphere-JDBC 提供 4 种配置方法，你可选择合适的一种。

7.5.1　Java 配置项

这里列出你可配置的与加密规则相关的配置项。

如果主类为 EncryptRuleConfiguration，配置项如表 7.31 所示。

表 7.31　加密规则配置项

名称	数据类型	说明	默认值
table(+)	Collection<EncryptTableRuleConfiguration>	加密表规则配置	无
encryptors(+)	Map<String, AlgorithmConfiguration>	加密算法的名称和配置	无

续表

名称	数据类型	说明	默认值
queryWithCipherColumn(?)	boolean	指定是否可使用加密列进行查询。如果有明文列，也可使用它来查询	true

如果主类为 EncryptTableRuleConfiguration，表 7.32 列出了加密表规则配置项。

表 7.32 加密表规则配置项

名称	数据类型	说明
name	String	表名
columns(+)	Collection<EncryptColumnRuleConfiguration>	加密列规则配置集合
queryWithCipherColumn(?)	boolean	指定表是否启用使用加密列进行查询

如果主类为 EncryptColumnRuleConfiguration，表 7.33 列出了加密列规则配置。

表 7.33 加密列规则配置

名称	数据类型	说明
logicColumn	String	逻辑列的名称

表 7.34 列出了用于配置加密列名称的配置项。

表 7.34 用于配置加密列名称的配置项

名称	数据类型	说明
cipherColumn	String	加密列的名称
assistedQueryColumn(?)	String	查询辅助列的名称
plainColumn(?)	String	明文列的名称

表 7.35 列出了加密算法名称配置。

表 7.35 加密算法名称配置

名称	数据类型	说明
encryptorName	String	加密算法的名称

如果主类为 ShardingSphereAlgorithmConfiguration，表 7.36 列出了加密算法配置项。

表 7.36 加密算法配置项

名称	数据类型	说明
name	String	加密算法的名称
type	String	加密算法的类型
properties	Properties	加密算法属性配置

下面的代码片段演示了如何使用 Java API 配置加密规则：

```
EncryptColumnRuleConfiguration columnConfigAes = new
EncryptColumnRuleConfiguration("user_name", "user_name", "", "user_name_plain",
"name_encryptor");
   EncryptTableRuleConfiguration encryptTableRuleConfig
= new EncryptTableRuleConfiguration("t_user", Arrays.asList(columnConfigAes,
columnConfigTest), null);
   encryptAlgorithmConfigs.put("name_encryptor", new
ShardingSphereAlgorithmConfiguration("AES", props));
```

7.5.2 YAML 配置项

这里介绍你可配置的 YAML 配置项。

加密规则配置项如下。

- tables：加密表配置。
- encryptors：加密算法配置。
- queryWithCipherColumn：是否启用使用加密列进行查询。如果有明文列，可使用它进行查询。

表配置项如下。

- table-name：加密表的名称。
- columns：加密列配置。

列配置项如下。

- column-name：被加密的列的名称。
- cipherColumn：加密列的名称。
- assistedQueryColumn：查询辅助列的名称。
- plainColumn：明文列的名称。

加密算法名配置项以及加密算法配置项如下。

- encryptorName：加密器名称。
- encrypt-algorithm-name：加密算法的名称。
- type：加密算法的类型。
- props：加密算法属性配置（查询辅助列的名称）。

下面的代码演示了如何在 YAML 中配置加密规则：

```
t_user:
   columns:
      user_name:
         plainColumn: user_name_plain
         cipherColumn: user_name
         encryptorName: name-encryptor
```

下面的代码演示了如何配置加密算法：

```
encryptors:
name-encryptor:
   type: AES
   props:
      aes-key-value: 123456abc
```

7.5.3　Spring Boot 配置项

Spring Boot 配置项如下。

- 是否启用使用加密列进行查询：spring.shardingsphere.rules.encrypt.tables.<table-name>.query-with-cipher-column。
- 加密列名称：spring.shardingsphere.rules.encrypt.tables.<table-name>.columns.<column-name>.cipher-column。
- 查询辅助列名称：spring.shardingsphere.rules.encrypt.tables.<table-name>.columns.<column-name>.assisted-query- column。
- 明文列名称：spring.shardingsphere.rules.encrypt.tables.<table-name>.columns.<column-name>.plain-column。

Spring Boot 中的算法配置项如下。

- 加密算法的名称：spring.shardingsphere.rules.encrypt.tables.<table-name>.columns.<column-name>.encryptor-name。
- 加密算法的类型：spring.shardingsphere.rules.encrypt.encryptors.<encrypt-algorithm-name>.type。
- 加密算法属性配置：spring.shardingsphere.rules.encrypt.encryptors.<encrypt-algorithm-name>.props.xxx。

Spring Boot 中的加密列查询配置项如下。

- 是否启用使用加密列进行查询；如果有明文列，可使用 spring.shardingsphere.rules.encrypt.queryWithCipherColumn 进行查询。

下面的代码演示了如何在 Spring Boot 中配置加密：

```
spring.shardingsphere.rules.encrypt.tables.t_user.columns.user_
name.cipher-column=user_name
```

```
spring.shardingsphere.rules.encrypt.tables.t_user.columns.user_
name.encryptor-name=name-encryptor
```

7.5.4 Spring 命名空间配置项

表 7.37～表 7.40 介绍 Spring 命名空间中与加密相关的配置项。

表 7.37 加密规则配置项（<encrypt:rule/>）

名称	类型	说明	默认值
id	属性	Spring Bean ID	无
queryWithCipherColumn(?)	属性	是否启用使用加密列进行查询；如果有明文列，可使用它进行查询	true
table(+)	标签	加密表配置	无

表 7.38 表配置项（<encrypt:table/>）

名称	类型	说明
name	属性	加密表名称
column(+)	标签	加密列配置
query-with-cipher-column(?)	属性	是否启用使用加密列进行查询。如果有明文列，可使用它进行查询

表 7.39 列配置项（<encrypt:column/>）

名称	类型	说明
logic-column	属性	加密列的逻辑名
cipher-column	属性	加密列的名称
assisted-query-column(?)	属性	查询辅助列的名称
plain-column(?)	属性	明文列的名称
encrypt-algorithm-ref	属性	加密算法的名称

表 7.40 加密算法配置项（<encrypt:encrypt-algorithm/>）

名称	类型	说明
id	属性	加密算法的名称
type	属性	加密算法的类型
props(?)	标签	加密算法属性配置

下面的代码演示了如何在 Spring 命名空间中配置加密规则：

```
<encrypt:rule id="encryptRule">
   <encrypt:table name="t_user">
         <encrypt:column logic-column="user_name" cipher-
column="user_name" plain-column="user_name_plain" encrypt-
algorithm-ref="name_encryptor" />
   </encrypt:table>
</encrypt:rule>
```

7.6 影子库配置

本节讨论如何使用影子库规则配置。使用 Hint 算法时，还需将与 SQL_PARSER 相关的配置项 sqlCommentParseEnabled 设置为 true。

7.6.1 Java 配置项

配置项入口为 org.apache.shardingsphere.shadow.api.config.ShadowRuleConfiguration，包含表 7.41 所示的配置项。

表 7.41 Java 配置项

名称	数据类型	说明
dataSources	Map<String, ShadowDataSourceConfiguration>	生产数据源和影子数据源映射配置
tables	Map<String, ShadowTable Configuration>	影子数据库的名称和配置
defaultShadowAlgorithmName	String	默认影子算法的名称
shadowAlgorithms	Map<String, ShardingSphereAlgorithmConfiguration>	影子算法的名称和配置

下面的示例使用 Java 代码通过 ShadowRule 创建了一个数据源：

```
public DataSource getDataSource() throws SQLException {
   Map<String, DataSource> dataSourceMap = createDataSourceMap();
   Collection<RuleConfiguration> ruleConfigurations =
createRuleConfiguration();
   return ShardingSphereDataSourceFactory.
createDataSource(dataSourceMap, ruleConfigurations, properties);
}
```

7.6.2 YAML 配置项

要使用 YAML 来配置影子库特性，可引用!SHADOW 和如下配置项。

- dataSources：影子库逻辑数据源映射配置列表。
- tables：影子表配置列表。
- defaultShadowAlgorithmName：默认影子算法的名称（可选）。
- shadowAlgorithms：影子算法配置列表。

下面是使用 YAML 配置影子数据源的示例：

```
rules:
- !SHADOW
 dataSources:
   shadowDataSource:
      sourceDataSourceName: ds
      shadowDataSourceName: ds_shadow
```

下面是影子表配置示例：

```
tables:
   t_user:
      dataSourceNames:
         - shadowDataSource
      shadowAlgorithmNames:
         - user_id_insert_value_match-algorithm
```

下面是影子算法配置示例：

```
shadowAlgorithms:
   user_id_insert_value_match-algorithm:
      type: VALUE_MATCH
      props:
         operation: insert
         column: user_id
         value: 1
```

7.6.3 Spring Boot 配置示例

这里介绍如何使用 Spring Boot 来配置 ShardingSphere 影子库特性。如果你决定使用 Spring Boot 来配置影子库特性，可参考下面的示例代码。要使用这个代码示例，需要替换其中的样板值，如 ds、ds_shadow 和 user_id。

```
spring.shardingsphere.rules.shadow.data-sources.shadow-data-
source.source-data-source-name=ds
spring.shardingsphere.rules.shadow.data-sources.shadow-data-
source.shadow-data-source-name=ds_shadow
spring.shardingsphere.rules.shadow.tables.t_user.data-source-names=shadow-data-source
spring.shardingsphere.rules.shadow.tables.t_user.shadow-
algorithm-names=user_id_insert_value_match-algorithm
```

```
spring.shardingsphere.rules.shadow.shadow-algorithms.user-id-
insert-match-algorithm.type=VALUE_MATCH
spring.shardingsphere.rules.shadow.shadow-algorithms.user-id-
insert-match-algorithm.props.operation=insert
spring.shardingsphere.rules.shadow.shadow-algorithms.user-id-
insert-match-algorithm.props.column=user_id
spring.shardingsphere.rules.shadow.shadow-algorithms.user-id-
insert-match-algorithm.props.value=1
```

7.6.4 Spring 命名空间配置项

表 7.42 列出了与影子库相关的 Spring 命名空间配置项。

表 7.42 与影子库相关的 Spring 命名空间配置项

名称	类型	说明
<shadow:data-source />	属性	影子数据源的名称
<shadow:shadow-table />	属性	影子表
<shadow:algorithm />	属性	影子算法

下面是一个 Spring 命名空间配置示例，包含表 7.43 列出的 Spring 命名空间配置项：

```
<shadow:shadow-algorithm id="user-id-insert-match-algorithm"
type="VALUE_MATCH">
   <props>
         <prop key="operation">insert</prop>
         <prop key="column">user_id</prop>
         <prop key="value">1</prop>
   </props>
</shadow:shadow-algorithm>
<shadow:rule id="shadowRule">
   <shadow:data-source id="shadow-data-source" source-data-
source-name="ds" shadow-data-source-name="ds_shadow"/>
   <shadow:shadow-table name="t_user" data-sources="shadow-data-source">
         <shadow:algorithm shadow-algorithm-ref="user-id-
insert-match-algorithm" />
   </shadow:shadow-table>
</shadow:rule>
<shardingsphere:data-source id="shadowDataSource" data-source-
names="ds,ds_shadow" rule-refs="shadowRule">
</shardingsphere:data-source>
```

7.7 ShardingSphere 模式配置

本节介绍基本的运行模式配置。除了用于生产场景的集群模式，还给用户提供了用于开发和自动测试场景的运行模式，如单机模式。ShardingSphere 提供了 3 种运行模式：内存模式、单机模式和集群模式。这里不介绍内存模式，因为这并不是 ShardingSphere 推荐的模式。

7.7.1 Java 配置项

这里将列出你可配置的与模式相关的配置项。

主类 ModeConfiguration 包含表 7.43 所示的配置项。

表 7.43 ModeConfiguration 配置项

名称	数据类型	说明
type	String	模式配置的类型，可以是内存模式、单机模式或集群模式
repository(?)	PersistRepositoryConfiguration	持久化仓库的配置。在内存模式下，不需要持久化，因此该配置为 null；在单机模式下，该配置为 StandalonePersistRepositoryConfiguration；在集群模式下，该配置为 ClusterPersistRepositoryConfiguration
overwrite(?)	boolean	用本地配置覆盖持久化配置

对于单机模式，主类为 StandalonePersistRepositoryConfiguration，包含表 7.44 所示的配置项。

表 7.44 单机模式配置项

名称	数据类型	说明	默认值
type	字符串	持久化仓库的类型，可以为 File	—
props(?)	属性	持久化仓库的属性，属性键可以为 path	.shardingsphere

对于集群模式，主类为 ClusterPersistRepositoryConfiguration，包含表 7.45 所示的配置项。

表 7.45 集群模式配置项

名称	数据类型	说明	默认值
type	字符串	持久化仓库的类型，可以为 ZooKeeper 和 etcd	—
namespace	字符串	注册中心的命名空间	—
serverLists	字符串	注册中心的服务器列表	—
props(?)	属性	持久化仓库的属性	—

下面来看一些使用 Java API 配置模式的示例。

要配置单机模式，可参考下面的代码：

```
private ModeConfiguration getModeConfiguration() {
   StandalonePersistRepositoryConfiguration standaloneConfig
```

```
    = new StandalonePersistRepositoryConfiguration("File", new
    Properties());
    return new ModeConfiguration("Standalone", standaloneConfig,
true);
}
```

要配置集群模式，可参考下面的代码：

```
private ModeConfiguration getModeConfiguration() {
    ClusterPersistRepositoryConfiguration
clusterPersistRepositoryConfiguration =
new ClusterPersistRepositoryConfiguration("ZooKeeper",
"governance", "127.0.0.1", new Properties());
    return new ModeConfiguration("Cluster",
clusterPersistRepositoryConfiguration, true);
}
```

7.7.2 YAML 配置项

这里介绍与模式相关的 YAML 配置项。

单机模式的配置如下。

- mode: type: #：模式配置的类型。
- repository type: #：持久化仓库的类型。
- props: #：持久化仓库的属性。
- path: #：持久化配置路径。
- overwrite: #: 是否用本地配置覆盖持久化配置。

集群模式的配置如下。

- mode: type: #：模式配置的类型。
- repository: type: #：持久化仓库的类型，其值可以为 ZooKeeper 和 etcd。
- props: #：持久化仓库的属性。
- namespace: #：注册中心的命名空间。
- server-lists: #：注册中心的服务器列表。
- overwrite: #：是否用本地配置覆盖持久化配置。

熟悉配置项后，我们来演示如何使用 YAML 配置模式。

与前文一样，先来看单机模式配置示例：

```
Standalone Mode
mode:
 type: Standalone
 repository:
   type: File
   props: Properties of persist repository
```

```
      path:
overwrite: true
```

要使用 YAML 配置集群模式，可参考下面的示例：

```
// Cluster Mode
mode:
  type: Cluster
  repository:
    type: ZooKeeper
    props:
      namespace: governance
      server-lists: localhost:2181
overwrite: true
```

7.7.3 Spring Boot 配置项

这里介绍与模式相关的 Spring Boot 配置项。

单机模式相关的配置项如下。

- spring.shardingsphere.mode.type：模式配置的类型。
- spring.shardingsphere.mode.repository.type：持久化仓库的类型，其值可以为 File。
- spring.shardingsphere.mode.repository.props.path：持久化仓库的属性。属性键可以为 path。
- spring.shardingsphere.mode.overwrite：是否用本地配置覆盖持久化配置。

集群模式相关的配置项如下。

- spring.shardingsphere.mode.type：模式配置的类型。
- spring.shardingsphere.mode.repository.type：持久化仓库的类型，其值可以为 ZooKeeper 和 etcd。
- spring.shardingsphere.mode.repository.props.namespace：注册中心的命名空间。
- spring.shardingsphere.mode.repository.props.server-lists：注册中心的服务器列表。
- spring.shardingsphere.mode.repository.props.<key>=：持久化仓库的属性。
- spring.shardingsphere.mode.overwrite：是否用本地配置覆盖持久化配置。

接下来演示如何使用 Spring Boot 配置模式。下面的示例演示了如何配置单机模式：

```
// 单机模式
spring.shardingsphere.mode.type=Standalone
spring.shardingsphere.mode.repository.type=File
spring.shardingsphere.mode.repository.props.path=
spring.shardingsphere.mode.overwrite=true
```

下面的示例演示了如何配置集群模式：

```
// 集群模式
spring.shardingsphere.mode.type=Cluster
```

```
spring.shardingsphere.mode.repository.type=Zookeeper
spring.shardingsphere.mode.repository.props.namespace=governance
spring.shardingsphere.mode.repository.props.server-
lists=localhost:2181
spring.shardingsphere.mode.overwrite=true
```

7.7.4　Spring 命名空间配置示例

这里演示如何在 Spring 命名空间中配置示例。

第一个示例演示如何配置单机模式：

```
<!-- Standalone Mode -->
<shardingsphere:mode type="Standalone" repository-ref="standalone
Repository"overwrite="true"/>
<standalone:repository id="standaloneRepository" type="File">
   <props>
         <prop key="path"></prop>
   </props>
</standalone:repository>
```

第二个示例演示如何配置集群模式：

```
<!-- Cluster Mode -->
<shardingsphere:mode type="Cluster" repository-
ref="clusterRepository" overwrite="true"/>
<cluster:repository id="clusterRepository" type="ZooKeeper"
namespace="governance" server-lists="localhost:2181">
   <props>
         <prop key="max-retries">3</prop>
         <prop key="operation-timeout-milliseconds">3000</prop>
   </props>
</cluster:repository>
```

7.8　ShardingSphere-JDBC 属性配置

本节介绍 ShardingSphere-JDBC 接入端的属性配置，这包括 ShardingSphere 内部功能的优化参数以及一些动态开关配置。属性配置中的优化参数可灵活地调整，以便在 ShardingSphere-JDBC 接入端获得最佳性能，而使用动态开关配置可快速定位问题，从而提高解决问题的效率。

7.8.1　Java 配置项

我们先来看 Java 配置项，这些配置项分为常用属性、优化属性和检查属性。

常用属性如表 7.46 所示，包括其类型、说明和默认值。这些配置项让你能够设置常用属性。

表 7.46 常用属性

名称	数据类型	说明	默认值
sql-show	boolean	是否在日志中打印 SQL	false
sql-simple	boolean	是否在日志中打印简约风格的 SQL	false
sql-federation-enabled	boolean	是否启用联邦查询	false

优化属性如表 7.47 所示，这些属性让你能够设置处理任务的线程池大小以及单个查询请求可使用的最大连接数。

表 7.47 优化属性

名称	数据类型	说明	默认值
kernel-executor-size	int	用于设置任务处理线程池大小	0
max-connections-size-per-query	int	单个查询请求可使用的最大连接数	1

检查属性如表 7.48 所示，列出了用于检查分片元数据或复制表的检查属性。

表 7.48 检查属性

名称	数据类型	说明	默认值
check-table-metadata-enabled	boolean	在程序启动和更新时，是否检查分片元数据的结构一致性	false
check-duplicate-table-enabled	boolean	程序启动或更新时是否检查复制表	false

介绍配置项后，我们来使用它们，如下面的示例所示：

```
Java
public DataSource getDataSource() throws SQLException {
    Properties props = new Properties();
    props.put("sql-show", false);
    // 添加其他属性
    return ShardingSphereDataSourceFactory.
createDataSource(createDataSourceMap(), Collections.emptyList()
props);
}
```

7.8.2 YAML 配置项

有关 YAML 配置项，请参考 7.7 节。下面是一个 YAML 配置示例：

```
YAML
props:
  sql-show: false
  # 添加其他属性
```

7.8.3 Spring Boot 配置项

Spring Boot 配置项与表 7.47 相同。下面是一个 Spring Boot 配置示例：

```
SQL
spring.shardingsphere.props.sql-show=false
  # 添加其他属性
```

7.8.4 Spring 命名空间配置项

请参阅本章前面所有的 Java 配置项。下面是一个 Spring 命名空间配置示例：

```
XML
<shardingsphere:data-source id="shardingDataSource" data-
source-names="ds_0, ds_1" rule-refs="shardingRule">
    <props>
         <prop key="sql-show">false</prop>
         <!-- 添加其他属性 -->
    </props>
</shardingsphere:data-source>
```

7.9 混合配置

本节讨论如何同时配置数据分片和读写分离。注意，分片数据源应该是读写分离后的聚合数据源。

7.9.1 分片、读写分离和集群配置项

配置项与单独使用这些特性时的配置项相同，详情请参阅 7.3 节、7.4 节和 7.7 节。

下面介绍如何同时配置分片、读写分离和集群模式。这些步骤演示了如何组合多个特性的配置。

（1）使用 Java API 创建分片配置：

```
public final class ShardingConfigurationCreator {
   public static ShardingRuleConfiguration create() {
        // 创建分配规则配置，请参阅 7.3 节
   }
}
```

（2）使用 Java API 创建读写分离配置：

```
public final class ReadwriteSplittingConfigurationCreator {
   public static ReadwriteSplittingRuleConfiguration
```

```
create() {
        // 创建读写分离规则配置，请参阅 7.4 节
    }
}
```

（3）使用 Java API 创建模式配置：

```
public final class ModeConfigurationCreator {
   public static ModeConfiguration create() {
         // 创建模式配置，请参阅 7.7 节
   }
}
```

（4）将创建的分片配置、读写分离配置和模式配置添加到 ShardingSphere 数据源中：

```
public final class
ShardingReadwriteSplittingClusterConfigurationCreator {
   public DataSource create() throws SQLException {
        return ShardingSphereDataSourceFactory.
createDataSource(
                  ModeConfigurationCreator.create(), createDataSourceMap(),
                  Arrays. asList(ShardingConfigurationCreator.create(),
                  ReadwriteSplittingConfigurationCreator.create()),
createProperties());
   }
}
```

明白了多特性配置相关的基本概念后，下面来看看各个配置文件的结构。

1. YAML 示例

配置分片和读写分离的 yaml 文件的结构如下：

```
# 配置集群模式，请参阅 7.7 节
mode:
type: Cluster
# 配置必要的数据源
dataSources:
- !SHARDING
# 配置分片规则，请参阅 7.3 节
- !READWRITE_SPLITTING
# 配置读写分离规则，请参阅 7.4 节
```

2. Spring Boot 示例

配置分片和读写分离的属性文件的结构如下：

```
# 配置集群模式，请参阅 7.7 节
spring.shardingsphere.mode.type=Cluster
# 配置必要的数据源
spring.shardingsphere.datasource.…
# 配置分片规则，请参阅 7.3 节
spring.shardingsphere.rules.sharding.tables.…
# 配置读写分离规则，请参阅 7.4 节
spring.shardingsphere.rules.readwrite-splitting.data-sources.…
```

3. Spring 命名空间示例

配置分片和读写分离的 XML 文件的结构如下：

```
# 配置集群模式，请参阅 7.7 节
<shardingsphere:mode />
# 配置必要的数据源
<bean id="demo_write_ds_0" />
# 配置读写分离规则，请参阅 7.4 节
<readwrite-splitting:rule id="readWriteSplittingRule" />
# 配置分片规则，请参阅 7.3 节
<sharding:table-rules>
```

7.9.2 配置分片、加密和集群模式

本节讨论如何结合使用数据分片和数据加密属性。配置项与单独使用这些特性时的配置项相同，详情请参阅 7.3 节、7.5 节和 7.7 节。

1. Java 示例

先来看看如何使用 Java API 来实现这里的多特性配置。你可参考下面的示例来理解如何组合多个特性的配置。

（1）使用 Java API 创建分片配置：

```
public final class ShardingConfigurationCreator {
   public static ShardingRuleConfiguration create() {
        // 创建分片规则配置，请参阅 7.3 节
   }
}
```

（2）使用 Java API 创建数据加密配置：

```
public final class EncryptRuleConfigurationCreator {
   public static EncryptRuleConfiguration create() {
        // 创建数据加密规则配置，请参阅 7.5 节
   }
}
```

（3）使用 Java API 创建模式配置：

```
public final class ModeConfigurationCreator {
   public static ModeConfiguration create() {
         // 创建模式配置，请参阅 7.7 节
   }
}
```

（4）将创建的分片配置、加密配置和模式配置添加到 ShardingSphere 数据源中：

```
public final class
ShardingEncryptionClusterConfigurationCreator {
   public DataSource create() throws SQLException {
         return ShardingSphereDataSourceFactory. createDataSource(
                   ModeConfigurationCreator.create(), createDataSourceMap(),
                   Arrays.asList(ShardingConfigurationCreator.create(),
                   EncryptRuleConfigurationCreator.create()), createProperties());
   }
```

明白同时配置分片和数据加密涉及的基本原理后，下面来看看 YAML、Spring Boot 和 Spring 命名空间实现。

2. YAML 示例

配置分片和加密的 yaml 文件的结构如下：

```
# 配置集群模式，请参阅 7.7 节
mode:
type: Cluster
# 配置必要的数据源
dataSources:
- !SHARDING
# 配置分片规则，请参阅 7.3 节
- !ENCRYPT
# 配置加密规则，请参阅 7.5 节
```

3. Spring Boot 示例

配置分片和加密的属性文件的结构如下：

```
# 配置集群模式，请参阅 7.7 节
spring.shardingsphere.mode.type=Cluster
# 配置必要的数据源
spring.shardingsphere.datasource.…
# 配置分片规则，请参阅 7.3 节
spring.shardingsphere.rules.sharding.tables.…
# 配置加密规则，请参阅 7.5 节
spring.shardingsphere.rules.encrypt.tables.…
```

4. Spring 命名空间示例

配置分片和加密的 XML 文件的结构如下：

```
# 配置集群模式，请参阅 7.7 节
<shardingsphere:mode />
# 配置必要的数据源
<bean id="ds_0" />
# 配置加密规则，请参阅 7.5 节
<encrypt:rule id="encryptRule">
# 配置分片规则，请参阅 7.3 节
<sharding:table-rules>
```

从前面的示例可知，你可选择自己喜欢的方法轻松地同时配置多个 ShardingSphere 特性。

7.10　小结

通过阅读本章，你学会了如何以多种方式配置 ShardingSphere-JDBC。现在，你可根据喜好选择配置方法 Java API、YAML、Spring 命名空间或 Spring Boot，并根据需要同时配置所有必要的特性。理解本章的内容后，你就掌握了配置 ShardingSphere-Proxy 和 ShardingSphere-JDBC 的方法，这让你能够根据喜好选择使用这两个接入端之一，或者混合部署它们。

你可能会问，ShardingSphere 有什么高级用途吗？这正是下一章要介绍的内容，即 Database Plus 和 ShardingSphere 的高级用途。

第三部分

ShardingSphere 实例、性能和场景测试

阅读完这部分，你将对如何使用 ShardingSphere 有全面的认识。这部分提供了大量的场景和实例，让你有机会将理论应用于实践，并通过基准和性能测试最大程度地提高系统的性能。

这部分包含如下几章：

- 第 8 章，Database Plus 及可插拔架构；
- 第 9 章，基准和性能测试系统；
- 第 10 章，测试常见的应用场景；
- 第 11 章，探索最佳的 ShardingSphere 使用案例；
- 第 12 章，将理论付诸实践。

第 8 章　Database Plus 及可插拔架构

本章帮助你加深对 ShardingSphere 的理解，进而更好地利用它。我们将先介绍一些基本特性和配置，然后阐述如何根据需求定制 ShardingSphere 来最大程度地发挥其作用。

本章涵盖如下主题：

- 技术需求；
- Database Plus 简介
- 可插拔架构和 SPI 简介；
- 用户定义的功能和策略——SQL 解析引擎、数据分片、读写分离和分布式事务；
- 用户定义的功能和策略——数据加密、SQL 授权、用户身份认证、影子库、分布式治理和伸缩；
- ShardingSphere-Proxy 的属性调整和应用场景。

阅读完本章，你将能够创建、配置和运行自定义的 ShardingSphere 版本，以提供分布式事务、读写分离以及其他特性。

8.1　技术需求

你不需要任何特定语言的使用经验，但熟悉 Java 将对学习本章大有裨益，因为 ShardingSphere 就是使用 Java 编写的。

要运行本章的实例，需要如下工具。

- JRE 或 JDK 8+：Java 应用基本环境。
- 文本编辑器（并非必不可少）：要修改 YAML 配置文件，可使用 Vim 或 VS Code。
- IDE：要编写代码，可使用 Eclipse、IntelliJ IDEA 等工具。
- MySQL/PostgreSQL 客户端：要执行 SQL，可使用默认的 CLI 或其他 SQL 客户端（如

Navicat 或 DataGrip）。
- 2 个处理器内核、4GB 内存的 UNIX 或 Windows 计算机：在大多数操作系统中，都可启动 ShardingSphere。

提示 完整的代码文件可从本书的 GitHub 仓库下载。

注意 8.2 节参考张亮（本书作者之一）撰写的全面介绍 Database Plus 的文章“What's the Database Plus concept and what challenges can it solve”。

8.2 Database Plus 简介

Database Plus 是 ShardingSphere 社区推出的分布式数据系统设计理念，力图在碎片化异构数据库之上打造生态。ShardingSphere 社区推出这个理念旨在提供可伸缩和增强的计算能力，同时最大化原始数据库的计算能力；确保应用和数据库之间的交互是面向 Database Plus 的，以在高层服务方面极大地降低数据库碎片化的影响。这个理念可以使用 3 个特性来定义，即连接、增强和可插拔。

8.2.1 ShardingSphere 追求的 Database Plus

我们如何利用这 3 个关键词来阐述 Database Plus 呢？下面就来深入介绍这 3 个关键字。

8.2.2 连接——打造数据库上层标准

Database Plus 并非要提供全新的标准，只是想提供一个适用于各种 SQL 方言和数据库访问协议的中间层。这意味着 ShardingSphere 提供了一个用于连接到各种数据库的接口。通过实现数据库访问协议，Database Plus 支持与数据库一样的使用体验，并能够支持任何开发语言和数据库访问客户端。

另外，Database Plus 最大程度地支持 SQL 方言间转换。通过使用 SQL 分析生成的 AST，可根据其他数据库方言的规则重新生成 SQL。SQL 方言转换让异构数据库能够相互访问，这让用户能够使用任何 SQL 方言来访问底层的异构数据库。

ShardingSphere 数据网关对关键字“连接”做出了最好的诠释，它是 Database Plus 能够提供数据库碎片化解决方案的基石。ShardingSphere 数据网关是通过打造一个通用的开放对接层实现的，这个对接层位于数据库上层，负责集中所有前往碎片化数据库的接入流量。

8.2.3 增强——数据集计算增强引擎

经过几十年的发展，当前的数据库包含查询优化器、事务引擎、存储引擎和其他经过时间检验的存储和计算能力以及设计模型。随着分布式和云原生时代的到来，数据库原有的存储和计算能力将让位于新的分布式和云原生能力。

在设计理念方面，Database Plus 强调传统数据库实践，同时力图跟上分布式数据库这个新时代发展的步伐。无论是在集中式场景还是在分布式场景，Database Plus 都可重塑并增强数据库的存储和原生计算能力。能力增强主要在分布式、数据控制和流量控制 3 方面。

Database Plus 可为分布式异构数据库提供数据分片、弹性伸缩、高可用性、读写分离、分布式事务和基于垂直分割的异构数据库联邦查询等功能，它关注的焦点并非数据库本身，而是在碎片化数据库之上的多个数据库之间的全局协作。

除了分布式增强，Database Plus 还提供了数据控制增强和流量控制增强。数据控制增强功能包括数据加密、数据脱敏、数据水印、数据追踪性、SQL 审计等。流量控制增强功能包括影子库、灰度发布、SQL 防火墙、黑名单与白名单、熔断与限流等，这些功能都是由数据库生态层提供的。然而，由于数据库碎片化且没有统一标准，如果为每种数据库都提供所有的增强功能，工作量将非常大。Database Plus 通过提供一个支点，向用户提供了支持的数据库类型和增强功能的组合。

8.2.4 可插拔——打造面向数据库的功能生态

随着对接数据库类型和增强功能的不断增多，Database Plus 通用层可能变得非常臃肿。连接特性和增强特性催生了可插拔特性，它不仅是 Database Plus 通用层的基石，还有效地确保了 Database Plus 生态扩展方面的无限可能性。

可插拔架构让 Database Plus 能够真正打造面向数据库的功能生态，从而统一地管理异构数据库的全局功能。这不仅适用于集中式数据库的分布式化，还适用于在分布式数据库中集成功能。

微内核设计和可插拔架构是 Database Plus 的核心价值所在，这种理念专注于通用的平台层，而非具体的功能。ShardingSphere 是基于 Database Plus 开发的，是最出色的 Database Plus 践行者。

接下来介绍我们按照 Database Plus 开发的可插拔架构，还有一些用户定义的功能和策略。

8.3 可插拔架构和 SPI 简介

ShardingSphere 是基于可插拔架构设计的，提供了各种插件，让你能够定制出独一无二的系统。由于采用可插拔架构——面向开发人员的设计架构，ShardingSphere 的可伸缩性极强，让你能够基于扩展点来扩展系统，而无须修改核心代码。这让开发人员能够轻松地参与代码开发，而不用担心影响其他模块，同时可激发开源社区的参与热情，确保项目高品质地开发。

8.3.1 ShardingSphere 的可插拔架构

ShardingSphere 通过 SPI 机制实现了高度可伸缩性，让你能够将众多功能实现加载到系统中。SPI 是 Java 提供的 API，由第三方实现或扩展，让你能够以 SPI 方式替换或扩展 ShardingSphere 的特性。

ShardingSphere 的可插拔架构由内核层、功能层和生态层组成，如图 8.1 所示。

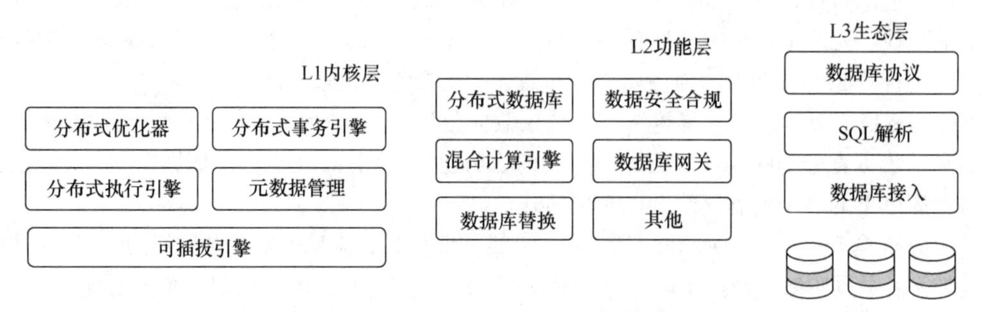

图 8.1 ShardingSphere 的可插拔架构

- 内核层是数据库的基础，包含所有数据库的所有基本功能。这些功能基于面向插件的设计理念，其定义是抽象的，因此可以通过可插拔方式替换它们的实现。这层的主要功能包括查询优化器、分布式事务引擎、分布式执行引擎、权限引擎和调度引擎。
- 功能层主要给数据库提供增强功能，包括数据分片、读写分离、数据库高可用性、数据加密和影子库。这些特性是彼此隔离的，因此你可选择使用任何特性组合。另外，你还可基于既有扩展点开发扩展功能，而无须修改内核代码。
- 生态层由数据库协议、SQL 解析引擎和存储适配器组成，用于适配和对接既有数据库生态。数据库协议用于对接和支持各种数据库协议的方言，SQL 解析引擎用于对接各种数据库方言，而存储适配器用于对接各种数据库存储节点。

这 3 层与 SPI 加载机制一起组成了这个可高度伸缩的可插拔架构。

8.3.2 可扩展的算法和接口

本节提供了很有用的参考资料，列出了与运行模式、配置、内核、数据源等相关的 SPI，并对每个 SPI 的功能做了简单而有用的描述。

（1）运行模式。ShardingSphere 有 3 种运行模式——内存模式、单机模式和集群模式，具体如下。你可以根据具体场景的需求选择最适合的运行模式。

- StandalonePersistRepository：用于单机模式配置信息持久化。
- ClusterPersistRepository：用于集群模式配置信息持久化。
- GovernanceWatcher：治理监视器。

（2）配置。ShardingSphere 配置包含多个 SPI，例如用于构建规则的 RuleBuilder 以及用于转换规则的 YamlRuleConfigurationSwapper 和 ShardingSphereYamlConstruct，具体如下。

- RuleBuilder：用于将用户配置转换为规则对象。
- YamlRuleConfigurationSwapper：用于将 YAML 配置转换为标准用户配置。
- ShardingSphereYamlConstruct：用于在自定义对象和 YAML 之间进行转换。

（3）内核。ShardingSphere 内核提供了多个 SPI，如 SQLRouter、SQLRewriteContext Decorator

等，具体如下。

- SQLRouter：用于处理路由结果。
- SQLRewriteContextDecorator：用于处理 SQL 改写结果。
- SQLExecutionHook：SQL 执行过程监视器。
- ResultProcessEngine：用于处理结果集。
- StoragePrivilegeHandler：用于根据数据库方言处理权限信息。

（4）数据源。ShardingSphere 中的 DataSource 表示数据源，让你能够管理数据源以及与元数据载入相关的 SPI，具体如下。

- DatabaseType：支持的数据库。
- DialectTableMetaDataLoader：用于根据数据库方言快速载入元数据。
- DataSourcePoolCreator：用于创建数据源连接池。
- DataSourcePoolDestroyer：用于销毁数据源连接池。

（5）SQL 分析。ShardingSphere 中的 SQL 分析引擎负责分析各种数据库方言，具体 SPI 如下。你可通过实现 SPI 来新增数据库方言分析功能。

- DatabaseTypedSQLParserFacade：用于为 SQL 分析配置词法和语法分析入口。
- SQLVisitorFacade：SQL 语法树接入入口。

（6）代理端。代理接入端包括数据库协议 SPI 和授权 SPI，具体如下。

- DatabaseProtocolFrontendEngine：让 ShardingSphere-Proxy 能够分析并适配数据库协议。
- JDBCDriverURLRecognizer：使用 JDBC 驱动程序执行 SQL。
- AuthorityProvideAlgorithm：用户权限载入逻辑，用于授予权限。

（7）数据分片。数据分片指的是 ShardingSphere 的分片特性，它在内部提供了 Sharding Algorithm 和 KeyGenerateAlgorithm 等 SPI，具体如下。

- ShardingAlgorithm：分片算法。
- KeyGenerateAlgorithm：分布式主键生成算法。
- DatetimeService：获取当前时间，以供在路由时使用。
- DatabaseSQLEntry：获取当前的数据库方言。

（8）读写分离。ReadWriteSplitting 是 ShardingSphere 中的读写分离特性，它提供了 ReplicaLoadBalanceAlgorithm 等 SPI，具体如下。

- ReadwriteSplittingType：读写分离类型。
- ReplicaLoadBalanceAlgorithm：读取库负载均衡算法。

（9）高可用性。通过使用高可用性接口方案，可动态地监视存储节点中发生的变化，从而实现数据库服务的高可用性。高可用性 SPI 具体如下。

- DatabaseDiscoveryType：数据库发现类型。

（10）分布式事务。ShardingSphere 的分布式事务特性为分布式场景提供了数据一致性解决方案，它内置了多个可扩展的 SPI，具体如下。

- ShardingSphereTransactionManager：分布式事务管理器。
- XATransactionManagerProvider：XA 分布式事务管理器。
- XADataSourceDefinition：自动将非 XA 数据源转换为 XA 数据源。
- DataSourcePropertyProvider：用于获取数据源连接池的标准属性。

（11）自动伸缩。伸缩特性给分布式数据库集群提供了扩容和缩容功能，同时考虑到了用户面临的业务快速增长情形，具体 SPI 如下。

- ScalingDataConsistencyCheckAlgorithm：数据一致性校验算法。
- SQL 检查：SQL 检查功能用于检查 SQL，当前实现了 AuthorityChecker。
- SQLChecker：SQL 检查器。

（12）数据加密。ShardingSphere 的数据加解密特性提供了两个 SPI，具体如下。

- EncryptAlgorithm：数据加密算法。
- QueryAssistedEncryptAlgorithm：查询辅助加密算法。

（13）影子库。ShardingSphere 的影子库特性可满足你的在线压力测试需求，它提供了一个 SPI，具体如下。

- ShadowAlgorithm：影子库路由算法。

（14）可观察性。可观察性负责收集、存储和分析系统的可观察性数据以及监视和诊断系统性能，具体 SPI 如下。默认情况下，它支持 SkyWalking、Zipkin、Jaeger 和 OpenTelemetry。

- PluginDefinitionService：代理插件定义。
- PluginBootService：插件启动服务定义。

有关 SPI 就介绍到这里，下面来看看可定制的功能和策略。

8.4 用户定义的功能和策略——SQL 解析引擎、数据分片、读写分离和分布式事务

本节介绍如何实现和配置自定义功能，将从 SQL 解析引擎开始介绍，再介绍数据分片和读写分离，最后介绍分布式事务。这里的示例和步骤将让你真正掌控 ShardingSphere。

8.4.1 SQL 解析引擎

本节介绍如何使用与各种数据库方言都兼容的 SQL 解析引擎。通过将 SQL 语句解析为 ShardingSphere 能够理解的通用信息，可实现数据库增强功能。SQL 解析引擎中的各种方言解析器是通过 SPI 方式加载的，这让你能够方便地开发或拓展数据库方言。

1. 实现

这里介绍如何将 SQL 解析为语句以及如何格式化 SQL，来看一下需要的代码。

（1）将 SQL 解析为语句：

```
Java
CacheOption cacheOption = new CacheOption(128, 1024L, 4);
SQLParserEngine parserEngine = new SQLParserEngine("MySQL",
cacheOption, false);
ParseContext parseContext = parserEngine.parse("SELECT t.id,
t.name, t.age FROM table1 AS t ORDER BY t.id DESC;", false);
SQLVisitorEngine visitorEngine = new SQLVisitorEngine("MySQL",
"STATEMENT", new Properties());
MySQLStatement sqlStatement = visitorEngine.
visit(parseContext);
System.out.println(sqlStatement.toString());
```

（2）格式化 SQL：

```
Java
Properties props = new Properties();
props.setProperty("parameterized", "false");
CacheOption cacheOption = new CacheOption(128, 1024L, 4);
SQLParserEngine parserEngine = new SQLParserEngine("MySQL",
cacheOption, false);
ParseContext parseContext = parserEngine.parse("SELECT age AS
b, name AS n FROM table1 JOIN table2 WHERE id = 1 AND name =
'lu';", false);
SQLVisitorEngine visitorEngine = new SQLVisitorEngine("MySQL",
"FORMAT", props);
String result = visitorEngine.visit(parseContext);
System.out.println(result);
```

下面来看看你可使用的可扩展的算法。

2. 可扩展的算法

这里我们将提供可扩展的算法。本章都将采用这种方式：对于每种特性，先看实现，再看可扩展的算法。

ShardingSphere 给解析引擎提供了如下可扩展的算法，用于方便实现其他 SQL 方言的解析。

（1）为 SQL 解析引擎接口配置词法解析器和语法解析器：

```
org.apache.shardingsphere.sql.parser.spi.
DatabaseTypedSQLParserFacade
```

（2）配置 SQL 语法树访问器接口：

```
org.apache.shardingsphere.sql.parser.spi.SQLVisitorFacade
```

下面介绍 ShardingSphere 的数据分片特性的可扩展算法。

8.4.2 数据分片

分片功能可水平切分用户数据，从而提升系统性能和可用性，并大幅降低运维费用。分片功能也提供了丰富的可扩展性，你可使用 SPI 机制扩展分片算法和分布式序列算法。

1. 实现

（1）可为 Standard（标准）、Complex（复合）和 Hint（提示）等分片策略实现相应的算法，这里以 standard 为例：

```
public class MyDBRangeShardingAlgorithm
implementsStandardShardingAlgorithm<Integer> {
    @Override
    public String doSharding(final Collection<String>
availableTargetNames, finalPreciseShardingValue<Integer>
shardingValue) {
          return null;
    }
    @Override
    public String getType() {
          return "CLASS_BASED";
    }
…
```

（2）添加 SPI 配置（请参阅 Java 标准 SPI 加载方式）：

```
CSS
org.apache.shardingsphere.sharding.spi.ShardingAlgorithm
```

（3）实现用户定义的分布式序列算法：

```
TypeScript
public final class IncrementKeyGenerateAlgorithm
implements KeyGenerateAlgorithm {

    private final AtomicInteger count = new
AtomicInteger();

    @Override
    public Comparable<?> generateKey() {
          return count.incrementAndGet();
    }

    @Override
    public String getType() {
          return "INCREMENT";
    }
}
```

（4）添加 SPI 配置（请参阅 Java 标准 SPI 载入方法）：

```
org.apache.shardingsphere.sharding.spi.
KeyGenerateAlgorithm
```

2. 可扩展的算法

ShardingSphere 让你能够以可扩展的方式访问用户定义的分片算法和分布式序列算法。

（1）使用下面的代码来访问用户定义的分片算法：

```
org.apache.shardingsphere.sharding.spi.ShardingAlgorithm
```

（2）使用下面的代码来访问用户定义的分布式序列算法：

```
org.apache.shardingsphere.sharding.spi.KeyGenerateAlgorithm
```

下面介绍读写分离的实现和可扩展算法。

8.4.3 读写分离

读写分离指的是一种将数据库分为主库和从库的分离架构，其中主库负责处理事务性的增删改操作，而从库负责查询操作。

读写分离可有效地改善系统的吞吐量和可用性，而 ShardingSphere 的读写分离功能提供了一个用于访问读库负载均衡算法的可扩展 SPI。本节主要讨论如何使用用户定义的负载均衡算法。

1. 实现

（1）实现读库负载均衡算法：

```
TypeScript

@Getter
@Setter
public final class TestReplicaLoadBalanceAlgorithm implements
ReplicaLoadBalanceAlgorithm {

    private Properties props = new Properties();

    @Override
    public String getDataSource(final String name,
final String writeDataSourceName, final List<String>
readDataSourceNames) {
          return null;
    }

    @Override
    public String getType() {
          return "TEST";
    }
}
```

（2）添加 SPI 配置（请参阅 Java 标准 SPI 载入方法）：

```
org.apache.shardingsphere.readwritesplitting.spi.
ReplicaLoadBalanceAlgorithm
```

2. 可扩展的算法

我们可以扩展用户定义的负载均衡算法：

```
org.apache.shardingsphere.readwritesplitting.spi.
ReplicaLoadBalanceAlgorithm
```

下面介绍如何给分布式事务指定自定义策略。

8.4.4 分布式事务

分布式事务确保被 ShardingSphere 管理的多个存储数据库上的事务语义。当使用 ShardingSphere 时，用户就像使用传统数据库一样——使用同样的 SQL 语句来管理事务，如 begin、commit、rollback 和 set autocommit。

1. 实现

（1）在 server.yaml 中指定事务配置，示例如下：

```
YAML
# XA provides consistent semantics
rules:
  - !TRANSACTION
     defaultType: XA
     providerType: Narayana
```

（2）在 server.yaml 中指定事务配置后，便可以创建表并初始化表的数据：

```
SQL
create table account (
    id int primary key,
    balance int
);
insert into account values(1,0),(2,100);
```

（3）如果要通过 Java 代码来使用分布式事务，请参阅下面有关 MySQL 的示例代码（PostgreSQL 的使用代码与此相同，但需要修改 DBC URL）：

```
public void test() {
         Connection connection = null;
         try {
```

```
                connection = DriverManager.
getConnection("jdbc:mysql://127.0.0.1:3307/test", "root",
"root");
                connection.setAutoCommit(false);
                …
                connection.commit();
            } catch (Exception e) {
                connection.rollback();
            } finally {
              …
            }
    }
```

（4）如果要通过客户端方式来使用分布式事务，请参阅下面有关 MySQL 的示例（PostgreSQL 的使用方式与此相同）：

```
-- 开始事务并提交
mysql> BEGIN;
mysql> UPDATE account SET balance=1 WHERE id=1;
mysql> SELECT * FROM account;
mysql> UPDATE account SET balance=99 WHERE id=2;
mysql> SELECT * FROM account;
mysql> COMMIT;
mysql> SELECT * FROM account;

-- 开始事务并回滚
mysql> BEGIN;
mysql> SELECT * FROM account;
mysql> UPDATE account SET balance=0 WHERE id=1;
mysql> SELECT * FROM account;
mysql> UPDATE account SET balance=100 WHERE id=2;
mysql> SELECT * FROM account;
mysql> ROLLBACK;
mysql> SELECT * FROM account;
```

2. 可扩展的算法

分布式事务集成了 Narayana、Atomikos 和 BASE。如果需要定制 TM，可像下面这样来实现扩展：

```
org.apache.shardingsphere.transaction.spi.
ShardingSphereTransactionManager
```

下面接着介绍如何实现和配置其他功能和策略。

8.5 用户定义的功能和策略——数据加密、用户身份认证、SQL 授权、影子库、分布式治理和伸缩

本节介绍如何配置数据加密、用户身份认证、SQL 授权、影子库、分布式治理和伸缩。这里将采取与 8.4 节相同的方式，先介绍实现，再介绍可扩展的算法。

8.5.1 数据加密

数据加密是一种通过数据转换确保数据安全的方式，ShardingSphere 的数据加密特性提供了丰富的可扩展性，让你能够通过 SPI 机制扩展数据加密算法和查询辅助列加密算法。

1. 实现

实现自定义的加密算法的步骤如下。

（1）使用下面的代码实现接口 EncryptAlgorithm：

```
public final class NormalEncryptAlgorithmFixture
implements EncryptAlgorithm<Object, String> {

    @Override
    public String encrypt(final Object plainValue) {
         return "encrypt_" + plainValue;
    }

    @Override
    public Object decrypt(final String cipherValue) {
         return cipherValue.replaceAll("encrypt_", "");
    }
…
```

（2）添加 SPI 配置（请参阅 Java 标准 SPI 载入方法）：

```
org.apache.shardingsphere.encrypt.spi.EncryptAlgorithm
```

（3）实现用户定义的 QueryAssistedEncryptAlgorithm 接口：

```
public final class QueryAssistedEncryptAlgorithmFixture
implementsQueryAssistedEncryptAlgorithm<Object, String> {

    @Override
    public String queryAssistedEncrypt(final Object
plainValue) {
```

```
        return "assisted_query_" + plainValue;
    }
…
```

（4）添加 SPI 配置（请参阅 Java 标准 SPI 载入方法）。由于 QueryAssistedEncryptAlgorithm 继承了 EncryptAlgorithm，因此 SPI 文件以后者命名，即名为 EncryptAlgorithm：

```
org.apache.shardingsphere.encrypt.spi.EncryptAlgorithm
```

2. 可扩展的算法

ShardingSphere 提供了定制加密算法的接口：

```
org.apache.shardingsphere.encrypt.spi.EncryptAlgorithm
```

下面介绍如何定制用户身份认证特性。

8.5.2 用户身份认证

第 4 章提到，ShardingSphere 通过身份认证引擎为各种数据库连接协议提供了握手和身份认证支持。

1. 实现

通常，用户无须关心 ShardingSphere 的内部实现，与使用 MySQL 和 PostgreSQL 时一样，你只需通过终端或可视化客户端建立与 ShardingSphere 的连接。建立连接后，只需输入与配置匹配的用户名和密码。

然而，如果你想配置新的数据库身份认证类型或使用自定义的身份认证方法（如自定义的密码验证算法），就需要知道如何扩展身份认证引擎，下面就来介绍如何完成这个任务。

2. 可扩展的算法

AuthenticationEngine 是一个适配器，其定义如下：

```
Java
public interface AuthenticationEngine {

    /**
     * 握手
     */
    int handshake(ChannelHandlerContext context);

    /**
     * 身份认证
     */
```

```
    AuthenticationResult authenticate(ChannelHandlerContext
context, PacketPayload payload);
}
```

从上述定义可知，接口 AuthenticationEngine 非常简单，它定义了如下两个方法。

- 负责响应客户端握手请求的 handshake。
- 负责验证客户端提供的用户名和密码的 authenticate。

本书编写期间，ShardingSphere 提供了 3 种 AuthenticationEngine 实现，下面列出了这些实现的名称及其兼容的数据库类型。

- MySQLAuthenticationEngine：MySQL。
- PostgreSQLAuthenticationEngine：PostgreSQL。
- OpenGaussAuthenticationEngine：OpenGauss。

如果要让 ShardingSphere 兼容其他类型的数据库，如 Oracle，可添加一种 AuthenticationEngine 实现。如果只想调整用户密码验证规则，可根据需要定制方法 authenticate。未来，随着 ShardingSphere 支持更多的数据库和验证方法，AuthenticationEngine 的实现将被扩展，其功能将得到改善。

下面继续探讨数据库安全，介绍如何定制 SQL 授权特性。

8.5.3 SQL 授权

这里说的 SQL 授权，指的是收到用户输入的 SQL 命令后，ShardingSphere 将根据操作类型和数据范围检查它们是否有相应的权限，进而允许或拒绝指定的操作。有关 SQL 授权涉及的概念和背景信息详情可参阅第 4 章。

1. 实现

在 ShardingSphere 中，可选择不同类型的授权提供者，以实现不同水平的授权控制。你需要在 server.yaml 中配置授权提供者，格式如下：

```
YAML
rules:
  - !AUTHORITY
     users:
        - root@%:root
        - sharding@:sharding
     provider:
        type: ALL_PRIVILEGES_PERMITTED
```

其中，提供者类型（type）可设置为 ALL_PRIVILEGES_PERMITTED 或 DATABASE_PRIVILEGES_PERMITTED。

- ALL_PRIVILEGES_PERMITTED：该提供者类型表示用户拥有所有权限。在 ShardingSphere

中，这意味着用户可对所有的表和数据库执行所有操作。如果没有指定提供者类型，默认将使用这种类型。

- DATABASE_PRIVILEGES_PERMITTED：该提供者类型表示在数据库层级控制用户授权，有关其用法的详情，请参阅第 4 章。

2. 可扩展的算法

从前文可知，ShardingSphere 通过选择不同类型的授权提供者可以在不同层级实现授权控制。通过 AuthorityProvideAlgorithm 可以 SPI 方式访问所有授权提供者，其定义如下：

```
Java
public interface AuthorityProvideAlgorithm extends
ShardingSphereAlgorithm {

    /**
     * 初始化授权。
     */
    void init(Map<String, ShardingSphereMetaData> metaDataMap,
Collection<ShardingSphereUser> users);

    /**
     * 刷新授权
     */
    void refresh(Map<String, ShardingSphereMetaData>
metaDataMap, Collection<ShardingSphereUser> users);

    /**
     * 查找权限
     */
    Optional<ShardingSpherePrivileges> findPrivileges(Grantee
grantee);
}
```

上述代码中的方法如下。

- init：用于初始化提供者，例如将 props 的配置解析为必要的格式。
- refresh：用于刷新信息，将在你动态地更新用户及其授权时被调用。
- findPrivileges：用于查找目标用户的权限列表，它返回一个 ShardingSpherePrivileges 集合。

ShardingSphere 如何确定用户对特定对象具有哪些权限呢？这是由接口 ShardingSpherePrivileges 确定的，该接口的定义如下：

```
Java
public interface ShardingSpherePrivileges {

    /**
```

```
     * 设置超级权限
     */
    void setSuperPrivilege();

    /**
     * 拥有对模式的权限
     */
    boolean hasPrivileges(String schema);

    /**
     * 拥有指定的权限
     */
    boolean hasPrivileges(Collection<PrivilegeType>
privileges);

    /**
     * 拥有对主题（subject）的指定权限
     */
    boolean hasPrivileges(AccessSubject accessSubject,
Collection<PrivilegeType> privileges);
}
```

这个接口包含 4 个方法，setSuperPrivilege 用于设置用户的超级权限，其他 3 个 hasPrivilege 方法用于检查用户是否有特定权限。

通过学习本节，你知道了 ShardingSphere 提供的 SQL 授权接口标准且简洁。如果要定制授权方法，可通过扩展接口 AuthorityProvideAlgorithm 和 ShardingSpherePrivileges 来创建。

下面介绍如何根据自己的偏好定制影子库特性。

8.5.4 影子库

ShardingSphere 影子库的可扩展性极高，它通过 SPI 机制支持对列影子算法和 Hint 算法进行扩展。

1. 实现

ShardingSphere 配置影子库特性易如反掌。具体的步骤如下。

（1）先配置一个用户定义的 ColumnShadowAlgorithm：

```
Java
public class CustomizeColumnMatchShadowAlgorithm
implements ColumnShadowAlgorithm<Comparable<?>> {

    @Override
    public void init() {
```

```
    }

    @Override
    public boolean isShadow(final
PreciseColumnShadowValue<Comparable<?>>
preciseColumnShadowValue) {
        // 确定自定义影子算法
        return true/false;
    }

    @Override
    public String getType() {
        return "CUSTOMIZE_COLUMN";
    }
}
```

（2）接下来，配置用户定义的 HintShadowAlgorithm：

```
Java
public final class CustomizeHintShadowAlgorithm
implements HintShadowAlgorithm<String> {

    @Override
    public void init() {
    }
    @Override
    public boolean isShadow(final Collection<String>
relatedShadowTables, final PreciseHintShadowValue<String>
preciseHintShadowValue) {
        // 确定自定义影子算法
        return true/false;
    }

    @Override
    public String getType() {
        return "CUSTOMIZE_HINT";
    }
}
```

像第（2）步那样包含自定义策略后，就能够看到影子库的影子策略的不同了，具体如下。

- relatedShadowTables：在配置文件中配置的影子表。
- preciseHintShadowValue：精确的 Hint 影子值。

下面来看看代码中的影子策略的差别：

```
Java
public final class PreciseHintShadowValue<T extends
Comparable<?>> implements ShadowValue {
```

```
    private final String logicTableName;

    private final ShadowOperationType
shadowOperationType;

    private final T value;
}
```

可以看到，Hint算法的值类型为String。

（3）添加SPI配置（请参阅Java的SPI标准载入方法）：

```
org.apache.shardingsphere.shadow.spi.ShadowAlgorithm
```

2. 可扩展的算法

在本书编写期间，ShardingSphere提供了3种影子算法SPI实现。

- ColumnValueMatchShadowAlgorithm：影子算法匹配列值。
- ColumnRegexMatchShadowAlgorithm：影子算法匹配列正则表达式。
- SimpleHintShadowAlgorithm：简单的Hint算法。

以后定制影子库特性时，你可回顾本节。下面介绍如何定制分布式治理特性。

8.5.5 分布式治理

为实现分布式治理，ShardingSphere利用了第三方组件ZooKeeper和etcd。为满足具体应用场景的需求，你还可灵活地集成其他的组件。本节介绍如何集成其他组件，以扩展ShardingSphere的分布式治理特性。

1. 实现

仅当ShardingSphere处于集群模式时，分布式治理特性才可用。要使用用户定义的分布式治理功能，需要在server.yaml配置集群模式并定义分布式存储策略，方法如下：

```
YAML
mode:
  type: Cluster
  repository:
     type: CustomRepository # custom repository type
     props: # 自定义属性
        custom-time-out-: 30
        custom-max-retries: 5
  overwrite: false
```

要在ShardingSphere中启用前述配置，可采取如下步骤。

（1）实现分布式持久化策略（ClusterPersistRepository）SPI，并将实现类型定义为 CustomRepository：

```
Java
org.apache.shardingsphere.mode.repository.cluster.ClusterPersistRepository
```

下面是一个参考实现类：

```
Java
public final class CustomPersistRepository implements
ClusterPersistRepository{

    @Override
    public String get(final String key) {
         return null;
    }
    @Override
    public List<String> getChildrenKeys(final String
key) {
         return null;
    }
    @Override
    public void persist(final String key, final String
value) {
    }
    @Override
    public void delete(final String key) {
    }
    @Override
    public void close() {
    }
    @Override
    public void init(final
ClusterPersistRepositoryConfiguration config) {
    }
    @Override
    public void persistEphemeral(final String key, final
String value) {
    }
    @Override
    public String getSequentialId(final String key,
final String value) {
         return null;
    }
    @Override
    public void watch(final String key, final
DataChangedEventListener listener) {
```

```
    }
    @Override
    public boolean tryLock(final String key, final long
time, final TimeUnit unit) {
         return false;
    }
    @Override
    public void releaseLock(final String key) {
    }
    @Override
    public String getType() {
         return "CustomRepository";
    }
}
```

（2）添加 SPI 配置（请参阅 Java 的 SPI 标准载入方法）。

（3）为分析下面的用户定义的配置项，需要实现 TypedPropertyKey SPI：

```
YAML
props: # 自定义属性
       custom-time-out: 30
       custom-max-retries: 5
```

TypedPropertyKey 接口如下：

```
Java
org.apache.shardingsphere.infra.properties.
TypedPropertyKey
```

参考实现类如下：

```
Java
@RequiredArgsConstructor
@Getter
public enum CustomPropertyKey implements TypedPropertyKey
{

    CUSTOM_TIME_OUT("customTimeOut", String.valueOf(30),
long.class),

    CUSTOM_MAX_RETRIES("customMaxRetries", String.
valueOf(3), int.class)
    ;

    private final String key;

    private final String defaultValue;
```

```
    private final Class<?> type;
}
```

（4）SPI 抽象类的 Inherit-config 属性用于获取 YAML 中用户定义的配置：

```
Java
org.apache.shardingsphere.infra.properties.
TypedProperties
```

参考实现类如下：

```
Scala
public final class CustomProperties extends
TypedProperties<CustomPropertyKey> {
    public CustomProperties(final Properties props) {
        super(CustomPropertyKey.class, props);
    }
}
```

在用户定义的分布式存储策略实现类中，可使用 init 方法来获取用户定义的配置并初始化它们：

```
Java
@Override
public void init(final
ClusterPersistRepositoryConfiguration config) {
    CustomProperties properties = new
CustomProperties(config.getProps());
    long customTimeOut = properties.
getValue(CustomPropertyKey.CUSTOM_TIME_OUT);
    long customMaxRetries = properties.
getValue(CustomPropertyKey.CUSTOM_MAX_RETRIES);
}
```

2. 可扩展的算法

用户定义的配置项映射接口如下：

```
Java
org.apache.shardingsphere.infra.properties.TypedPropertyKey
```

用户定义的配置项分析接口如下：

```
Java
org.apache.shardingsphere.infra.properties.TypedProperties
```

用户定义的分布式持久化策略接口如下：

```
Java
org.apache.shardingsphere.mode.repository.cluster.
ClusterPersistRepository
```

下面介绍如何定制伸缩特性。

8.5.6 伸缩

鉴于 ShardingSphere 的设计理念，伸缩特性也具备高度的可扩展性，这让你能够配置 ShardingSphere 大多数方面。如果现有实现无法满足需求，你可利用 SPI 来创建扩展代码，如数据一致性校验算法。

1. 实现

我们实现数据一致性校验算法使用的主算法 SPI 是 DataConsistencyCheckAlgorithm。

```
Java
public interface DataConsistencyCheckAlgorithm extends
ShardingSphereAlgorithm, ShardingSphereAlgorithmPostProcessor,
SingletonSPI {

    /**
     * 获取算法描述。
     *
     * @return 算法描述
     */
    String getDescription();

    /**
     * 获取支持的数据库类型。
     *
     * @return 支持的数据库类型
     */
    Collection<String> getSupportedDatabaseTypes();

    /**
     * 获取算法提供者
     *
     * @return 算法提供者
     */
    String getProvider();

    /**
     * 获取单个表数据计算器
     *
     * @param supportedDatabaseType 支持的数据类型
```

```
     * @return 单个表数据计算器
     */
    SingleTableDataCalculator
getSingleTableDataCalculator(String supportedDatabaseType);
}
```

核心方法 getSingleTableDataCalculator 基于算法类型和数据库类型返回对应的单表数据计算器（SingleTableDataCalculator），计算器返回的结果用于一致性校验。

下面来介绍子算法 SPI SingleTableDataCalculator。SingleTableDataCalculator 算法为主算法 SPI DataConsistencyCheckAlgorithm 提供了单表数据计算功能，通常使用 check 和 checksum 来执行计算。

SingleTableDataCalculator 的实现基于不同的算法类型和数据库类型，它支持异构数据库迁移，并能够分别在源端和目标端执行计算：

```
Java
public interface SingleTableDataCalculator {

    /**
     * 获取算法类型
     *
     * @return 算法类型
     */
    String getAlgorithmType();

    /**
     * 获取数据库类型
     *
     * @return 数据库类型
     */
    String getDatabaseType();

    /**
     * 计算表数据，通常是校验和。
     *
     * @param dataSourceConfig 数据源配置
     * @param logicTableName 逻辑表名
     * @param columnNames 列名
     * @return 计算结果，用于检查相等性
     */
    Object dataCalculate(ScalingDataSourceConfiguration
dataSourceConfig, String logicTableName, Collection<String>
columnNames);
}
```

使用 DistSQL 手动触发数据一致性校验时，可以指定想用的一致性校验算法类型。一致性校验算法列表可以通过 SHOW SCALING CHECK ALGORITHMS 查看，列表里有简单的算法介绍，

你可以从中选择合适的算法。

2．可扩展的算法

可扩展的算法如下。

- 对于算法 ScalingDataConsistencyCheckAlgorithm，有实现类 ScalingDefaultDataConsistencyCheckAlgorithm，这是一种基于 CRC32[①]匹配的一致性校验算法。
- 对于算法 SingleTableDataCalculator，有实现类 DefaultMySQLSingleTableDataCalculator，这是一种基于 CRC32 匹配的单表数据计算算法（仅适用于 MySQL）。

介绍完特性定制后，下面介绍如何微调 ShardingSphere-Proxy 的属性。

8.6 ShardingSphere-Proxy 的属性调整和应用场景

本节介绍 ShardingSphere-Proxy 的属性参数。在配置文件 server.yaml 的 props 部分，有些参数与功能相关，还有些参数与性能相关。

在特定的场景中，通过调整面向性能的属性参数，可在环境资源有限的情况下最大程度地改善 ShardingSphere-Proxy 的性能。下面就来介绍这些参数。

8.6.1 属性参数简介

我们来看看 ShardingSphere-Proxy 中面向性能的参数。这里将列出所有面向性能的参数，并简单描述其用途。

1．max-connections-size-per-query

参数 max-connections-size-per-query 的默认值为 1。使用 ShardingSphere 执行 SQL 时，这个参数主要控制着可从每个数据源获取的最大连接数。在数据分片场景中，当相同的逻辑 SQL 语句被路由给多个分片时，参数 max-connections-size-per-query 的值可提高实际 SQL 的并发度，从而缩短查询所需的时间。

2．kernel-executor-size

参数 kernel-executor-size 的默认值为 0。这个参数主要控制着 ShardingSphere 的内部部分以及用于执行 SQL 的线程池的大小，其默认值为 0。使用 java.util.concurrent.Executors#newCachedThreadPool 意味着对线程数没有限制。这个参数主要与数据分片相关。

通常，无须做特殊调整，线程池就会根据需要创建或删除线程。你可将这个参数设置为一个固定值，以减少线程创建开销或限制资源消耗。

① 一种基于循环冗余校验（cyclic redundancy check，CRC）的算法。

3. sql-show

参数 sql-show 的默认值为 false。这个参数被启用时，内核将把根据原始 SQL（逻辑 SQL）生成的 SQL（实际 SQL）输出到日志。鉴于输出日志会严重影响性能，因此仅在必要时启用这个参数。

4. sql-simple

参数 sql-simple 的默认值为 false。仅当参数 sql-show 为 true 时，这个参数才管用。如果这个参数被设置为 true，日志将不会输出与预处理语句（prepared statement）中占位符相关的详细参数。

5. show-process-list-enabled

参数 show-process-list-enabled 的默认值为 false。这个参数控制着是否启用函数 showprocesslist，仅在集群模式下管用。这个函数类似于 MySQL 函数 showprocesslist，本书编写期间，它只适用于 DDL 和 DML 语句。

6. check-table-metadata-enabled

参数 check-table-metadata-enabled 的默认值为 false。这个参数控制着是否检查分片表元数据信息，如果值为 true，加载分片表元数据时，将加载所有表的元数据，并对其做一致性校验。

7. check-duplicate-table-enabled

参数 check-duplicate-table-enabled 的默认值为 false。这个参数控制着是否检查复制表，如果值为 true，初始化单表时将检查是否存在复制表。如果有复制表，日志输出将是异常的。

8. sql-federation-enabled

参数 sql-federation-enabled 的默认值为 false。这个参数控制着是否启用 SQL 联邦执行引擎，如果值为 true，将可使用支持跨数据库分布式查询的 SQL 联邦执行引擎。本书编写期间，在表包含的数据量很大时，使用联邦执行引擎可能导致 ShardingSphere-Proxy 占用更多 CPU 和内存。

9. proxy-opentracing-enabled

参数 proxy-opentracing-enabled 的默认值为 false。这个参数控制着是否启用与 OpenTracing 相关的功能。

10. proxy-hint-enabled

参数 proxy-hint-enabled 的默认值为 false。这个参数控制着是否启用 ShardingSphere-Proxy 的

提示（Hint）功能。启用了提示功能时，每个客户端发送给 ShardingSphere-Proxy 的请求将由独立的线程处理，这可能降低 ShardingSphere-Proxy 的性能。

11．proxy-frontend-flush-threshold

参数 proxy-frontend-flush-threshold 的默认值为 128。这个参数主要控制着 ShardingSphere-Proxy 将查询结果发送给客户端时缓冲区刷新操作的频率。如果有 1000 行查询结果，而参数 proxy-frontend-flush-threshold 被设置为 100，那么 ShardingSphere-Proxy 每向客户端发送 100 行数据都将执行一次刷新操作。

通过合理地降低这个参数的值，可能让客户端更快地收到响应数据，从而缩短 SQL 响应时间。然而，频繁地执行刷新操作可能增加网络负载。

12．proxy-backend-query-fetch-size

参数 proxy-backend-query-fetch-size 的默认值为−1。这个参数仅在 ConnectionMode 为 Memory Strictly 时管用。ShardingSphere-Proxy 使用 JDBC 在数据库中执行选择语句时，这个参数可控制 ShardingSphere-Proxy 取回的最少数据行数，有点类似于游标。这个参数的默认值为−1，这意味着让取回的数据行数尽可能少。

将这个参数设置为较小的值，可能减少 ShardingSphere-Proxy 的内存消耗。然而，这也可能增加 ShardingSphere-Proxy 和数据库之间的交互次数，导致 SQL 响应时间更长。

13．proxy-frontend-executor-size

参数 proxy-frontend-executor-size 的默认值为 0。ShardingSphere-Proxy 使用 Netty 来实现数据库协议以及与客户端通信。这个参数主要控制着 ShardingSphere-Proxy 使用的 EventLoopGroup 的线程池大小，默认值为 0 意味着由 Netty 来决定 EventLoopGroup 的线程池大小。通常情况下，参数 proxy-frontend-executor-size 的值将是可用 CPU 数量的两倍。

14．proxy-backend-executor-suitable

参数 proxy-backend-executor-suitable 的可能取值为 OLAP（默认值）和 OLTP。连接到 ShardingSphere-Proxy 的客户端数量很少（小于参数 proxy-frontend-executor-size 的值），且这些客户端不需要执行耗时的 SQL，将这个参数设置为 OLTP 可能缩短在 ShardingSphere-Proxy 层执行 SQL 所需的时间。如果不确定将这个参数设置为 OLTP 能否改善性能，建议使用默认值 OLAP。

这个参数决定着 ShardingSphere-Proxy 执行 SQL 的方式。如果其值为 OLAP，ShardingSphere-Proxy 将使用一个独立的线程池来运行逻辑（如 SQL 路由、改写、与数据库交互等），因此 ShardingSphere 可能存在一定的线程切换。

如果这个参数的值为 OLTP，ShardingSphere-Proxy 将直接使用 Netty 的 EventLoop 线程，因此特定客户端请求处理的逻辑（如 SQL 路由、改写、与数据库交互等）将在同一个线程中执行。

与使用 OLAP 时相比，这可能减少 SQL 在 ShardingSphere-Proxy 层的时间消耗。

ShardingSphere-Proxy 与数据库交互时使用的是同步 JDBC，因此也可使用 OLTP。如果 Netty 的 EventLoop 因 SQL 执行速度慢或 ShardingSphere-Proxy 和数据库之间的交互时间长而被阻塞，连接到 ShardingSphere-Proxy 的其他客户端的响应速度将变慢。

15. proxy-frontend-max-connections

参数 proxy-frontend-max-connections 的默认值为 0。这个参数控制着客户端可建立的到 ShardingSphere-Proxy 的最大 TCP 连接数，类似于 MySQL 的配置 max_connections，其默认值为 0。将这个参数设置为 0 或更小的值时，意味着连接数不受限制。

8.6.2 可扩展的算法

本节先介绍一些测试场景。我们将演示在特定的场景中如何调整 ShardingSphere-Proxy 的属性参数，以尽可能减少 ShardingSphere-Proxy 的资源消耗，从而在资源有限的情况下改善其性能。

1. 案例 1：在 BenchmarkSQL 5.0 中使用 ShardingSphere-Proxy 的 PostgreSQL 来测试分片规则的性能

本节将使用 ShardingSphere-Proxy 的 PostgreSQL 来执行 TPC-C 基准测试，同时实现数据分片场景。你将学习如何调整 ShardingSphere-Proxy 的参数和客户端，以极大地改善测试结果。

需求：在数据分片场景中，每个逻辑 SQL 都需要匹配其独特的实际 SQL。

在 BenchmarkSQL 5.0 PostgreSQL JDBC URL 配置文件中，需要配置如下两个参数。

（1）第一个参数：

```
defaultRowFetchSize=100
```

虽然建议将这个参数设置为 100，但应根据实际测试场景进行调整。在大多数查询中，BenchmarkSQL 都只从结果集（ResultSet）中取回一行数据。但在为数不多的查询中，它有时会取回多行数据。

默认情况下，PostgreSQL JDBC 可能每次从代理那里取回 1000 行数据，但实际测试逻辑只需要较小的数据量。因此必须调整 PostgreSQL JDBC 的参数 defaultRowFetchSize，以便在满足 BenchmarkSQL 逻辑的情况下，尽可能减少 PostgreSQL JDBC 与 ShardingSphere-Proxy 的交互。

（2）第二个参数：

```
reWriteBatchedInserts=true
```

这个参数控制着是否对插入（Insert）语句进行改写。在你初始数据和新订单（new order）业务时，将多组参数合并为一条插入语句中的值，可减少 BenchmarkSQL 和 ShardingSphere-Proxy

之间的交互，进而减少网络传输时间（在大多数情况下，网络传输时间都在 SQL 总执行时间中占了较高的比例）。

你可参考如下代码来配置 BenchmarkSQL 5.0：

```
Makefile
db=postgres
driver=org.postgresql.Driver
conn=jdbc:postgresql://localhost:5432/postgres?defaultRow
FetchSize=100&reWriteBatchedInserts=true
```

推荐配置 server.yaml。对于其他参数，可使用默认值，也可调整它们：

```
YAML
props:
  proxy-backend-query-fetch-size: 1000
  # 根据实际的压力测试结果，同时启用或删除下面两个参数
  proxy-backend-executor-suitable: OLTP # 禁用它
during data initialization and enable it during stress
tests
  proxy-frontend-executor-size: 200 # 与终端保持一致
```

下面来看参数 proxy-backend-query-fetch-size。用 SQL 语句查询 BenchmarkSQL 的属性 Delivery：

```
SQL
SELECT no_o_id
    FROM bmsql_new_order
    WHERE no_w_id = ? AND no_d_id = ?
    ORDER BY no_o_id ASC
```

这个查询的结果可能超过 1000 行。BenchmarkSQL 以批量大小 1000 的方式从 ShardingSphere-Proxy 获取查询结果。ShardingSphere-Proxy 的 ConnectionMode 设置为 Memory Strictly，而 proxy-backend-query-fetch-size 被设置为默认值（批量大小为 1）。这意味着每次 BenchmarkSQL 执行 SQL 查询时，ShardingSphere-Proxy 都需要从数据库获取 1000 次数据，这导致 SQL 执行时间很长，因此性能测试结果很糟。

现在来看看参数 proxy-backend-executor-suitable 和 proxy-frontend-executor-size。

- 在 BenchmarkSQL 5.0 测试场景中，没有长时间执行的 SQL，因此可尝试将参数 proxy-backend-executor-suitable 设置为 OLTP，以降低前端和后端逻辑的跨线程开销。
- 在将参数 proxy-backend-executor-suitable 设置为 OLTP 的同时，建议将参数 proxy-frontend-executor-size 设置为 Terminals。

2. 案例 2：ShardingSphere 内核参数调整场景

与内核相关的 ShardingSphere 调整参数包括 check-table-metadata-enabled、kernel-executor-size

和 max-connections-size-per-query。下面来看看它们的应用场景，并提供一些有用的小贴士。

- 参数 check-table-metadata-enabled 用于禁用/启用分片表元数据信息验证。如果其值为 true，那么当加载分片表的元数据时，将加载所有表的元数据，并执行元数据一致性校验。为完成一致性校验，元数据检查算法需要一定的时间，具体多长时间取决于实际表的数量。如果用户能够确定所有实际表的结构都一致，可将这个参数设置为 false，以缩短 ShardingSphere 的启动时间。
- 参数 kernel-executor-size 用于控制 ShardingSphere 的内部线程以及执行 SQL 的线程池的大小。设置这个参数时，需要考虑在数据分片场景中将执行的 SQL 数量，进而选择一个适合多种场景的固定值。这样将减少线程创建开销和资源消耗。
- 参数 max-connections-size-per-query 决定了使用 ShardingSphere 来执行 SQL 语句时，与每个数据源可建立的最大连接数。这里以 t_order 表配置为例来说明参数 max-connections-size-per-query 的作用：

```
YAML
rules:
- !SHARDING
  tables:
     t_order:
        actualDataNodes: ds_${0..1}.t_order_${0..1}
        databaseStrategy:
           standard:
              shardingColumn: user_id
              shardingAlgorithmName: database_inline
        tableStrategy:
           standard:
              shardingColumn: order_id
              shardingAlgorithmName: t_order_inline
  shardingAlgorithms:
     database_inline:
        type: INLINE
        props:
           algorithm-expression: ds_${user_id % 2}
     t_order_inline:
        type: INLINE
        props:
           algorithm-expression: t_order_${order_id % 2}
```

在这个配置文件中，将 t_order 分成了 4 个分片——ds_0.t_order_0、ds_0.t_order_1、ds_1.t_order_0 和 ds_1.t_order_1。要查看 SELECT * FROM t_order ORDER BY order_id 的路由结果，可使用下面的 PREVIEW 语句：

```
SQL
PREVIEW SELECT * FROM t_order ORDER BY order_id;
+------------------+-----------------------------------
```

```
------+
| data_source_name | sql
                         |
+------------------+------------------------------------
------+
| ds_0             | SELECT * FROM t_order_0 ORDER
BY order_id |
| ds_0             | SELECT * FROM t_order_1 ORDER
BY order_id |
| ds_1             | SELECT * FROM t_order_0 ORDER
BY order_id |
| ds_1             | SELECT * FROM t_order_1 ORDER
BY order_id |
+------------------+------------------------------------
------+
```

原始查询语句已被改写为可实际执行的查询语句，而后者被路由给数据源 ds_0 和 ds_1 去执行。根据数据源的分组情况，将执行语句分成了两组。那么，对于同一个数据源的执行语句，可建立多少连接以执行查询呢？参数 max-connections-size-per-query 决定了可最多建立多少条到同一个数据源的连接。

当参数 max-connections-size-per-query 的值大于或等于需要在同一个数据源中执行的 SQL 总数时，ShardingSphere 将启用其限制内存（limited memory）模式。这个模式让你能够流式化 SQL 查询，以限制内存消耗。然而，当这个参数的值小于需要在同一个数据源中执行的 SQL 总数时，ShardingSphere 将启用其限制连接（limited connection）模式，并建立单条连接来执行 SQL 查询。鉴于此，查询结果将被载入内存，以避免消耗太多的数据库连接。图 8.2 通过一个方程概述了这里 SQL 调优的逻辑。

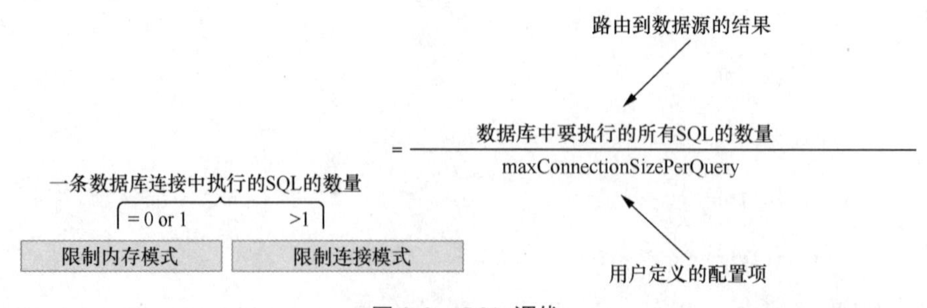

图 8.2　SQL 调优

在大多数 OLTP 场景中，都使用分片键来确保到数据节点的路由，因此参数 max-connections-size-per-query 被设置为 1，以严格控制数据库连接数，从而确保数据库资源能够被更多的应用使用。然而，在 OLAP 场景中，用户可将参数 max-connections-size-per-query 设置为较高的值，以提高系统的吞吐量。

8.7 小结

阅读完本章，你就能够为 ShardingSphere 特性定制策略了。请参考本章的示例，利用你学到的知识来定制 ShardingSphere。本章的示例都具有普适性，这意味着你随时都可回顾并参考它们。

如果你想进一步挑战自己，可在阅读完本章内容后前往 GitHub 加入 ShardingSphere 开发人员社区，在那里你将发现经常有其他用户分享新策略。

第9章 基准和性能测试系统简介

在这个业务由快速增长的应用驱动的互联网时代，高并发和高吞吐量已成为趋势。我们的目标是确保系统在这样的场景中能够平稳运行并做出正常响应。为更好地应对性能方面的压力，我们必须掌握系统性能测试技能。本章将与你分享性能测试方面的经验。

本章将让你具备必要的知识，从而能够理解并充分利用 ShardingSphere 的基准和性能测试特性。

本章涵盖如下主题：

- 技术需求；
- 基准测试；
- 性能测试。

阅读完本章，你将明白如何对数据库进行测试、有哪些可使用的工具，以及 ShardingSphere 是如何简化测试的。

9.1 技术需求

你不需要任何特定语言的使用经验，但熟悉 Java 将对学习本章大有裨益，因为 ShardingSphere 就是使用 Java 编写的。要运行本章的实例，需要如下工具。

- 2 个处理器内核和 4GB 内存的 UNIX 或 Windows 计算机：在大多数操作系统中，都可运行 ShardingSphere。
- JRE 或 JDK 8+：这是所有 Java 应用的基本环境。
- 文本编辑器（并非必不可少）：要修改 YAML 配置文件，可使用 Vim 或 VS Code。
- MySQL/PostgreSQL 客户端：要执行 SQL 查询，可使用默认的 CLI，也可使用其他 SQL 客户端，如 Navicat 或 DataGrip。

- 7-Zip 或 tar 命令：在 Linux 或 macOS 中，可使用这些工具来解压缩代理制品。
- 本章提及的所有性能测试工具。

提示　完整的代码文件可从本书的 GitHub 仓库下载。

9.2　基准测试

本节将让你对基准测试有初步认识。基准测试指的是确定系统的平均性能，为最终要执行的性能测试打下基础。基准测试将创建一个参照系，供你同性能测试结果进行比较。

先要澄清一点，那就是基准测试与系统（这里是 ShardingSphere 生态）的功能毫无关系。下面介绍可用来执行基准测试的工具及其特性和应用场景，并提供一些示例。

在软件领域，可供你使用的基准测试工具有很多。有些宣称自己出类拔萃，有些是商用的，还有些是开源的。为简化基准测试工具的选择工作，我们筛选出了一些出类拔萃的工具，并简要地介绍。我们选择这些工具都是出于经验之谈。

9.2.1　Sysbench

Sysbench 是一款跨平台的多线程测试工具，它基于适合嵌入式应用的轻量级语言 Lua，具有开源、模块化等特征。作为一款测试工具，Sysbench 从 CPU 消耗、I/O、内存消耗和数据库性能等角度进行性能评估，常用于数据库基准测试，当前支持 MySQL、Oracle、OpenGauss 和 PostgreSQL 等数据库的基准测试。

1. 可使用的 Sysbench 特性

基准测试工具的作用是建立性能基准，具体地说，这意味着什么呢？Sysbench 提供了哪些可供你使用的特性呢？下面概述了你可使用的 Sysbench 特性。

- Sysbench 提供了大量的速度和延迟指标（包括延迟比例和直方图）。
- 即便有数以千计的并发线程，Sysbench 开销也很低。Sysbench 可在每秒内生成并跟踪数以亿计的事件。
- 通过使用以 Lua 脚本提供的预定义钩子实现自定义代码，可轻松建立新基准。
- Sysbench 也可充当 Lua 解释器。要使用 Sysbench，只需将脚本中的#!/usr/bin/lua 替换为#!/usr/bin/sysbench。

2. 应用场景

刚才简要地介绍了 Sysbench 的特性，现在通过一个示例帮助你更好地理解这些特性在如下场景中的应用：

■ 数据库查询；
■ 读/写操作；
■ 插入和更新操作；
■ 删除操作。

我们为你准备的示例很有用，因为它具有普适性，涵盖了上述4个应用场景。下面就来看看如何在这些应用场景中进行基准测试。在MySQL面向事务的OLTP测试中，有如下3个阶段——准备、运行和结果：

（1）准备。在数据库中创建一个包含指定行数的表。这个表默认名为test（在Sysbench中，默认的存储引擎为innodb）。例如，创建一个表，包含100万行数据：

```
Shell
sysbench oltp_read_only --mysql-host=${IP} --mysql-
port=${MySQL_Port} --mysql-user=${MySQL_User} --mysql-
password=${MySQL_Passwd} --mysql-db=test --tables=1
--table-size=1000000 --report-interval=10 --time=3600
--threads=10 --max-requests=0 --percentile=99 --mysql-
ignore-errors="all" --rand-type=uniform --range_
selects=off --auto_inc=off prepare
```

（2）运行。运行一个OLTP测试在我们刚创建的测试表：

```
Shell
sysbench oltp_read_only --mysql-host= ${IP} --mysql-
port= ${MySQL_Port} --mysql-user= ${MySQL_User} --mysql-
password= ${MySQL_Passwd} --mysql-db=test --tables=1
--table-size=1000000 --report-interval=16 --time=3600
--threads=10 --max-requests=0 --percentile=99 --mysql-
ignore-errors="all" --rand-type=uniform --range_
selects=off --auto_inc=off run
```

（3）结果。运行测试后，将得到如下结果：

```
YAML
SQL statistics:
    # 总事务数(每秒事务数)
    transactions:                        1890956
(15755.04 per sec.)
    # 总操作数(每秒操作数)
    queries:                             11345736
(94530.25 per sec.)
Latency (ms):
    # 最短延迟
         min:                                   1.77
    # 平均延迟
         avg:                                   4.06
```

```
# 最长延迟
    max:                                      303.13
# 超过 99%的延迟时间的平均值
    99th percentile:                            5.88
    sum:                                  7678839.72
```

有关第一款基准测试工具（Sysbench）就介绍到这里。下面介绍第二款基准测试工具。

9.2.2　BenchmarkSQL

BenchmarkSQL 是一款开源的基于 Java 的数据库测试工具，它包含 TPC-C 测试脚本，支持对诸如 MySQL、Oracle、PostgreSQL、OpenGauss 和 SQL Server 等数据库执行性能压力测试。

应用场景

BenchmarkSQL 利用 JDBC 来测试 OLTP TPC-C，其用法与 Sysbench 类似：先生成压力测试指标，再执行压力测试并输出结果。

除了文本型输出，BenchmarkSQL 还可使用其自带的脚本来生成 HTML 格式的报告。

接下来看一个很有用的应用场景，它具有普适性。下面的示例演示了如何在特定场景（包含事务模拟）中对电子商务系统执行基准测试。可以想到，这些系统具有高并发、高可用需求，它们是本章开头提到的应用驱动的快速增长业务的组成部分。在这里，首先需要修改 BenchmarkSQL 的源代码。

（1）修改 jTPCC.java，在其中添加与 MySQL 相关的部分：

```
Java
if (iDB.equals("firebird"))
       dbType = DB_FIREBIRD;
¶   else if (iDB.equals("postgres"))
       dbType = DB_POSTGRES;
    else if (iDB.equals("mysql"))
       dbType = DB_UNKNOWN;
    else
    {
       log.error("unknown database type '" + iDB + "'");
       return;
    }
```

（2）修改 jTPCCConnection.java，在其中为 SQL 子查询创建“AS L”别名：

```
Java
stmtStockLevelSelectLow = dbConn.prepareStatement(
          "SELECT count(*) AS low_stock FROM (" +
          "    SELECT s_w_id, s_i_id, s_quantity " +
          "        FROM bmsql_stock " +
```

```
            "        WHERE s_w_id = ? AND s_quantity < ? AND s_i_id IN (" +
            "            SELECT ol_i_id " +
            "                FROM bmsql_district " +
            "                JOIN bmsql_order_line ON ol_w_id = d_w_id " +
            "                 AND ol_d_id = d_id " +
            "                 AND ol_o_id >= d_next_o_id - 20 " +
            "                 AND ol_o_id < d_next_o_id " +
            "                WHERE d_w_id = ? AND d_id = ? " +
            "        ) " +
            "    )AS L");
        break;
```

(3)创建针对 MySQL 的脚本 tpcc.mysql：

```
Shell
db=mysql
driver=com.mysql.jdbc.Driver
conn=jdbc:mysql://127.0.0.1:3306/benchmarksql
user=benchmarksql
password=
warehouses=1
loadWorkers=4
terminals=1
runTxnsPerTerminal=10
runMins=0
limitTxnsPerMin=300
terminalWarehouseFixed=true
newOrderWeight=45
paymentWeight=43
orderStatusWeight=4
deliveryWeight=4
stockLevelWeight=4
resultDirectory=my_result_%tY-%tm-%td_%tH%tM%tS
```

(4)修改文件 funcs.sh，在其中添加 MySQL 数据库类型：

```
Shell
function setCP()
{
        ...omitted
    mysql)
        cp="../lib/mysql/*:../lib/*"
        ;;
    esac
    myCP=".:${cp}:../dist/*"
    export myCP
}
...Omitted
case "$(getProp db)" in
    firebird|oracle|postgres|mysql)
```

```
    ;;
    "") echo "ERROR: missing db= config option in
${PROPS}" >&2
    exit 1
    ;;
    *)  echo "ERROR: unsupported database type
'db=$(getProp db)' in ${PROPS}" >&2
    exit 1
    ;;
esac
```

添加驱动程序 MySQL Connector。在目录 lib 下创建文件夹 mysql，并将驱动程序移到这个文件夹中。

（5）修改文件 runDatabaseBuild.sh，将 extraHistID 删除：

```
Makefile
AFTER_LOAD="indexCreates foreignKeys buildFinish"
```

（6）运行测试：

```
CSS
./runDatabaseBuild.sh tpcc.mysql
./runBenchmark.sh tpcc.mysql
```

（7）输出结果：

```
PowerShell
18:58:17,071 [Thread-1] INFO jTPCC : Term-00,
# tPMC (Transactions Per Minute): The tPMC metric is the
number of new order transactions executed per minute.
TPC-C is also measured in transactions minute (tmpC).
18:58:17,071 [Thread-1] INFO jTPCC : Term-00, Measured
tpmC (NewOrders) = 136.71
# tpmTOTAL: Total transaction per minute
18:58:17,071 [Thread-1] INFO jTPCC : Term-00, Measured
tpmTOTAL = 298.81
```

这就是使用 BenchmarkSQL 执行基准测试时，需要执行的全部步骤。还有另一款可供使用的工具，将在后文介绍。

9.2.3 另一款有必要知道的基准测试工具

基准测试工具 JMH（Java Microbenchmark Harness）是 OpenJDK 为方便优化代码性能而开发的，其精确度达到了纳秒级，适用于 Java 和其他基于 JVM 的语言。

应用场景

JMH 是另一款可供选择的基准测试工具，这里最后介绍它并不意味着它不如 Sysbench 等工具。后面将通过示例展示如何充分发挥 JMH 的作用，并让你明白其更适用的场景。那么 JMH 有何优势呢？凭借如下 3 个优点，JMH 成了不错的基准测试工具。

- 如果想要知道方法的准确执行时间以及执行时间和输入之间的关系，JMH 是一款理想的工具。
- 如果需要在给定条件下对接口的不同实现的吞吐量进行比较，以找出最优实现时，JMH 也是不错的选择。
- 使用 JMH 可获悉在给定时间内完成的请求与没有完成的请求的比例。

下面来看示例，帮你大致明白 JMH 是如何工作的。在这个示例中，你将学习如何使用 JMH 来对 JDBC 执行压力测试。

（1）在文件 pom.xml 中添加 JMH 依赖项：

```
HTML
    <properties>
        <jmh.version>1.21</jmh.version>
    </properties>
    <dependencies>
        <!-- JMH-->
        <dependency>
           <groupId>org.openjdk.jmh</groupId>
           <artifactId>jmh-core</artifactId>
           <version>${jmh.version}</version>
        </dependency>
        <dependency>
           <groupId>org.openjdk.jmh</groupId>
           <artifactId>jmh-generator-annprocess</artifactId>
           <version>${jmh.version}</version>
           <scope>provided</scope>
        </dependency>
    </dependencies>
```

（2）编写测试方法：

```
Java
@Setup(Level.Trial)
public void setup() throws Exception {
    connection = getConnection();
    for (int i = 0; i < preparedStatements.length; i++) {
        preparedStatements[i] = connection.
prepareStatement(String.format("select c from sbtest%d
where id = ?", i + 1));
    }
}
@Benchmark
public void oltpPointSelect() throws Exception {
...omitted
```

```
}
@TearDown(Level.Trial)
```

（3）对代码进行编译和打包：

```
Apache
mvn clean package
java -Dconf=config.properties -jar benchmarks.jar
UnpooledFullPointSelectBenchmark -f 3 -i 5 -r 5 -t 1 -w 3
-wf 1 -wi 1 > log.txt
```

（4）输出结果：

```
YAML
Result: 437959.831 ±(99.9%) 6719.199 ops/s [Average]
# Result Mean value and margin of error
  Statistics: (min, avg, max) = (426614.397, 437959.831,
448490.747), stdev = 6285.143
# min (Minimum), avg (average), max (maximum), stdev
(standard deviation)
  Confidence interval (99.9%): [431240.632, 444679.030]
# Run complete. Total time: 00:02:00
# Samples Total executions, Score average value; Error
means the margin of error
Benchmark
   Mode  Samples       Score      Error  Units
i.w.j.j.UnpooledFullPointSelectBenchmark.FullPointSelect
  thrpt       15  437959.831 ± 6719.199  ops/s
```

介绍性能测试前，还有一点需要介绍，那就是对性能测试执行基准测试的数据库类型。

9.2.4 数据库

现在转向被测试的部分。基准测试工具对系统进行测试，而系统是由数据库构成的。如果你想知道最流行的数据库产品之间有何不同，或者只想复习数据库方面的内容，接下来将帮你完成这项任务。

1. MySQL

MySQL 是最流行的 RDBMS 之一，还是最适合 Web 应用的关系数据库管理软件。MySQL 的 SQL 是最常用的数据库接入标准语言。MySQL 软件采用双许可策略，有社区版和商用版。鉴于 MySQL 体量小、速度快、拥有总成本（total cost of ownership，TCO）低、开源等特点，中小型网站的开发人员通常选择使用它。

2. PostgreSQL

PostgreSQL 是一款极其强大的开源 RDBMS。它支持部分 SQL 标准，还提供了大量其他的特性，如复合查询、外键、触发器、视图、事务完整性、多版本并发控制。PostgreSQL 可以众多不同的方式扩展，例如添加新的数据类型、函数、运算符、聚合函数、索引方法和过程性语言。对执行基准测试所需的工具以及系统最重要的组件有了大致认识后，该学习如何使用 ShardingSphere 执行基准测试了。

9.2.5 ShardingSphere

ShardingSphere 提供了多个相关的组件和测试工具，让你能够在使用 ShardingSphere-JDBC 或 ShardingSphere-Proxy 的系统中运行测试，如表 9.1 所示。

表 9.1 压力测试工具支持情况

测试工具	能否测试 ShardingSphere-JDBC	能否测试 ShardingSphere-Proxy
JMH	能（需要添加测试用例）	能（需要添加测试用例）
Sysbench	否	能
BenchmarkSQL	能（需要修改）	能

JMH 只是一款基准测试工具，没有内置任何测试用例。然而，通过添加相应的测试用例，可对 ShardingSphere-JDBC 和 ShardingSphere-Proxy 进行测试。

Sysbench 是一款常用的测试工具，包含一些内置的数据库测试脚本，但由于它使用 C 语言数据库，因此只能测试 ShardingSphere-Proxy。

BenchmarkSQL 是 TCP 的 Java 实现，更专注于事务性能，经过编译和打包后可测试 ShardingSphere-Proxy。如果要测试 ShardingSphere-JDBC，需要先在其源代码中替换数据源。

各种功能

ShardingSphere 提供了诸如读写分离、数据分片、影子库和数据加密等功能。对于这些功能，可使用 JMH、Sysbench 和 BenchmarkSQL 等测试其性能。

例如，可通过 Sysbench 对 ShardingSphere-Proxy 的数据加解密功能进行压力测试。为此，需要设置如下配置（config-encrypt.yaml）并启动 ShardingSphere-Proxy：

```
HTTP
schemaName: encrypt_db
dataSources:
  ds_0:
    url: jdbc:mysql://127.0.0.1:3306/encrypt_db?serverTimezone=UTC&useSSL=false
    username: root
    password:
    connectionTimeoutMilliseconds: 30000
    idleTimeoutMilliseconds: 60000
    maxLifetimeMilliseconds: 1800000
```

```
    maxPoolSize: 50
    minPoolSize: 1

rules:
- !ENCRYPT
  encryptors:
    aes_encryptor:
      type: AES
      props:
        aes-key-value: 123456abc
    md5_encryptor:
      type: MD5
  tables:
    sbtest1:
      columns:
        pad:
          cipherColumn: pad
          encryptorName: aes_encryptor
  ...omitted    sbtest10:
      columns:
        pad:
          cipherColumn: pad
          encryptorName: aes_encryptor
  queryWithCipherColumn: true
```

通过这个示例，你学会了如何对 ShardingSphere-Proxy 的数据加解密功能执行性能测试。下面介绍性能测试。通过性能测试，你可根据性能选择数据库或中间件，这有助于进一步强化你的技能。

9.3　性能测试

性能测试指的是使用自动测试工具来模拟多种正常、高峰和不正常的负载状况，以测试各种性能指标。负载测试和压力测试都被视为性能测试，可合二为一。负载测试可以确定系统在不同工作负载下的性能，帮助你搞明白当负载逐渐增大时，系统的各种性能指标将如何变化。压力测试通过测试系统的瓶颈（无法承受的性能点）来确定系统可提供的最佳服务。

选择数据库或中间件产品时，性能是个至关重要的指标。要搞清楚各种数据库或中间件的基本性能，就需要对它们执行性能测试。下面就如何准备和执行测试以及如何分析性能压力测试报告，提供完整的指南。

9.3.1　测试准备

表 9.2 以 OLTP 数据库为例，列出了搭建基准测试环境需要创建的组件。

表 9.2　搭建基准测试环境需要创建的组件

角色	组件	版本
压力测试工具	Sysbench	1.0.20
数据库	MySQL	5.7.26
数据库	PostgreSQL	14.1

要搭建这里使用的测试环境很容易。这里使用的工具都很容易找到并获得。下面分步介绍性能测试工作流程。

9.3.2　性能测试工作流程

需要执行的工作流程非常简单，只有两步。通过这两步，可快速入门对 ShardingSphere 进行性能测试，确保你在安装 Sysbench、MySQL 或 PostgreSQL 时不会遇到任何麻烦。另外，我们还列举了一些额外的测试，让你能够对系统有更深入的了解。

（1）使用压力测试工具将测试数据导入数据库：

```
Shell
sysbench oltp_read_only --mysql-host=${IP} --mysql-
port=${MySQL_Port} --mysql-user=${MySQL_User} --mysql-
password=${MySQL_Passwd} --mysql-db=${MySQL_SCHEMA}
--tables=10 --table-size=1000000 --report-interval=10
--time=3600 --threads=10 --max-requests=0 --percentile=99
--mysql-ignore-errors="all" --rand-type=uniform --range_
selects=off --auto_inc=off cleanup
sysbench oltp_read_only --mysql-host=${IP} --mysql-
port=${MySQL_Port} --mysql-user=${MySQL_User} --mysql-
password=${MySQL_Passwd} --mysql-db=${MySQL_SCHEMA}
--tables=10 --table-size=1000000 --report-interval=10
--time=3600 --threads=10 --max-requests=0 --percentile=99
--mysql-ignore-errors="all" --rand-type=uniform --range_
selects=off --auto_inc=off prepare
```

（2）执行下面的压力测试命令，对数据库运行测试：

```
Shell
sysbench oltp_read_only --mysql-host=${IP} --mysql-
port=${MySQL_Port} --mysql-user=${MySQL_User} --mysql-
password=${MySQL_Passwd} --mysql-db=${MySQL_SCHEMA}
--tables=10 --table-size=1000000 --report-interval=10
--time=3600 --threads=10 --max-requests=0 --percentile=99
--mysql-ignore-errors="all" --rand-type=uniform --range_
selects=off --auto_inc=off run
```

从上面两步可知，整个工作流程非常简单。了解工作流程后，便可进入压力测试的环境搭建阶段了。下面介绍如何完成这个阶段。

9.3.3 搭建环境

为搭建环境，需要准备测试工具和数据库。下面概述这些工作。

1. 安装 Sysbench

使用下面的代码可快速安装 Sysbench：

```
Shell
yum -y install make automake libtool pkgconfig libaio-devel
# 在 RHEL/CentOS 5 中，为支持 MySQL，请替换为 mysql-devel
yum -y install mariadb-devel openssl-devel
curl -s https://packagecloud.××/install/repositories/akopytov/
sysbench/script.rpm.sh | sudo bash
sudo yum -y install sysbench
```

2. 安装 MySQL

为测试 MySQL，可通过 Docker 快速启动一个 MySQL 实例：

```
Shell
docker run -itd -e MYSQL_ROOT_PASSWORD=root -p3306:3306
mysql:5.7
```

3. 安装 PostgreSQL

另外，通过 Docker 可快速启动一个 PostgreSQL 实例：

```
Shell
docker run --name postgres -ePOSTGRES_PASSWORD=PostgreSQL@123
-p5432:5432  -d postgres
```

9.3.4 压力测试

准备好环境后，便可实际执行压力测试了。下面是清理并准备数据，再执行测试的代码：

```
Shell
# 清理数据
sysbench oltp_read_only --mysql-host=127.0.0.1 --mysql-
port=3306 --mysql-user=root --mysql-password=root --mysql-db=sbtest --tables=10 --
table-size=1000000 --report-interval=10
--time=3600 --threads=10 --max-requests=0 --percentile=99
--mysql-ignore-errors="all" --rand-type=uniform --range_
```

```
selects=off --auto_inc=off cleanup
# 准备数据
sysbench oltp_read_only --mysql-host=127.0.0.1 --mysql-
port=3306 --mysql-user=root --mysql-password=root --mysql-
db=sbtest --tables=10 --table-size=1000000 --report-interval=10
--time=3600 --threads=10 --max-requests=0 --percentile=99
--mysql-ignore-errors="all" --rand-type=uniform --range_
selects=off --auto_inc=off prepare
# 使用内置脚本oltp_read_only进行测试
sysbench oltp_read_only --mysql-host=127.0.0.1 --mysql-
port=3306 --mysql-user=root --mysql-password=root --mysql-
db=sbtest --tables=10 --table-size=1000000 --report-interval=10
--time=3600 --threads=10 --max-requests=0 --percentile=99
--mysql-ignore-errors="all" --rand-type=uniform --range_
selects=off --auto_inc=off run
Additional tests
```

为在不同的场景（如只读场景、只写场景和读写场景）下测试性能，这里提供了其他基于压力测试工具Sysbench的测试脚本。下面是测试只读场景的代码（oltp_point_select.lua）：

```
Shell
sysbench oltp_point_select --mysql-host=127.0.0.1 --mysql-
port=3306 --mysql-user=root --mysql-password=root --mysql-
db=sbtest --tables=10 --table-size=1000000 --report-interval=10
--time=3600 --threads=10 --max-requests=0 --percentile=99
--mysql-ignore-errors="all" --rand-type=uniform --range_
selects=off --auto_inc=off run
```

下面是测试读写场景的代码（oltp_read_write.lua）：

```
Shell
sysbench oltp_read_write --mysql-host=127.0.0.1 --mysql-
port=3306 --mysql-user=root --mysql-password=root --mysql-
db=sbtest --tables=10 --table-size=1000000 --report-interval=10
--time=3600 --threads=10 --max-requests=0 --percentile=99
--mysql-ignore-errors="all" --rand-type=uniform --range_
selects=off --auto_inc=off run
```

下面是测试只写场景的代码（oltp_write_only.lua）：

```
Shell
sysbench oltp_write_only --mysql-host=127.0.0.1 --mysql-
port=3306 --mysql-user=root --mysql-password=root --mysql-
db=sbtest --tables=10 --table-size=1000000 --report-interval=10
--time=3600 --threads=10 --max-requests=0 --percentile=99
--mysql-ignore-errors="all" --rand-type=uniform --range_
selects=off --auto_inc=off run
```

9.3.5　结果报告分析

下面是对 Sysbench 测试结果的分析：

```
Shell
    transactions:                          1294886 (21579.74 per
sec.)     # 总事务数(每秒事务数)
    queries:                               1294886 (21579.74 per
sec.)     # 读取操作总数 (每秒读取操作数)
    Latency (ms):
         min:                                      0.36
            # 最短延迟
         avg:                                      0.74
            # 平均延迟
         max:                                      8.90
            # 最长延迟
         95th percentile:                          1.01
            # 95 分位数
         sum:                                 959137.19
```

上述输出展示了性能测试结束时你将收到的报告是什么样的。性能报告能够让你确定系统的表现是否满足你的期望。

9.4　小结

性能测试适用于多种场景，需要使用各种测试工具和对照产品。务必选择合适的工具来执行性能测试，这至关重要。当前，Sysbench 和其他一些工具可用来执行数据库基准测试。但愿本章的示例让你对性能测试有了基本的认识。现在，你知道了基准测试和性能测试之间的差别，并能够选择最合适的工具。另外，本章还提供了必要的代码，让你能够自己执行测试，进而判断系统的表现是否符合预期。下一章将介绍场景测试，让你的测试技能更上一层楼。

第 10 章　测试常见的应用场景

本章介绍你可能遇到的各种场景，不仅可作为新用户的入门指南，还可供老用户参考。这里将从分布式数据库着手，依次介绍可能需要使用 ShardingSphere 的其他主要场景。

本章涵盖如下主题：

- 技术需求；
- 测试分布式数据库场景；
- 基于场景的数据库安全测试；
- 全链路监控；
- 数据库网关。

阅读完本章，你将能够测试这里提到的各种场景——从准备工作到部署和报告分析。下面介绍如何将数据库流量分配给多个数据库，以提高服务的稳定性和可靠性，还有如何在生成数据库和压力测试数据库之间分配数据库流量等。

10.1　技术需求

你不需要任何特定语言的使用经验，但熟悉 Java 将对学习本章大有裨益，因为 ShardingSphere 就是使用 Java 编写的。

要运行本章的实例，需要如下工具。

- 2 个处理器内核和 4GB 内存的 UNIX 或 Windows 计算机：在大多数操作系统中，都可运行 ShardingSphere。
- JRE 或 JDK 8+：这是所有 Java 应用的基本环境。
- 文本编辑器（并非必不可少）：要修改 YAML 配置文件，可使用 Vim 或 VS Code。
- MySQL/PostgreSQL 客户端：要执行 SQL 查询，可使用默认的 CLI，也可使用其他 SQL

客户端，如 Navicat 或 DataGrip。

- 7-Zip 或 tar 命令：在 Linux 或 macOS 中，可使用这些工具来解压缩代理制品。
- Sysbench：用于性能测试。

提示 完整的代码文件可从本书的 GitHub 仓库下载。

10.2 测试分布式数据库场景

在数字产业快速发展的背景下，企业数据存储量和事务量也在快速增长。在支持激增的在线访问请求方面，传统的独立数据库越来越力不从心。为解决这个瓶颈，分布式数据库正日益被越来越多的企业视为一种物超所值的解决方案。

通过使用 ShardingSphere，可将传统的独立数据库流量分配给多个数据库，从而提供更稳定、更可靠的服务。

下面着手对分布式场景进行测试：要进行测试，需要完成哪些准备工作。

10.2.1 为测试分布式系统做准备

测试分布式场景需要安装的组件如表 10.1 所示。

表 10.1 测试分布式场景需要安装的组件

角色	组件	版本
压力测试工具	Sysbench	1.0.20
数据库	MySQL	5.7.26
中间件	ShardingSphere-Proxy	5.0.0

我们先来看看适配器 ShardingSphere-Proxy。接下来的几节将介绍如何测试分布式系统的各种特性（如数据分片），包括完整的流程——从部署到报告分析。在本节中，将采取的详细步骤如下：

（1）部署和配置；

（2）如何运行测试；

（3）分析测试报告。

下面来看看在部署和配置方面，需要做哪些工作。

10.2.2 部署和配置

首先，从 ShardingSphere 官网下载二进制 ShardingSphere-Proxy 包。

接下来，需要做好配置。为此，需要配置数据源、代理和 Sysbench。

（1）先指定你要配置什么：

```
Shell
    transactions:                        1294886 (21579.74 per
sec.)    # Total transactions (transactions per second)
    queries:                             1294886 (21579.74 per
sec.)    # Read total (read per second)
    Latency (ms):
         min:                                   0.36
            # Minimum delay
         avg:                                   0.74
            # Average delay
         max:                                   8.90
            # Maximum delay
         95th percentile:                       1.01
            # 95th-percentile
         sum:                              959137.19
```

（2）指定要配置什么（这里是数据源）后，完成数据源配置：

```
YAML
schemaName: sbtest
dataSources:
  ds_0:
    url: jdbc:mysql://ip1:3306/sbtest
    username: root
    password: root
    maxPoolSize: 256
    minPoolSize: 1
  ds_1:
    url: jdbc:mysql://ip2:3306/sbtest
    username: root
    password: root
    maxPoolSize: 256
    minPoolSize: 1

rules:
- !SHARDING
  tables:
    sbtest1:
      actualDataNodes: ds_${0..1}.sbtest1_${0..9}
      tableStrategy:
        standard:
          shardingColumn: id
          shardingAlgorithmName: table_inline_1

  defaultDatabaseStrategy:
    standard:
      shardingColumn: id
```

```
      shardingAlgorithmName: database_inline

  shardingAlgorithms:
    database_inline:
      type: INLINE
      props:
        algorithm-expression: ds_${id % 2}
    table_inline_1:
      type: INLINE
      props:
        algorithm-expression: sbtest1_${id % 10}
```

（3）配置好数据源后，接着配置代理。为此，需要先指定要将配置应用于什么地方：

```
server.yaml
```

（4）指定要将配置应用于什么地方后，需要指定配置：

```
YAML
rules:
  - !AUTHORITY
    users:
      - root@%:root
      - sharding@:sharding
    provider:
      type: ALL_PRIVILEGES_PERMITTED
props: []
```

如果你按前面的步骤做了，并一切顺利，那么这意味着可接着配置测试涉及的第三个组件——Sysbench。

有关这方面的更详细的信息，请参阅 Sysbench 的 GitHub 仓库的 README 文件。

（5）要为测试准备好 Sysbench：

```
Shell
yum -y install make automake libtool pkgconfig libaio-
devel
# 在 RHEL/CentOS 5 中，为支持 MySQL，请替换为 mysql-devel
yum -y install mariadb-devel openssl-devel
curl -s https://packagecloud.××/install/repositories/
akopytov/sysbench/script.rpm.sh | sudo bash
sudo yum -y install sysbench
```

配置好 Sysbench 后，所有测试准备工作便都完成了。这里将以 MySQL 为例来演示测试。为测试 MySQL，可启动一个在 Docker 中运行的 MySQL 实例：

```
Shell
docker run -itd -e MYSQL_ROOT_PASSWORD=root -p3306:3306
mysql:5.7
```

启动 MySQL 实例后，便可运行测试了。下面介绍详细的测试步骤。

10.2.3 如何测试分布式系统

现在使用 Sysbench 进行测试，比较传统独立数据库和 ShardingSphere-Proxy 的性能。

在这个测试场景中，256 个并发的线程对同一个表执行读写操作，该表的数据量为 4000 万。我们先在数据库中准备好数据，再进行压力测试，然后对数据进行清理。这里将使用 Sysbench 对 MySQL 进行测试，具体的步骤如下（之后将介绍如何分析测试报告）。

（1）先准备好要测试的数据，脚本如下：

```
Shell
sysbench oltp_read_write --mysql-host=DB1 --mysql-
port=3306 --mysql-user=root --mysql-password='123456'
--mysql-db=sbtest --tables=1 --table-size=40000000
--report-interval=1  --time=256 --threads=256
--max-requests=5 --percentile=99  --mysql-ignore-
errors="all" --range_selects=off --rand-type=uniform
--auto_inc=off prepare
```

（2）准备好数据后，就可以进行压力测试了，脚本如下：

```
Shell
sysbench oltp_read_write --mysql-host=DB1 --mysql-port=3306 --mysql-user=root
--mysql-password='123456'
--mysql-db=sbtest --tables=1 --table-size=40000000
--report-interval=1  --time=256 --threads=256
--max-requests=5 --percentile=99  --mysql-ignore-
errors="all" --range_selects=off --rand-type=uniform
--auto_inc=off run
```

（3）完成压力测试后，需要清理数据，脚本如下：

```
Shell
sysbench oltp_read_write --mysql-host=DB1 --mysql-
port=3306 --mysql-user=root --mysql-password='123456'
--mysql-db=sbtest --tables=1 --table-size=40000000
--report-interval=1  --time=256 --threads=256
--max-requests=5 --percentile=99  --mysql-ignore-
errors="all" --range_selects=off --rand-type=uniform
--auto_inc=off cleanup
```

1. 测试 ShardingSphere-Proxy

现在，你可能熟悉对 ShardingSphere-Proxy 进行压力测试的流程。具体步骤与前面介绍的相同：准备数据、执行测试、清理数据、分析报告。在下面的步骤中，提供了完成测试所需的代码。

（1）与使用 Sysbench 测试 MySQL 时一样，需要先准备数据，脚本如下：

```
Shell
sysbench oltp_read_write --mysql-host=${Proxy_
Host} --mysql-port=3307 --mysql-user=root --mysql-
password='root' --mysql-db=sbtest --tables=1 --table-
size=40000000 --report-interval=1  --time=300
--threads=256 --max-requests=5 --percentile=99  --mysql-
ignore-errors="all" --range_selects=off --rand-
type=uniform --auto_inc=off prepare
```

（2）准备好数据后，执行压力测试脚本如下：

```
Shell
sysbench oltp_read_write --mysql-host=${Proxy_
Host} --mysql-port=3307 --mysql-user=root --mysql-
password='root' --mysql-db=sbtest --tables=1 --table-
size=40000000 --report-interval=1  --time=300
--threads=256 --max-requests=5 --percentile=99  --mysql-
ignore-errors="all" --range_selects=off --rand-
type=uniform --auto_inc=off run
```

（3）获得测试结果后，清理数据脚本如下：

```
Shell
sysbench oltp_read_write --mysql-host=${Proxy_Host}
--mysql-port=3307 --mysql-user=root --mysql-
password='root' --mysql-db=sbtest --tables=1 --table-
size=40000000 --report-interval=1  --time=300
--threads=256 --max-requests=5 --percentile=99  --mysql-
ignore-errors="all" --range_selects=off --rand
type=uniform --auto_inc=off cleanup
```

完成数据清理工作后，你需要明白报告结果，接下来将提供相关的示例。

2. 分析报告

下面分别列出 MySQL 和 ShardingSphere-Proxy 的测试结果，让你一眼就能看出它们之间的差别。

读写独立数据库 MySQL 的测试结果如下：

```
Shell
sysbench 1.0.20 (using bundled LuaJIT 2.1.0-beta2)
Running the test with following options:
Number of threads: 256
Report intermediate results every 10 second(s)
```

```
Initializing random number generator from current time
Initializing worker threads...
Threads started!
[ 10s ] thds: 256 tps: 1720.38 qps: 21532.38 (r/w/o:
21532.38/0.00/0.00) lat (ms,95%): 1.04err/s: 0.00reconn/s: 0.00
…
```

将其与 ShardingSphere-Proxy 的测试结果进行比较：

```
[ 300s ] thds: 256 tps: 1920.56 qps: 21597.56 (r/w/o:
21597.56/0.00/0.00) lat (ms,95%): 1.01err/s: 0.00reconn/s: 0.00
SQL statistics:
    queries performed:
        read:                           21082460
        write:                          8432984
        other:                          4216492
        total:                          33731936
    transactions:                       2108246 (1820.86 per sec.)
    queries:                            84306522 (281021.74 per sec.)
    ignored errors:                     0       (0.00 per sec.)
    reconnects:                         0       (0.00 per sec.)
```

ShardingSphere-Proxy 分布式读写环境的测试结果如下：

```
Shell
sysbench 1.0.20 (using bundled LuaJIT 2.1.0-beta2)
Running the test with following options:
Number of threads: 256
Report intermediate results every 10 second(s)
Initializing random number generator from current time
Initializing worker threads...
Threads started!
[ 10s ] thds: 256 tps: 21712.38 qps: 41532.38 (r/w/o:
21532.38/0.00/0.00) lat (ms,95%): 1.04err/s: 0.00reconn/s: 0.00
…
[ 300s ] thds: 256 tps: 22814.56 qps: 41597.56 (r/w/o:
21597.56/0.00/0.00) lat (ms,95%): 1.01 err/s: 0.00reconn/s:
0.00
SQL statistics:
    queries performed:
        read:                           41023410
        write:                          8432984
        other:                          4216492
        total:                          53731936
    transactions:                       6543300 (21811.86 per sec.)
    queries:                            144306300 (481021.74 per sec.)
    ignored errors:                     0       (0.00 per sec.)
    reconnects:                         0       (0.00 per sec.)
```

从上面的结果输出可知，MySQL 和 ShardingSphere-Proxy 之间的差别显而易见。为你提供更多的信息，下面来看另一个示例，它涉及数据分片。

10.2.4 分析 ShardingSphere-Proxy 分片特性

现在来看一个涉及流行特性——分片的示例。在这个示例中，使用 ShardingSphere-Proxy 插入数据，这些数据将根据分片规则被路由到实际的底层数据源。

（1）在这个分片示例中，先通过 ShardingSphere-Proxy 插入数据，如图 10.1 所示。

```
mysql> CREATE SHARDING TABLE RULE t_user (
    ->     RESOURCES(ds_0, ds_1),
    ->     SHARDING_COLUMN=id,TYPE(NAME=MOD,PROPERTIES("sharding-c
ount"=4))
    -> );
Query OK, 0 rows affected (0.86 sec)

mysql> CREATE TABLE `t_user` (
    ->   `id` INT(8) NOT NULL,
    ->   `mobile` CHAR(20) NOT NULL,
    ->   `idcard` VARCHAR(18) NOT NULL,
    ->   PRIMARY KEY (`id`)
    -> );
Query OK, 0 rows affected (0.19 sec)
```

图 10.1 通过 ShardingSphere-Proxy 插入数据

（2）图 10.2 所示是通过 ShardingSphere-Proxy 插入数据的结果：

```
mysql> SELECT * FROM t_user ORDER BY id;
+----+-------------+--------------------+
| id | mobile      | idcard             |
+----+-------------+--------------------+
|  1 | 18236483857 | 220605194709308170 |
|  2 | 15686689114 | 360222198806088804 |
|  3 | 14523360225 | 411601198601098107 |
|  4 | 18143924353 | 540228199804231247 |
|  5 | 15523349333 | 360924195311103360 |
|  6 | 13261527931 | 513229195302236086 |
|  7 | 13921892133 | 500108194806107214 |
|  8 | 15993370854 | 451322194405305441 |
|  9 | 18044280924 | 411329199808285772 |
| 10 | 13983621809 | 430204195612042092 |
| 11 | 18044270924 | 411329199708285772 |
| 12 | 13983631809 | 430204195611042092 |
+----+-------------+--------------------+
12 rows in set (0.04 sec)
```

图 10.2 通过 ShardingSphere-Proxy 插入数据的结果

（3）对逻辑数据库进行分片后，数据将被分配到多个物理数据库，如图 10.3 ~ 图 10.6 所示。每张图都显示了一个物理数据库包含的数据。

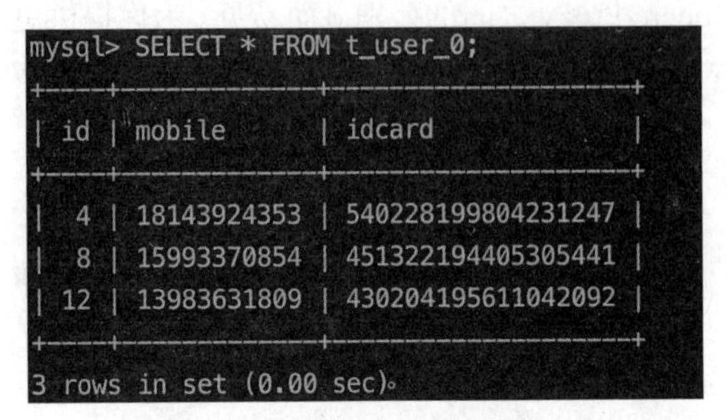

```
mysql> SELECT * FROM t_user_0;
+----+-------------+--------------------+
| id | mobile      | idcard             |
+----+-------------+--------------------+
|  4 | 18143924353 | 540228199804231247 |
|  8 | 15993370854 | 451322194405305441 |
| 12 | 13983631809 | 430204195611042092 |
+----+-------------+--------------------+
3 rows in set (0.00 sec)
```

图 10.3 物理数据库 1

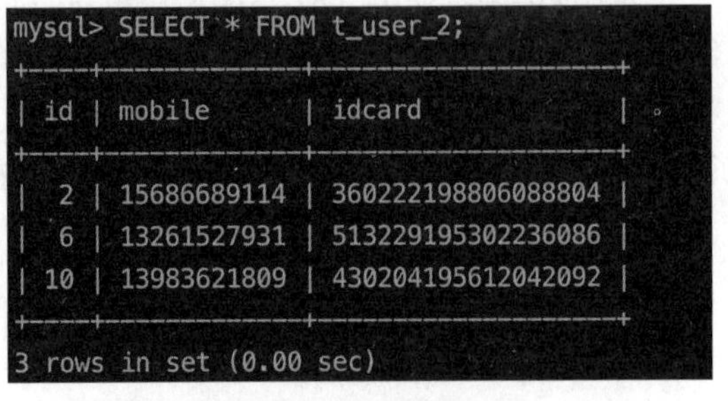

```
mysql> SELECT * FROM t_user_2;
+----+-------------+--------------------+
| id | mobile      | idcard             |
+----+-------------+--------------------+
|  2 | 15686689114 | 360222198806088804 |
|  6 | 13261527931 | 513229195302236086 |
| 10 | 13983621809 | 430204195612042092 |
+----+-------------+--------------------+
3 rows in set (0.00 sec)
```

图 10.4 物理数据库 2

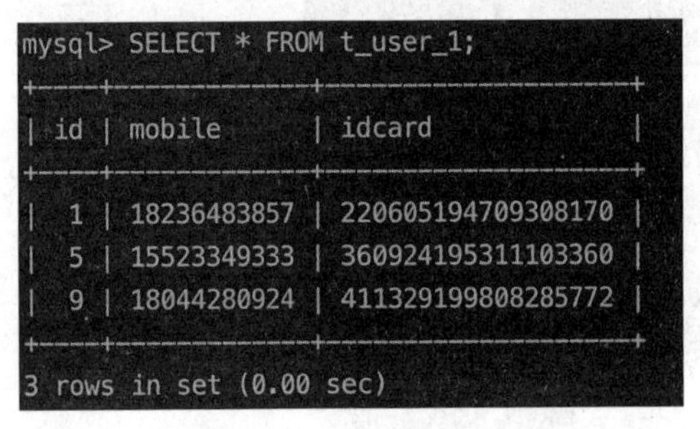

```
mysql> SELECT * FROM t_user_1;
+----+-------------+--------------------+
| id | mobile      | idcard             |
+----+-------------+--------------------+
|  1 | 18236483857 | 220605194709308170 |
|  5 | 15523349333 | 360924195311103360 |
|  9 | 18044280924 | 411329199808285772 |
+----+-------------+--------------------+
3 rows in set (0.00 sec)
```

图 10.5 物理数据库 3

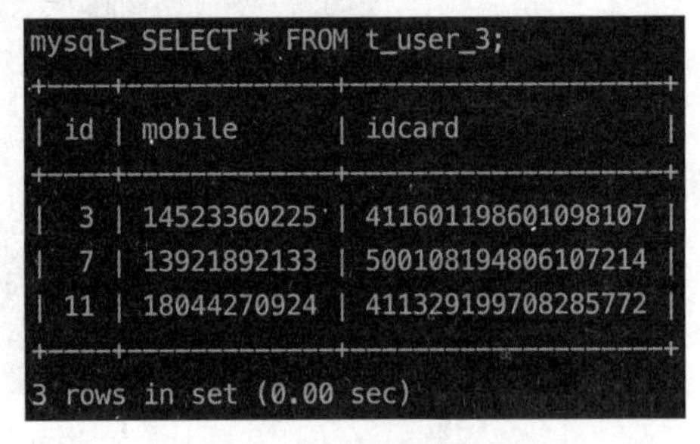

```
mysql> SELECT * FROM t_user_3;
+----+-------------+--------------------+
| id | mobile      | idcard             |
+----+-------------+--------------------+
|  3 | 14523360225 | 411601198601098107 |
|  7 | 13921892133 | 500108194806107214 |
| 11 | 18044270924 | 411329199708285772 |
+----+-------------+--------------------+
3 rows in set (0.00 sec)
```

图 10.6 物理数据库 4

这些图呈现的结果意味着什么呢？从测试报告可以了解这一点。下面就来分析测试报告，通过 10.2.3 节对测试结果的比较，我们有如下发现：

- 使用 256 个线程对 MySQL 数据库中一个包含 4000 万行数据的表进行读写压力测试时，TPS（transaction per second，每秒事务数）指标为 1820。
- 然而，ShardingSphere-Proxy 的分片功能将 4000 万行数据分散到了 5 个底层数据库，因此 TPS 指标激增到了 21811。

出色的 TPS 指标充分表明，ShardingSphere 能够解决影响传统独立数据库的瓶颈，能够提供更出色的服务。

下面介绍一个你迟早会遇到的重要场景——数据库安全。

10.3 基于场景的数据库安全测试

近年来，随着社会与互联网的联系日益紧密，数据安全得到的关注越来越多。在这个大数据时代，隐私是个严肃的问题，因此必须确保数据传输的安全。无论是 DBA，还是软件工程师，在与数据打交道时，都必须为确保数据安全投入专门的时间和精力。

本节将表明，ShardingSphere 能够对数据进行加密，从而提供稳定而可靠的服务。这里的讲解流程与 10.2 节的一样：先是准备，然后是部署、配置和测试，最后是分析测试报告。

10.3.1　为测试数据库安全做准备

为执行测试，准备组件如表 10.2 所示。

表 10.2　准备组件

角色	组件	版本
数据库	MySQL	5.7.26
中间件	ShardingSphere-Proxy	5.0.0

10.3.2　部署和配置

接下来，从 ShardingSphere 官网下载 ShardingSphere-Proxy 二进制包。

有关数据库安全测试的配置的代码如下，这里的配置示例适用于所有场景。

（1）配置加密特性：

```
config-encrypt.yaml
schemaName: encrypt_db
dataSources:
  ds_0:
    url: jdbc:mysql://127.0.0.1:3306/encrypt_
db?serverTimezone=UTC&useSSL=false
    username: test
    password: test
    connectionTimeoutMilliseconds: 30000
    idleTimeoutMilliseconds: 60000
    maxLifetimeMilliseconds: 1800000
    maxPoolSize: 3000
    minPoolSize: 1
rules:
- !ENCRYPT
  encryptors:
    aes_encryptor:
      type: AES
      props:
        aes-key-value: 123456abc
    md5_encryptor:
      type: MD5
  tables:
    sbtest1:
      columns:
        pad:
          cipherColumn: pad
          encryptorName: aes_encryptor
```

（2）配置加密特性后，就可像本章前面那样使用 Sysbench 对其进行测试了，输出结果如下：

```
Shell
sysbench 1.0.20 (using bundled LuaJIT 2.1.0-beta2)
Running the test with following options:
Number of threads: 256
Report intermediate results every 10 second(s)
Initializing random number generator from current time
Initializing worker threads...
Threads started!
[ 10s ] thds: 256 tps: 21712.38 qps: 41532.38 (r/w/o:
21532.38/0.00/0.00) lat (ms,95%): 1.04err/s: 0.00reconn/s: 0.00
...
[ 300s ] thds: 256 tps: 22814.56 qps: 41597.56 (r/w/o:
21597.56/0.00/0.00) lat (ms,95%): 1.01 err/s: 0.00reconn/s:
0.00
SQL statistics:
    queries performed:
        read:                           41023410
        write:                          8432984
        other:                          4216492
        total:                          53731936
    transactions:                       6543300 (21811.86 per
sec.)
    queries:                            144306300 (481021.74
per sec.)
    ignored errors:                     0       (0.00 per sec.)
    reconnects:                         0       (0.00 per sec.)
YAML
rules:
  - !AUTHORITY
    users:
      - root@%:root
      - sharding@:sharding
    provider:
      type: ALL_PRIVILEGES_PERMITTED
props: []
```

（3）要测试 MySQL，可启动一个运行在 Docker 中的 MySQL 实例：

```
Shell
docker run -itd -e MYSQL_ROOT_PASSWORD=test -p3306:3306
mysql:5.7
```

10.3.3 如何运行数据库安全测试

运行数据库安全测试需要先使用 ShardingSphere-Proxy 来加密数据，再将数据插入 MySQL

数据库：

```
SQL
CREATE TABLE t_user (id INT(8), mobile VARCHAR(50), idcard
VARCHAR(50));

INSERT INTO t_user (id, mobile, idcard)
VALUES (1, 18236483857, 220605194709308170),
       (2, 15686689114, 360222198806088804),
       (3, 14523360225, 411601198601098107),
       (4, 18143924353, 540228199804231247),
       (5, 15523349333, 360924195311103360),
       (6, 13261527931, 513229195302236086),
       (7, 13921892133, 500108194806107214),
       (8, 15993370854, 451322194405305441),
       (9, 18044280924, 411329199808285772),
       (10, 13983621809, 430204195612042092);
```

10.3.4　报告分析

图 10.7 是未使用 ShardingSphere-Proxy 时的示例输出，从中可知，在最右边的 idcard 列中，数据完全暴露了。

```
mysql> SELECT * FROM t_user;
+------+-------------+--------------------+
| id   | mobile      | idcard             |
+------+-------------+--------------------+
|    1 | 18236483857 | 220605194709308170 |
|    2 | 15686689114 | 360222198806088804 |
|    3 | 14523360225 | 411601198601098107 |
|    4 | 18143924353 | 540228199804231247 |
|    5 | 15523349333 | 360924195311103360 |
|    6 | 13261527931 | 513229195302236086 |
|    7 | 13921892133 | 500108194806107214 |
|    8 | 15993370854 | 451322194405305441 |
|    9 | 18044280924 | 411329199808285772 |
|   10 | 13983621809 | 430204195612042092 |
+------+-------------+--------------------+
10 rows in set (0.06 sec)
```

图 10.7　未使用 ShardingSphere-Proxy 时的示例输出

图 10.8 是使用了 ShardingSphere-Proxy 时的示例输出，从中可知，最右边的 idcard 数据被加密，这些信息得到了保护。

从这两张图可知，未使用 ShardingSphere-Proxy 时，插入的数据是以明文方式存储的，如图 10.7 所示。但使用 ShardingSphere-Proxy 后，在显示被插入 MySQL 数据库中的数据时，显示的是根据 ShardingSphere-Proxy 加密规则生成的密文，如图 10.8 所示。

```
mysql> SELECT * FROM t_user;
+------+--------------------------+----------------------------------------------+
| id   | mobile_cipher            | idcard_cipher                                |
+------+--------------------------+----------------------------------------------+
|    1 | p31Pkl9nIunYdH+AngyNUA== | pQv0JEkM94QzktJdM8UMg/uLrU71G6n6DALdPp9w6L0= |
|    2 | CV8+uYRaW0zcTQnQX3RcwA== | dCF7k4haK0aIV/d7dtwgzIb4lIFlJ913hrPim1+J278= |
|    3 | jnfu7o44KgN/PV1zhiu7jw== | 8iulp3+XTSv2XHGUUHKV0UsLuFx7yEpQVT+47EFfg94= |
|    4 | ZJDrTv/XIjdqdG1yp0t95w== | iqU6myMGfgI/XnxCtjhbMrwIauriWu8crxPS6BH2pMk= |
|    5 | FnQMYGnFJaiWmTHeNYzbFA== | KAPrCXoo1svMt5NWe0UaKYZIl1rSEVddHbBJO1jPIqw= |
|    6 | lv2ECfTCgQQksvdPp6k3Ug== | BBBPAuwU+iJluI9d9TA+H81BPnVXBaly1BE3EplN4e8= |
|    7 | z46vpnHCFTkIF2EtntxpHQ== | Bc39nPtyz1ji9Rc8k4f7G9CKfPew23mKFwp8guK7ybg= |
|    8 | p/IJdGcCikhpCu5gVZj4jg== | nnv/kS1i7uHXKncU0uLzE8OWM0nGlcGkLokT2dltSaQ= |
|    9 | NvPcQv4w3EqD77+VAX0KCA== | +yeo5LWKNWcekFqYawCKjsctAZqe104DrI7AeZdR/Uk= |
|   10 | xOyg9E0X9lhy9mUx0QyL0A== | U7P1CMcxn6VPHYHPgTAtjHEbb6N6vhGOpdJtVjAdHlA= |
+------+--------------------------+----------------------------------------------+
10 rows in set (0.00 sec)
```

图 10.8　使用了 ShardingSphere-Proxy 时的示例输出

下面介绍另一个场景——全链路监控，我们将就如何对全链路监控测试提供全面指南。

10.4　全链路监控

随着对数字服务和基础设施的依赖日益增长，企业的数据存储和业务数据处理需求的增长速度比以往任何时候都快。具体地说，在法定假日或促销活动期间，对网站和应用的海量访问可能导致系统性能降低甚至完全崩溃。

通过全链路压力测试，可提前模拟高峰期的访问量和系统执行情况，这让你能够评估系统，进而轻松地应对访问高峰。因此，3 个顶级开源社区（APISIX、ShardingSphere 和 SkyWalking）通力合作，推出了一款用于生产环境的全链路压力测试解决方案——CyborgFlow。

在本节中你将看到，ShardingSphere 能够在生成数据库和压力测试数据库之间分配流量。测试流程与前两节介绍的几乎相同，只是使用的脚本不同。

10.4.1　为测试全链路监控做准备

要进行全链路测试，需要表 10.3 所示的组件。

表 10.3　全链路测试需要的组件

角色	组件	版本
压力测试工具	Sysbench	1.0.20
数据库	MySQL	5.7.26
中间件	ShardingSphere-Proxy	5.0.0

10.4.2　部署和配置

本节提供了有关如何使用 ShardingSphere-Proxy、Sysbench 和 MySQL 执行全链路监控测试的指南。

1. ShardingSphere-Proxy

从 ShardingSphere 官网获取 ShardingSphere-Proxy 二进制包。有关数据库全链路监控配置的代码如下：

```
YAML
schemaName: sbtest
dataSources:
  ds:
    url: jdbc:mysql://DB1:3306/shadow_db0
    username: root
    password: 123456
    maxPoolSize: 256
    minPoolSize: 1
  shadow_ds:
    url: jdbc:mysql://DB2:3306/shadow_db1
    username: root
    password: 123456
    maxPoolSize: 256
    minPoolSize: 1
rules:
- !SHADOW
  dataSources:
    shadowDataSource:
      sourceDataSourceName: ds
      shadowDataSourceName: shadow_ds
  tables:
    sbtest1:
      dataSourceNames:
        - shadowDataSource
      shadowAlgorithmNames:
        - user-id-insert-match-algorithm
  shadowAlgorithms:
    user-id-insert-match-algorithm:
      type: REGEX_MATCH
      props:
        operation: insert
        column: id
        regex: "[1]"
YAML
rules:
  - !AUTHORITY
    users:
      - root@%:root
      - sharding@:sharding
    provider:
      type: ALL_PRIVILEGES_PERMITTED
props: []
```

2. Sysbench

要使用 Sysbench，可参阅下面的代码，也可参阅 GitHub 上的在线指南。

```
Shell
yum -y install make automake libtool pkgconfig libaio-devel
# 在 RHEL/CentOS 5 中，替换为 mysql-devel 以支持 MySQL
yum -y install mariadb-devel openssl-devel
curl -s https://packagecloud.××/install/repositories/akopytov/
sysbench/script.rpm.sh | sudo bash
sudo yum -y install sysbench
```

3. MySQL

如果需要测试 MySQL 数据库，可通过 Docker 快速启动一个 MySQL 实例：

```
Shell
docker run -itd -e MYSQL_ROOT_PASSWORD=root -p3306:3306
mysql:5.7
```

10.4.3 如何执行全链路监控测试

我们先使用 Sysbench 获取 ShardingSphere-Proxy 制品，再分析数据分配情况，代码如下：

```
Shell
sysbench oltp_read_write --mysql-host=${Proxy_Host} --mysql-
port=3307 --mysql-user=root --mysql-password='root' --mysql-
db=sbtest --tables=1 --table-size=40000000 --report-
interval=1  --time=300 --threads=256 --max-requests=5
--percentile=99  --mysql-ignore-errors="all" --range_
selects=off --rand-type=uniform --auto_inc=off cleanup
sysbench oltp_read_write --mysql-host=${Proxy_Host} --mysql-
port=3307 --mysql-user=root --mysql-password='root' --mysql-
db=sbtest --tables=1 --table-size=40000000 --report-
interval=1  --time=300 --threads=256 --max-requests=5
--percentile=99  --mysql-ignore-errors="all" --range_
selects=off --rand-type=uniform --auto_inc=off prepare
sysbench oltp_read_write --mysql-host=${Proxy_Host} --mysql-
port=3307 --mysql-user=root --mysql-password='root' --mysql-
db=sbtest --tables=1 --table-size=40000000 --report-
interval=1  --time=300 --threads=256 --max-requests=5
--percentile=99  --mysql-ignore-errors="all" --range_
selects=off --rand-type=uniform --auto_inc=off run
```

10.4.4 报告分析

下面示例说明了使用 ShardingSphere-Proxy 时，将收到的报告输出是什么样的。图 10.9 显示了生产数据库的输出，图 10.10 显示了影子库的输出。

```
+-------------+--------+-------------+
| mobile      | status | type        |
+-------------+--------+-------------+
| 13261527931 | 2      | product_ds  |
| 14523360225 | 2      | product_ds  |
| 15523349313 | 2      | product_ds  |
| 15523349323 | 2      | product_ds  |
| 15523349333 | 2      | product_ds  |
| 15686689114 | 2      | product_ds  |
| 18143924153 | 2      | product_ds  |
| 18143924253 | 2      | product_ds  |
| 18143924353 | 2      | product_ds  |
| 18236483857 | 2      | product_ds  |
+-------------+--------+-------------+
10 rows in set (0.00 sec)
```

图 10.9 生产数据库的输出

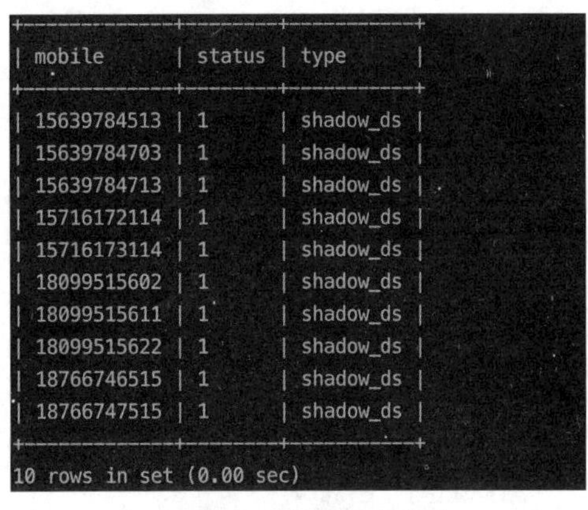

```
+-------------+--------+-------------+
| mobile      | status | type        |
+-------------+--------+-------------+
| 15639784513 | 1      | shadow_ds   |
| 15639784703 | 1      | shadow_ds   |
| 15639784713 | 1      | shadow_ds   |
| 15716172114 | 1      | shadow_ds   |
| 15716173114 | 1      | shadow_ds   |
| 18099515602 | 1      | shadow_ds   |
| 18099515611 | 1      | shadow_ds   |
| 18099515622 | 1      | shadow_ds   |
| 18766746515 | 1      | shadow_ds   |
| 18766747515 | 1      | shadow_ds   |
+-------------+--------+-------------+
10 rows in set (0.00 sec)
```

图 10.10 影子库的输出

执行完对生成数据库和影子库进行测试所需的步骤后，下面来看看如何分析报告。从图 10.9 和图 10.10 所示的输出可知，通过 ShardingSphere 的影子库功能，根据配置规则将流量路由给各种底层存储节点，从而实现生产结果和压力测试结果的分离。

还有一个常见的场景需要介绍，那就是数据库网关，下一节将介绍如何对其做必要的测试。

10.5 数据库网关

网站的流量很高时，如果通过软件处理大量的并发访问，仅靠分布式负载均衡根本无法达成这样的目标。面对苛刻的数据库连接性需求，传统的单服务器数据库架构很容易出现业务层或数据访问层崩溃乃至丢失数据的情况，因此必须考虑如何解耦数据库和应用的依赖性。在本节中，我们将使用 ShardingSphere 适配器来演示如何路由数据，以提供可靠的服务。

10.5.1 为测试数据库网关做准备

执行数据库网关场景测试，需要表 10.4 所示的组件。

表 10.4 执行数据库网关场景测试需的组件

角色	组件	版本
数据库	MySQL	5.7.26
中间件	ShardingSphere-Proxy	5.0.0

10.5.2 部署和配置

下面提供有关如何使用 ShardingSphere-Proxy 和 MySQL 进行全链路监控测试的指南。

ShardingSphere-Proxy

从 ShardingSphere 官网下载 ShardingSphere-Proxy 二进制包。下面的代码块中列出了所有必要的配置，即从读写分离配置到路由配置。

```
YAML
schemaName: sbtest
dataSources:
  write_ds:
    url: jdbc:mysql://127.0.0.1:3306/
sbtest?serverTimezone=UTC&useSSL=false
    username: root
    password: root
    maxPoolSize: 256
    minPoolSize: 1
  read_ds:
    url: jdbc:mysql://127.0.0.2:3306/
sbtest?serverTimezone=UTC&useSSL=false
    username: root
    password: root
    maxPoolSize: 256
    minPoolSize: 1
rules:
- !READWRITE_SPLITTING
  dataSources:
    pr_ds:
      writeDataSourceName: write_ds
      readDataSourceNames:
        - read_ds
YAML
schemaName: test
dataSources:
  ds_0:
    url: jdbc:mysql://127.0.0.1:3306/
sbtest?serverTimezone=UTC&useSSL=false
    username: root
    password: root
    maxPoolSize: 256
    minPoolSize: 1
  ds_1:
    url: jdbc:mysql://127.0.0.2:3306/
```

```
sbtest?serverTimezone=UTC&useSSL=false
    username: root
    password: root
    maxPoolSize: 256
    minPoolSize: 1
rules:
- !READWRITE_SPLITTING
dataSources:
   pr_ds0:
     writeDataSourceName: ds_0
     readDataSourceNames:
       - ds_0
   pr_ds1:
     writeDataSourceName: ds_1
     readDataSourceNames:
       - ds_1
YAML
rules:
  - !AUTHORITY
    users:
      - root@%:root
      - sharding@:sharding
    provider:
      type: NATIVE
props:
  proxy-frontend-executor-size: 200
  proxy-backend-executor-suitable: OLTP
  sql-show: true
```

要测试 MySQL，可通过 Docker 快速启动两个 MySQL 实例：

```
Shell
docker run -itd -e MYSQL_ROOT_PASSWORD=root -p3306:3306
mysql:5.7
```

10.5.3 如何运行数据库网关测试

分别使用 ShardingSphere 和原生 MySQL 向两个 MySQL 数据库中插入数据，可手动插入，也可使用工具自动插入。在这两个数据库中插入不同的数据，以方便区分它们。

注意 在本节的演示中，不会使用主节点和从节点。

1. 案例 1：读写分离

在这个案例中，先使用 MySQL 插入数据：

```
SQL
USE write_ds;
INSERT INTO t_order (order_id, user_id, status)
VALUES (1, 10001, 'write'),
       (2, 10002, 'write'),
       (3, 10003, 'write'),
       (4, 10004, 'write'),
       (5, 10005, 'write'),
       (6, 10006, 'write'),
       (7, 10007, 'write'),
       (8, 10008, 'write'),
       (9, 10009, 'write'),
       (10, 10010, 'write');
USE read_ds;
INSERT INTO t_order (order_id, user_id, status)
VALUES (1, 20001, 'read'),
       (2, 20002, 'read'),
       (3, 20003, 'read'),
       (4, 20004, 'read'),
       (5, 20005, 'read'),
       (6, 20006, 'read'),
       (7, 20007, 'read'),
       (8, 20008, 'read'),
       (9, 20009, 'read'),
       (10, 20010, 'read');
```

接下来，使用 ShardingSphere-Proxy 插入数据。为此，登录 ShardingSphere-Proxy 并发出查询请求。查询结果来自读数据库：

```
SQL
SELECT * FROM t_order;
```

登录 ShardingSphere-Proxy，修改读写分离规则，并将读数据库改成写数据库，查询结果将来自写数据库，代码如下：

```
SQL
ALTER READWRITE_SPLITTING RULE rw_rule
    (WRITE_RESOURCE=read_ds,READ_RESOURCES(write_ds),
TYPE(NAME=random));
```

2．案例 2：多节点数据路由

在这个案例中，采用的流程与前一个案例相同。先使用 MySQL：

```
SQL
ds_0:
```

```
CREATE TABLE `t_order` (
  `order_id` int(11) NOT NULL,
  `user_id` varchar(18) NOT NULL,
  `status` varchar(255) NOT NULL,
  PRIMARY KEY (`order_id`)
) ENGINE=InnoDB DEFAULT CHARSET=utf8mb4;
ds_1:
CREATE TABLE `t_user` (
  `id` int(8) NOT NULL,
  `mobile` char(20) NOT NULL,
  `idcard` varchar(18) NOT NULL,
  PRIMARY KEY (`id`)
) ENGINE=InnoDB DEFAULT CHARSET=utf8mb4;
```

再切换到 ShardingSphere-Proxy。为此，登录 ShardingSphere-Proxy 并执行如下操作：

```
SQL
insert into t_order values(1,1,1);
insert into t_user values(1,1,1);
select * from t_order;
select * from t_user;
```

10.5.4 报告分析

下面依次对这两个案例进行分析。

1. 案例 1：读写分离

修改读写分离规则前，查询结果来自读数据库，如图 10.11 所示。

修改读写分离规则后，查询结果来自写数据库，如图 10.12 所示。

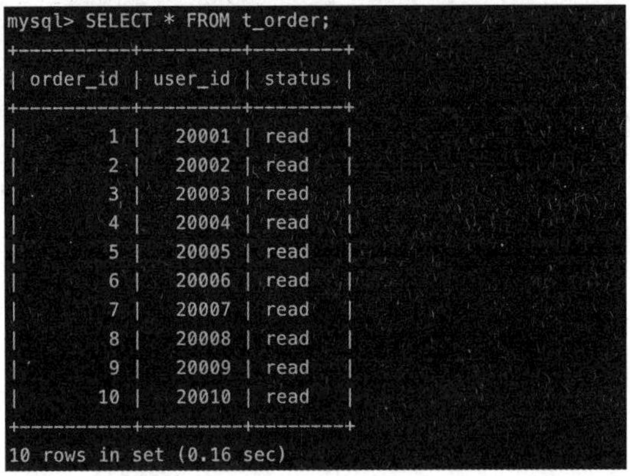

```
mysql> SELECT * FROM t_order;
+----------+---------+--------+
| order_id | user_id | status |
+----------+---------+--------+
|        1 |   20001 | read   |
|        2 |   20002 | read   |
|        3 |   20003 | read   |
|        4 |   20004 | read   |
|        5 |   20005 | read   |
|        6 |   20006 | read   |
|        7 |   20007 | read   |
|        8 |   20008 | read   |
|        9 |   20009 | read   |
|       10 |   20010 | read   |
+----------+---------+--------+
10 rows in set (0.16 sec)
```

图 10.11 来自读数据库的查询结果

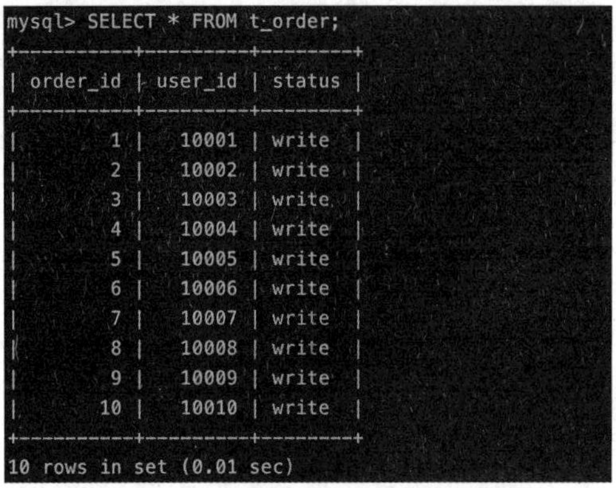

```
mysql> SELECT * FROM t_order;
+----------+---------+--------+
| order_id | user_id | status |
+----------+---------+--------+
|        1 |   10001 | write  |
|        2 |   10002 | write  |
|        3 |   10003 | write  |
|        4 |   10004 | write  |
|        5 |   10005 | write  |
|        6 |   10006 | write  |
|        7 |   10007 | write  |
|        8 |   10008 | write  |
|        9 |   10009 | write  |
|       10 |   10010 | write  |
+----------+---------+--------+
10 rows in set (0.01 sec)
```

图 10.12 来自写数据库的查询结果

2．案例 2：多节点数据路由

执行多节点数据路由后，输出结果类似图 10.13 所示。

```
mysql> insert into t_order values(1,1,1);
Query OK, 1 row affected (0.04 sec)

mysql> insert into t_user values(1,1,1);
Query OK, 1 row affected (0.01 sec)

mysql> select * from t_order;
+----------+---------+--------+
| order_id | user_id | status |
+----------+---------+--------+
|        1 | 1       | 1      |
+----------+---------+--------+
1 row in set (0.02 sec)

mysql> select * from t_user;
+----+--------+--------+
| id | mobile | idcard |
+----+--------+--------+
|  1 | 1      | 1      |
+----+--------+--------+
1 row in set (0.00 sec)

mysql> 
```

图 10.13　多节点数据路由结果

查看日志，看看 SQL 语句是如何被路由的，如图 10.14 所示。

```
[INFO ] 2022-02-14 15:48:55.548 [epollEventLoopGroup-3-3] ShardingSphere-SQL - Logic SQL: insert into t_order values(1,1,1)
[INFO ] 2022-02-14 15:48:55.548 [epollEventLoopGroup-3-3] ShardingSphere-SQL - SQLStatement: MySQLInsertStatement(setAssignment=Optional.empty, onDuplicateKeyColumns=Optional.empty)
[INFO ] 2022-02-14 15:48:55.548 [epollEventLoopGroup-3-3] ShardingSphere-SQL - Actual SQL: ds_0 ::: insert into t_order values(1,1,1)
[INFO ] 2022-02-14 15:48:55.554 [epollEventLoopGroup-3-3] ShardingSphere-SQL - Logic SQL: insert into t_user values(1,1,1)
[INFO ] 2022-02-14 15:48:55.554 [epollEventLoopGroup-3-3] ShardingSphere-SQL - SQLStatement: MySQLInsertStatement(setAssignment=Optional.empty, onDuplicateKeyColumns=Optional.empty)
[INFO ] 2022-02-14 15:48:55.554 [epollEventLoopGroup-3-3] ShardingSphere-SQL - Actual SQL: ds_1 ::: insert into t_user values(1,1,1)
[INFO ] 2022-02-14 15:48:55.576 [epollEventLoopGroup-3-3] ShardingSphere-SQL - Logic SQL: select * from t_order
[INFO ] 2022-02-14 15:48:55.576 [epollEventLoopGroup-3-3] ShardingSphere-SQL - SQLStatement: MySQLSelectStatement(table=Optional.empty, limit=Optional.empty, lock=Optional.empty, window=
Optional.empty)
[INFO ] 2022-02-14 15:48:55.576 [epollEventLoopGroup-3-3] ShardingSphere-SQL - Actual SQL: ds_0 ::: select * from t_order
[INFO ] 2022-02-14 15:48:56.830 [epollEventLoopGroup-3-3] ShardingSphere-SQL - Logic SQL: select * from t_user
[INFO ] 2022-02-14 15:48:56.830 [epollEventLoopGroup-3-3] ShardingSphere-SQL - SQLStatement: MySQLSelectStatement(table=Optional.empty, limit=Optional.empty, lock=Optional.empty, window=
Optional.empty)
[INFO ] 2022-02-14 15:48:56.830 [epollEventLoopGroup-3-3] ShardingSphere-SQL - Actual SQL: ds_1 ::: select * from t_user
```

图 10.14　SQL 语句路由日志

3．解读结果

图 10.11 ~ 图 10.14 对两个案例的情况做了比较，由此可知，ShardingSphere 能够在节点之间路由数据，即根据配置的规则，将上层数据路由到下层的不同存储节点。

分析完报告后，有关数据库网关场景测试的介绍就结束了。巧合的是，本章到这里也结束了。

10.6 小结

本章介绍了 4 个重要的应用场景，这些场景不仅在你使用 ShardingSphere 时很重要，在你使用数据库时也很重要。首先，你学习了如何将流量分配给多个数据库，以提高服务的稳定性和可靠性。其次，你学习了如何在生产数据库和压力测试数据库之间分配数据库流量，并测试了数据库网关。最后，你学习了如何使用 ShardingSphere 来加密数据。下一章将介绍一些推荐的 ShardingSphere 案例。

第 11 章　探索最佳的 ShardingSphere 使用案例

本书已接近尾声，可以开始筹备庆祝会了。现在，你对 ShardingSphere 及其架构、客户端和特性有透彻的认识，还可能已经着手在自己的环境中尝试使用它了。也就是说，可以认为你为使用 ShardingSphere 做好了准备。然而，本章包含一些 ShardingSphere 用户经常需要面对的实际场景，这些用户包括中小型企业（small and medium enterprise，SME）以及在国际股票市场上市的大型企业，学习这些场景有助于你熟悉众多结合使用 ShardingSphere 和数据库的方式。

本章涵盖如下主题：

- 技术需求；
- 推荐的分布式数据库解决方案；
- 推荐的数据库安全解决方案；
- 推荐的全链路监控解决方案；
- 推荐的数据库网关解决方案。

11.1 技术需求

你不需要任何特定语言的使用经验，但熟悉 Java 将对学习本章大有裨益，因为 ShardingSphere 就是使用 Java 编写的。

要运行本章的实例，需要如下工具。

- 2 个处理器内核和 4GB 内存的 UNIX 或 Windows 计算机：在大多数操作系统中，都可运行 ShardingSphere。
- JRE 或 JDK 8+：这是所有 Java 应用的基本环境。
- 文本编辑器（并非必不可少）：要修改 YAML 配置文件，可使用 Vim 或 VS Code。
- MySQL/PostgreSQL 客户端：要执行 SQL 查询，可使用默认的 CLI，也可使用其他 SQL

客户端，如 Navicat 或 DataGrip。

- 7-Zip 或 tar 命令：在 Linux 或 macOS 中，可使用这些工具来解压缩 Proxy 制品。

提示　完整的代码文件可从本书的 GitHub 仓库下载。

11.2　推荐的分布式数据库解决方案

在传统的关系数据库中，经常会出现单机存储性能瓶颈和查询性能瓶颈。为解决这些问题，ShardingSphere 提供了轻量级分布式数据库解决方案以及数据分片、分布式事务和弹性伸缩等增强特性，这些都是基于关系数据库的存储和计算能力的。

有了 ShardingSphere 的技术帮助后，企业无须承担替换存储引擎带来的技术风险。只要原有关系数据库是稳定的，企业就能获得分布式数据库的可伸缩性。

这个分布式数据库解决方案包含如下 5 项核心功能：

- 分片；
- 读写分离；
- 分布式事务；
- 高可用性；
- 弹性伸缩。

图 11.1 对这些核心功能做了说明。

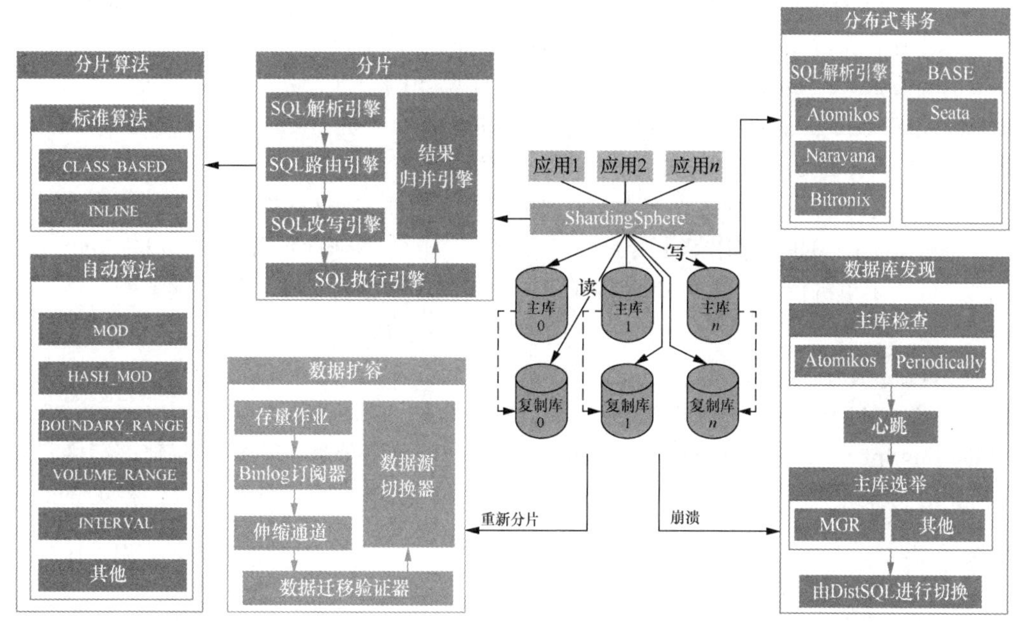

图 11.1　ShardingSphere 分布式解决方案的架构

数据分片让用户能够定义分片规则，从而透明地处理分片。ShardingSphere 有多个内置的分片算法，如标准分片算法和自动分片算法。用户还可利用扩展点来定义自定义的分片算法。

读写分离基于主从数据库架构，能够确定用户指定的 SQL 是读取请求还是写入请求，再将它们分别路由给读数据库和写数据库，从而改善数据库查询性能。当前，读写分离能力还消除了读写锁，有效地提高了写入性能。

为了在分布式数据库中管理分布式事务，ShardingSphere 集成了 XA 事务和 BASE 事务，其中 XA 事务可满足强一致性需求，而 BASE 事务可确保最终一致性。通过集成主流的事务解决方案，ShardingSphere 能够满足各种应用场景的事务管理需求。

ShardingSphere 的高可用性能力利用了底层数据库的高可用性，同时提供了数据库自动发现功能，这种功能能够自动检查主从数据库的关系变化，从而校正计算节点到数据库的连接，确保应用层的高可用性。

ShardingSphere 的弹性伸缩能力用于实现数据库扩容，它支持同构数据库和异构数据库，让用户能够直接使用 DistSQL 来管理扩容，并通过修改分片规则来触发扩容。

下面介绍如何利用可用的工具来创建分布式数据库、如何配置它们以及如何使用它们的特性。

11.2.1　可供选择的两个客户端

当前，ShardingSphere 的分布式数据库解决方案支持 ShardingSphere-JDBC 和 ShardingSphere-Proxy，未来还将支持云原生的 ShardingSphere-Sidecar。

ShardingSphere-JDBC 的接入终端为 Java 应用。由于 ShardingSphere 实现遵循了 JDBC 标准，因此 ShardingSphere-JDBC 能够与主流的 ORM 框架（如 MyBatis 和 Hibernate）兼容。用户只需安装 ShardingSphere-JDBC 的.jar 包就可快速集成它。

另外，ShardingSphere-JDBC 的架构是无中心化的，因此 ShardingSphere-JDBC 与应用共享资源。ShardingSphere- JDBC 适用于使用 Java 开发的高性能 OLTP 应用。部署 ShardingSphere-JDBC 时，用户可使用单机模式，也可使用大规模集群模式，并结合使用治理功能来统一管理集群配置。

ShardingSphere-Proxy 提供了一个集中的静态入口，适用于异构语言场景和 OLAP 场景。图 11.2 概述了 ShardingSphere-JDBC 和 ShardingSphere-Proxy 混合部署的结构。

ShardingSphere-JDBC 和 ShardingSphere-Proxy 可分别部署，也可一起部署。通过统一的注册中心可集中管理配置，架构师可根据不同接入终端的特征打造适合各种场景的应用系统。

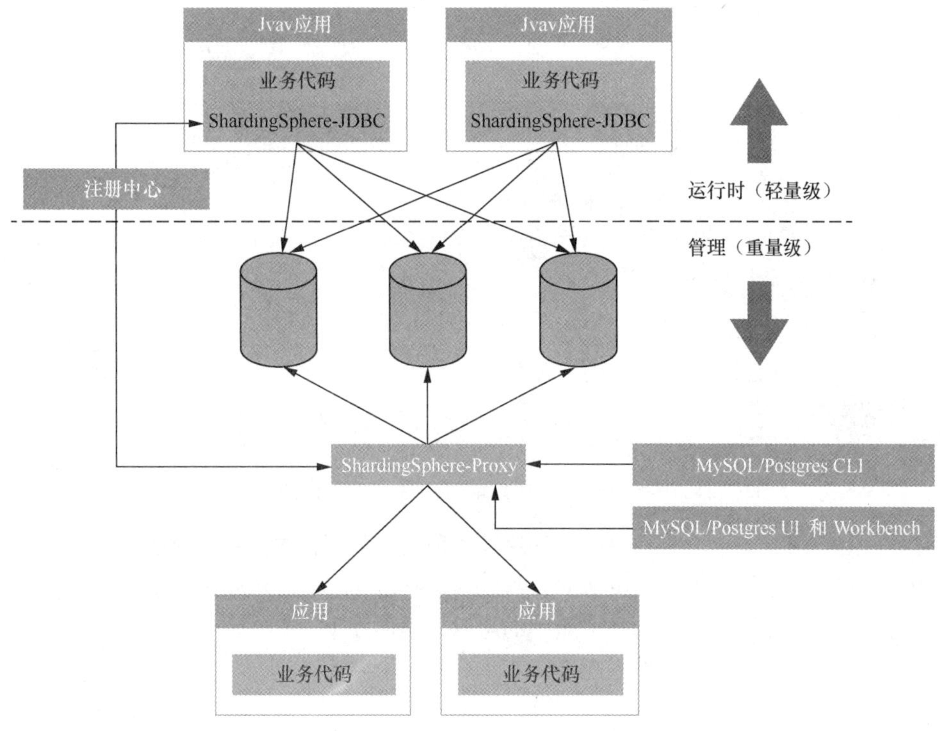

图 11.2 混合部署示例

11.2.2 DBMS

当前，ShardingSphere 的分布式数据库解决方案支持主流的关系数据库，如 MySQL、PostgreSQL、Oracle 和 SQL Server，还支持其他遵循 SQL-92 标准的关系数据库。用户可根据当前的数据库架构选择一种数据库，将其作为 ShardingSphere 的存储节点。

未来，ShardingSphere 将提供更好的异构数据库支持，包含 NoSQL、NewSQL 等。它将使用集中的数据库网关作为入口，并使用其内部的 SQL 方言转换器将 SQL 转换为异构数据库的 SQL 方言，从而实现对异构数据库的集中管理。

11.2.3 分片策略

ShardingSphere 内置了 4 种分片策略：Standard、Complex、Hint 和 None。分片策略包括分片键和分片算法，因此用户需要给分片策略指定分片键和分片算法。

这里以标准分片策略为例，其配置通常如下面代码所示，其中 shardingColumn 为分片键，而 shardingAlgorithmName 为分片算法。分片键和分片算法一起可实现数据库级和表级分片。

```yaml
YAML
rules:
- !SHARDING
  tables:
     t_order:
        databaseStrategy:
           standard:
              shardingColumn: user_id
              shardingAlgorithmName: database_inline
```

然后，需要配置分片算法：

```yaml
YAML
shardingAlgorithms:
    database_inline:
       type: INLINE
       props:
               algorithm-expression: ds_${user_id % 2}
```

有时候，SQL 可能未包含分片键，但分片键出现在外部逻辑中。在这种情况下，可使用提示分片策略并指定分片条件，以实现灵活的分片路由。shardingAlgorithmName 用于指定分片算法，而常见的提示分片策略配置可分为几个简单的步骤，具体如下。

首先配置分片规则，可参考如下配置：

```yaml
YAML
rules:
- !SHARDING
  tables:
     t_order:
        databaseStrategy:
           hint:
              shardingAlgorithmName: database_hint
```

要配置分片算法，可参考如下配置：

```yaml
YAML
shardingAlgorithms:
    database_hint:
      type: CLASS_BASED
      props:
        strategy: HINT
        algorithmClassName: xxx
```

配置好 Hint 分片策略后，便可使用 HintManager 来设置数据库分片键值和表分片键值。下面的代码片段演示了 HintManager 的用法，其中 addDatabaseShardingValue 和 addTableShardingValue 用于指定逻辑表的分片键值。另外，由于 HintManager 使用 ThreadLocal 来维护分片键值，因此最后需要使用方法 close 来关闭 ThreadLocal，或者使用 try with resource 来自动关闭它。

```
Java
try (HintManager hintManager = HintManager.getInstance();
     Connection connection = dataSource.getConnection();
     PreparedStatement preparedStatement = connection.
prepareStatement(sql)){
    hintManager.addDatabaseShardingValue("t_order", 2);

    try (ResultSet resultSet = preparedStatement.
executeQuery()) {
         while (resultSet.next()) {
         }
    }
}
```

上述示例可帮助你明白 HintManager 是如何工作的。

11.2.4 分布式事务

分布式数据库解决方案还支持包括 XA 和 BASE 在内的分布式事务。BASE 分布式事务提供了最终一致性语义。在 XA 模式下，如果存储数据库的隔离等级是可序列化的，可实现强一致性语义。下面的代码片段演示了如何使用 XA：

```
YAML
// Proxy server.yaml
rules:
  - !AUTHORITY
     users:
        - root@%:root
        - sharding@:sharding
      - !TRANSACTION
     defaultType: XA
     providerType: Atomikos
```

要使用 Narayana 实现，需要将 providerType 配置为 narayana，并添加 Narayana 依赖项。下面的脚本是一个绝佳的示例：

```
Plain Text
// shardingsphere/pom.xml 删除这些依赖项的 scope
<dependency>
    <groupId>org.jboss.narayana.jta</groupId>
    <artifactId>jta</artifactId>
    <version>${narayana.version}</version>
</dependency>
<dependency>
    <groupId>org.jboss.narayana.jts</groupId>
    <artifactId>narayana-jts-integration</artifactId>
    <version>${narayana.version}</version>
```

```
</dependency>
<dependency>
    <groupId>org.jboss</groupId>
    <artifactId>jboss-transaction-spi</artifactId>
    <version>${jboss-transaction-spi.version}</version>
</dependency>
<dependency>
    <groupId>org.jboss.logging</groupId>
    <artifactId>jboss-logging</artifactId>
    <version>${jboss-logging.version}</version>
</dependency>

// shardingsphere/shardingsphere-kernel/shardingsphere
transaction/shardingsphere-transaction-type/shardingsphere
transaction-xa/shardingsphere-transaction-xa-core/pom.xml 添加依赖项
<dependency>
    <groupId>org.apache.shardingsphere</groupId>
    <artifactId>shardingsphere-transaction-xa-narayana</
artifactId>
    <version>${project.version}</version>
</dependency>
```

通过像上面这样修改源代码依赖项，可直接将 Narayana 打包使用。

11.2.5 高可用性和读写分离策略

下面的 YAML 脚本设置了参数 writeDataSourceName 和 readDataSourceNames，以指定读数据源和写数据源：

```
YAML
rules:
- !READWRITE_SPLITTING
  dataSources:
     readwrite_ds:
         writeDataSourceName: write_ds
         readDataSourceNames: read_ds_0,read_ds_1
```

动态读写分离是一种结合使用了高可用性的读写分离。高可用性能够发现底层数据库的主从关系，并动态地校正 ShardingSphere 和数据库之间的连接，从而确保应用层的高可用性。下面演示了动态读写分离的配置：

```
YAML
rules:
- !DB_DISCOVERY
  dataSources:
     readwrite_ds:
```

```
        dataSourceNames:
           - ds_0
           - ds_1
           - ds_2
        discoveryHeartbeatName: mgr-heartbeat
        discoveryTypeName: mgr
```

可以看到，在动态读写分离的配置中，不需要指定读数据源和写数据源，因为高可用性能够动态地检测读数据源和写数据源。

接下来配置 discoveryHeartbeats，让系统知道有哪些资源可配置：

```
YAML
  discoveryHeartbeats:
     mgr-heartbeat:
        props:
           keep-alive-cron: '0/5 * * * * ?'
  discoveryTypes:
     mgr:
        type: MGR
        props:
           group-name: 92504d5b-6dec-11e8-91ea-246e9612aaf1
```

配置 discoveryHeartbeats 后，配置读写分离：

```
YAML
- !READWRITE_SPLITTING
  dataSources:
     readwrite_ds:
         autoAwareDataSourceName: readwrite_ds
```

至此，便成功地配置了 ShardingSphere 读写分离。

11.2.6　弹性伸缩

弹性伸缩通常涉及分片规则变更，因此它与数据分片紧密相关。另外，弹性伸缩与其他核心特性（如读写分离和高可用性）兼容，因此当系统需要扩容时，无论当前配置是什么样的，都可启用弹性伸缩。

弹性伸缩涉及的配置很多，有用于性能调优的，有用于限制资源消耗的，还有通过 SPI 定制的。

下面是弹性伸缩场景的 server.yaml 配置：

```
YAML
scaling:
  blockQueueSize: 10000
  workerThread: 40
  clusterAutoSwitchAlgorithm:
```

```
      type: IDLE
      props:
        incremental-task-idle-minute-threshold: 30
  dataConsistencyCheckAlgorithm:
      type: DEFAULT
mode:
  type: Cluster
  repository:
      type: ZooKeeper
      props:
        namespace: governance_ds
        server-lists: localhost:2181
        retryIntervalMilliseconds: 500
        timeToLiveSeconds: 60
        maxRetries: 3
        operationTimeoutMilliseconds: 500
  overwrite: false
```

如果你打算使用弹性伸缩，需要使用上述配置开启能力。

11.2.7 分布式治理

ShardingSphere 支持 3 种模式，即内存模式、单机模式和集群模式。

- 在内存模式下，元数据存储在当前进程中。
- 在单机模式下，元数据存储在文件中。
- 在集群模式下，在注册中心存储元数据和每个计算节点的状态。

ShardingSphere 在内部集成了 ZooKeeper 和 etcd，这让它能够使用注册节点变更事件通知在集群中同步元数据和配置信息。

下面来演示如何配置这 3 种模式。先来看看如何配置内存模式。为此，需要先指定这种模式：

```
YAML
mode:
  type: Memory
```

内存模式配置起来非常容易，单机模式亦如此，如下面的脚本所示：

```
YAML
mode:
  type: Standalone
  repository:
      type: File
  overwrite: false
```

然而，要配置集群模式，需要在脚本中编写更多的代码：

```
YAML
mode:
```

```
  type: Cluster
  repository:
    type: ZooKeeper
    props:
      namespace: governance_ds
      server-lists: localhost:2181
      retryIntervalMilliseconds: 500
      timeToLiveSeconds: 60
      maxRetries: 3
      operationTimeoutMilliseconds: 500
  overwrite: false
```

这个脚本虽然长一些，但可以看到，集群模式配置起来也很容易。

现在转向与安全相关的特性，我们将通过真实案例演示如何实现数据库安全解决方案。

11.3　推荐的数据库安全解决方案

在安全方面，ShardingSphere 提供了可靠且简单的数据加密解决方案，还提供了身份认证和权限控制功能。简单地说，ShardingSphere 提供的加密引擎和内置加密算法能够自动加密信息，存入加密的信息，并在查询时将其解密为明文，再发送给客户端。这让你无须操心数据加密和解密，就能确保数据存储的安全。

下面提供一些使用 ShardingSphere 实现数据库安全的实例，介绍你可使用的工具，以及如何配置它们来实现数据加密、加密数据的迁移、身份认证和 SQL 授权。

11.3.1　使用 ShardingSphere 实现数据库安全

图 11.3 显示了数据安全解决方案的架构，这个解决方案包含身份认证、权限控制、加密引擎、加密算法和遗留的未加密数据在线处理器等要素。

由图 11.3 可知，ShardingSphere 可帮助打造完整的解决方案，解决所有数据库安全方面的问题。你可能会问，使用 ShardingSphere 实现数据库安全时，需要注意哪些重要的方面呢？为回答这个问题，下面将更详细地介绍数据库安全的关键要素。

- 身份认证：当前，ShardingSphere 支持 MySQL 的密码身份认证协议（mysql_native_password）和 PostgreSQL 的密码身份认证协议（md5）。未来，ShardingSphere 将添加其他身份认证方法。
- 权限控制：ShardingSphere 提供了两个层级的授权提供者——ALL_PRIVILEGES_PERMITTED 和 DATABASE_PRIVILEGES_PERMITTED。你可选择使用其中之一，也可通过 SPI 来实现自定义扩展。
- 加密引擎：加密引擎能够根据加密规则来分析输入的 SQL，并自动计算并改写要加密的内容，再将密文存储到存储节点。当你查询加密后的数据时，ShardingSphere 能够对其进行解密并输出明文。

- 加密算法：ShardingSphere 内置的加密算法包括 AES、RC4 和 MD5，你还可通过 SPI 自定义其他扩展。
- 遗留的未加密数据处理器（开发中）：遗留的未加密数据处理器能够将数据库中的遗留明文数据转换为密文进行存储，从而帮助你完成历史数据迁移和系统升级。

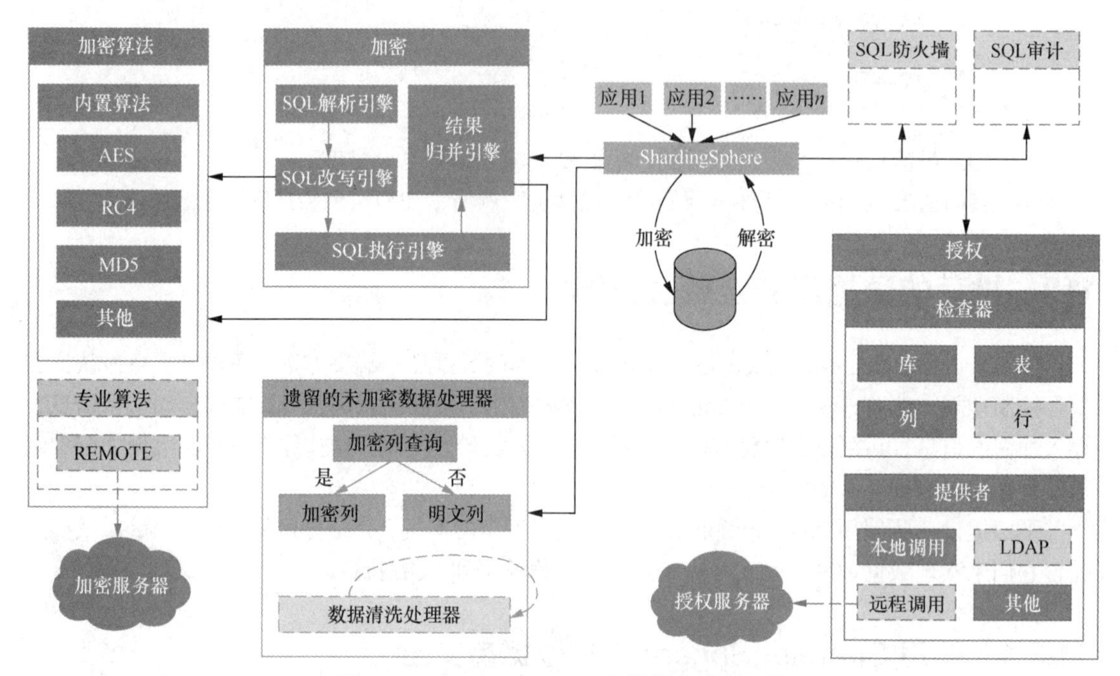

图 11.3　ShardingSphere 的数据库安全架构

下面介绍可供你打造数据库安全解决方案的工具。

11.3.2　可供选择的两个客户端

ShardingSphere-JDBC 和 ShardingSphere-Proxy 都可访问加密引擎和加密算法，它们的性能完全相同。然而，只有 ShardingSphere-Proxy 提供了集中身份认证和授权控制特性。有关这方面的更详细的信息可参阅 4.3 节和 4.4 节。未来，还将在 ShardingSphere-Proxy 中集成遗留的未加密数据处理器。

11.3.3　对 DBMS 应用数据安全解决方案

与分片解决方案一样，数据安全解决方案也是基于标准 SQL 实现的，独立于存储节点的类型。因此，可使用 ShardingSphere 来访问 MySQL、PostgreSQL 或其他遵循 SQL-92 的任何关系数据库，并且使用体验完全相同。未来，数据安全特性将支持更多的异构场景，以满足用户需求。

11.3.4 数据加密/数据脱敏

数据加密让分布式数据库更安全。你可直接使用 ShardingSphere 来加密数据，而无须操作加密过程。下面是一个加密配置示例：

```
YAML
rules:
- !ENCRYPT
  encryptors:
     aes_encryptor:
        type: AES
        props:
           aes-key-value: 123456abc
        tables:
                t_encrypt:
        columns:
           user_id:
              cipherColumn: user_cipher
              encryptorName: aes_encryptor
```

除加密算法 AES 和 MD5 外，ShardingSphere 还支持其他加密算法，如 SM3、SM4 和 RC4。另外，你还可通过 SPI 载入自定义算法。在加密列方面，ShardingSphere 支持配置加密列、明文列、密文查询辅助列等。你可根据实际场景选择合适的配置。

11.3.5 包含加密的数据迁移

前面介绍了如何启用数据加密，但数据加密只能用于新数据或更新后的数据，只读的遗留数据不能被加密。当前，要加密遗留数据，需要你自己动手去做。为解决这个问题，并提高工作效率，ShardingSphere 马上就会发布遗留的未加密数据处理器。

根据目的地的不同，带加密的数据迁移分两类——数据加密并迁移到新集群、在原来的集群中加密数据。数据加密并迁移到新集群的步骤与前文介绍的实现弹性伸缩的步骤类似，需要的时间较长，因此，如果只想加密数据，不建议采取这种方法。然而，如果想同时实现弹性伸缩，那么可以考虑采用这种方法。

在原来的集群中加密数据时，只有少量的数据需要迁移，并且只需处理与加密相关的新增列，耗时更短。如果只想加密数据，那么可以考虑这种方法。

11.3.6 身份认证

第 4 章概述了如何在分布式数据库中实现用户身份认证，因此这里只列出 ShardingSphere 提供的示例配置：

```
YAML
rules:
  - !AUTHORITY
     users:
        - root@%:root
        - sharding@:sharding
```

这里的配置定义了两个用户（root 和 sharding），它们的密码与用户名相同。没有限制用户登录地址，这让它们能够从任何主机连接并登录 ShardingSphere。

要限制用户登录地址，可参考下面的配置：

```
YAML
rules:
  - !AUTHORITY
     users:
        - root@%:root
        - sharding@:sharding
        - user1@127.0.0.1:password1
        - user2@192.168.1.11:password2
```

上述配置导致 user1 和 user2 只能从指定的 IP 地址登录，而不能从其他 IP 地址连接到 ShardingSphere。这是一种非常重要的安全控制措施。

在应用中，如果网络环境允许，推荐对用户登录的 IP 地址进行限制。

11.3.7 SQL 授权/权限检查

4.4 节讨论了两个层级的授权提供者。

（1）ALL_PRIVILEGES_PERMITTED 特点如下：

- 授予用户所有权，而没有任何权限限制；
- 是默认设置，因此无须显式地配置；
- 适用于测试和验证以及你绝对信任的应用环境。

（2）DATABASE_PRIVILEGES_PERMITTED 特点如下：

- 授予用户访问指定数据库的权限；
- 需要显式地配置；
- 适用于需要对用户的访问范围进行限制的应用环境。

具体选择哪个由管理员根据实际应用环境做出决定。下面介绍推荐的全链路监控用例。

11.4 推荐的全链路监控解决方案

全链路监控解决方案是个复杂而庞大的工程，因为它要求各种微服务和中间件相互协作。ShardingSphere 的全链路监控解决方案被称为压力测试影子库功能，旨在帮助隔离压力测试数据，避免数据污染。

开放和协作是开源社区的特征。ShardingSphere 与 APISIX 和 SkyWalking 合作发起了项目 CyborgFlow，这是一个开箱即用（out-of-the-box，OOTB）的低成本全链路监控解决方案，能够从统一的角度对流量进行全链路分析。

从图 11.4 可知，CyborgFlow 是一个完备的全链路监控解决方案。

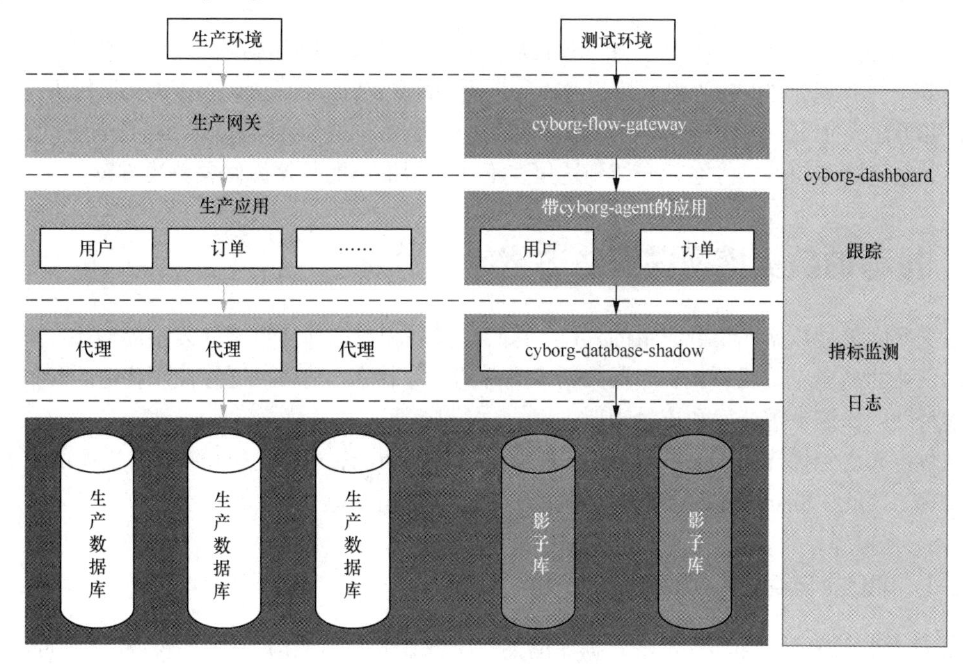

图 11.4 CyborgFlow 概述

对全链路监控解决方案有大致了解后，下面来看看具体的细节。

11.4.1 流量网关

要在生产环境中执行在线压力测试，需要启用压力测试网关层，以处理测试流量。

压力测试网关插件 cyborg-flow-gateway 是 APISIX 按照 SkyWalking 协议实现的。根据用户指定的配置，这个网关能够处理指定的流量，并将流量与压力测试标识符一起传递给链路调用上下文。这个网关支持根据不同服务的需求处理身份认证和授权流。测试完毕后，用户只需释放资源，这让整个过程对生产环境来说是透明的。

11.4.2 应用性能监控和 Cyborg

通过使用 SkyWalking Cyborg Dashboard，可集中监控压力测试环境中的变化，这让你能够对压力测试进行合理干预，确保整个过程平稳进行。

Cyborg 能够在整个链路中透明地传输压力测试标识符，当应用调用影子库（cyborg-database-shadow）时，它能够拦截 SQL，并以标注（annotation）的方式在末尾添加压力测试标识符。另外，Cyborg 利用了字节码技术，这让用户无须人工跟踪事件，同时服务部署是无状态的。

11.4.3 数据库保护

ShardingSphere 提供的 Cyborg 影子库能够根据压力测试标识符来隔离数据。影子库能够分析 SQL 语句，并找到标注的压力测试标识符；根据用户配置的 Hint 算法识别压力测试标识符。也就是说，如果在 SQL 语句中找到了压力测试标识符，影子库将把 SQL 语句路由给压力测试数据源。

有关全链路监控解决方案就介绍到这里，下面介绍推荐的数据库网关解决方案。

11.5 推荐的数据库网关解决方案

数据库网关是数据库集群流量的入口。它隐藏应用和数据库集群之间复杂的连接，让连接到数据库网关的高层应用无须关心底层数据库集群的实际状态。另外，通过使用特定的配置，可实现其他特性，如流量重分发和流量治理。

在数据库之上构建的 ShardingSphere 能够提供增强功能，并对应用和数据库之间的数据流量进行管理。因此，ShardingSphere 自然而然地成了数据库网关。

11.5.1 概述与架构

图 11.5 展示了 ShardingSphere 数据库网关解决方案的总体架构，其中的核心组件包括读写分离和注册中心。通过利用注册中心的分布式治理功能，ShardingSphere 能够灵活地管理计算节点的状态和流量。注册中心还维护着读写分离功能的底层数据库状态，因此通过禁用/启用读数据库，可对读写分离流量进行治理。

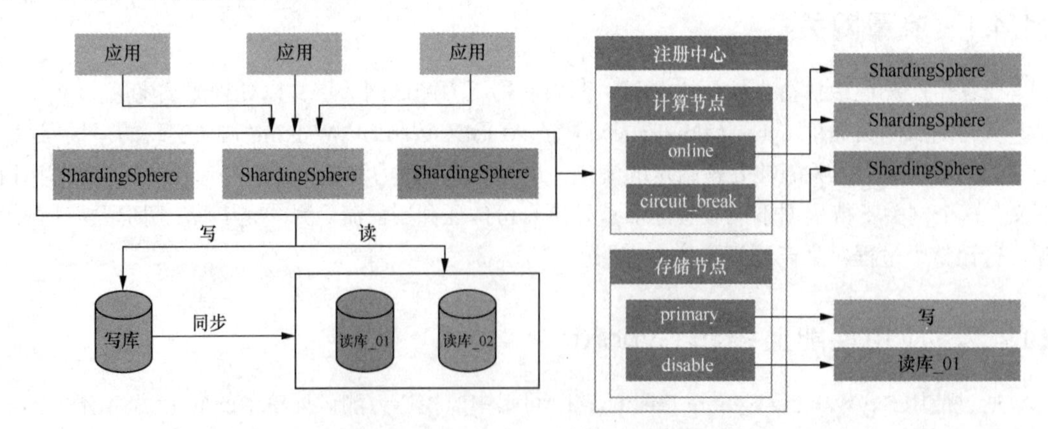

图 11.5 ShardingSphere 的数据库网关解决方案

通过图 11.5 进行概述后，下面来深入探讨具体的细节。

11.5.2 数据库管理

数据库管理是 ShardingSphere 的一种数据库流量治理方式，由以下两部分组成：

- 管理 ShardingSphere 实例；
- 管理实际的数据库节点。

实际上，数据库管理基于 ShardingSphere 的分布式治理功能。集群模式提供的功能可确保在线部署的集群的数据一致性、状态一致性和服务高可用性。默认情况下，ShardingSphere 实现了 ZooKeeper 和 etcd 的分布式治理功能。

ShardingSphere 实例和实际的数据库节点分别作为计算节点和存储节点存储在注册中心。通过操作注册中心的数据，ShardingSphere 可对它们的状态进行管理，而操作结果将实时地同步到集群中所有的计算节点。注册中心的存储结构如下：

```
Bash
namespace
   ├──status
   ├      ├──compute_nodes
   ├      ├       ├──online
   ├      ├       ├       ├──${your_instance_ip_a}@${your_instance_port_x}
   ├      ├       ├       ├──${your_instance_ip_b}@${your_instance_port_y}
   ├      ├       ├       ├── …
   ├      ├       ├──circuit_breaker
   ├      ├       ├       ├──${your_instance_ip_c}@${your_instance_port_v}
   ├      ├       ├       ├──${your_instance_ip_d}@${your_instance_port_w}
   ├      ├       ├       ├── …
   ├      ├──storage_nodes
   ├      ├       ├──disable
   ├      ├       ├         ├──${schema_1.ds_0}
   ├      ├       ├         ├──${schema_1.ds_1}
   ├      ├       ├         ├── …
   ├      ├       ├──primary
   ├      ├       ├         ├──${schema_2.ds_0}
   ├      ├       ├         ├──${schema_2.ds_1}
   ├      ├       ├         ├── …
```

可以看到，ShardingSphere 提供了用于管理计算节点的状态和 online 和 circuit_breaker，其中后者用于暂时关闭 ShardingSphere 实例的流量，导致它们不能提供外部服务，直到其状态被改为 online。通过提供 online 和 circuit_breaker，可方便地管理计算节点（ShardingSphere 实例）的状态。

（1）通过在 IP address @PORT 节点中添加 DISABLED（不区分大小写），可断开实例。如果要启用实例，可将 DISABLED 删除。相应的 ZooKeeper 命令如下：

```
Bash
[zk: localhost:2181(CONNECTED) 0] set /${your_zk_
namespace}/status/compute_nodes/circuit_breaker/${your_
instance_ip_a}@${your_instance_port_x} DISABLED
```

（2）使用 DistSQL 可快速管理计算节点的状态：

```
Bash
[enable / disable] instance IP=xxx, PORT=xxx
```

下面是一个示例：

```
Apache
disable instance IP=127.0.0.1, PORT=3307
```

注意 虽然没有限制 DistSQL 这样做，但不推荐断开连接到当前客户端的 ShardingSphere 实例，因为这可能导致客户端无法执行任何命令。在 ShardingSphere 5.1.1 中，这个问题已修复。

为管理存储节点，ShardingSphere 提供了 disable 和 primary，其中前者用于管理数据节点，而后者用于管理主库。存储节点管理通常适用于主库和从库，在读写分离场景中，主库和从库也被称为写库和读库。

与管理计算节点类似，ShardingSphere 也暂时禁用读库的流量。一个从库被禁用后，将不能分配给它任何读取流量，不管用户配置的是哪种读写分离策略，所有来自应用的 Select 请求都将由其他读库处理，直到这个数据节点被重新启用。

下面来看一个实现示例。在读写分离场景中，用户可在数据源名称子节点中添加 DISABLED（不区分大小写），以禁用从库的数据源。如果要重新启用数据源，可删除 DISABLED 或整个子节点。下面来看看配置读写分离所需的步骤。

（1）ZooKeeper 命令如下：

```
Bash
[zk: localhost:2181(CONNECTED) 0] set /${your_zk_
namespace}/status/storage_nodes/disable/${your_schema_
name.your_replica_datasource_name} DISABLED
```

（2）可使用 DistSQL 来快速管理存储节点的状态：

```
Bash
[enable / disable] readwrite_splitting read xxx [from schema]
```

下面是一个示例：

```
Bash
disable readwrite_splitting read resource_0
```

11.5.3　读写分离

读写分离是 ShardingSphere 数据流量治理的典型应用场景之一。随着应用系统的访问量日益增多，我们必然要解决吞吐量方面的瓶颈。当前，主流的解决方案是采用读写分离架构：将数据库分为主库和从库，前者负责处理传统的添加、删除和修改操作，而后者负责处理查询操作。这种方法可有效地避免数据更新导致的行锁，从而极大地改善整个系统的查询性能。

通过配置一个主库和多个从库，可将查询请求平均地分配给多个数据节点，从而进一步提高系统的处理容量。ShardingSphere 也支持一主库多从库架构，相应的 YAML 配置如下：

```
YAML
schemaName: readwrite_splitting_db
dataSources:
  primary_ds:
     url: jdbc:postgresql://127.0.0.1:5432/demo_primary_ds
     username: postgres
     password: postgres
  replica_ds_0:
# 省略了数据源配置
  replica_ds_1:
# 省略了数据源配置
```

与上述配置配套的规则配置如下：

```
rules:
- !READWRITE_SPLITTING
  dataSources:
     pr_ds:
        writeDataSourceName: primary_ds
        readDataSourceNames:
           - replica_ds_0
           - replica_ds_1
        loadBalancerName: loadbalancer_pr_ds
```

配套的负载均衡配置如下：

```
loadBalancers:
     loadbalancer_pr_ds:
        type: ROUND_ROBIN
```

在这个示例中，通过 writeDataSourceName 配置了一个写库，通过 readDataSourceNames 配置了两个读库，还配置了一个名为 loadbalancer_pr_ds 的负载均衡算法。ShardingSphere 有两个内置的负载均衡算法：配置类型为 ROUND_ROBIN 的轮询算法、配置类型为 RANDOM 的随机算法。用户可直接配置它们。

ShardingSphere 向用户提供的 OOTB 内置算法可满足大部分应用场景的需求。如果两个内置的负载均衡算法不能满足需求，开发人员也可通过实现算法接口 ReplicaLoadBalanceAlgorithm 来自定义负载均衡算法。自定义算法后，建议将其提交到 ShardingSphere 社区，帮助其他开发人员实现同样的需求。

ShardingSphere 读写分离配置可单独使用，也可与数据分片一起使用。为确保一致性，所有的事务型读/写操作都应使用写库。

除允许自定义读库负载均衡算法外，ShardingSphere 还提供了 Hint 算法，用于将流量强行路由给写库。在实际应用中，应注意如下几点。

- ShardingSphere 并不负责读库和写库之间的数据同步，因此用户需要根据数据库类型处理数据同步问题。
- 用户需要根据数据库类型，对因主库和从库数据同步延迟导致的数据不一致进行处理。
- 当前，ShardingSphere 不支持多主库。

有关推荐的数据库网关解决方案就介绍到这里。读写分离是 ShardingSphere 生态的支柱特性，如果你希望将这方面理论付诸实践，请继续往下阅读。

11.6 小结

阅读完本章，你应该能够更好地为集成 ShardingSphere 和数据库制定策略。

ShardingSphere 是一个生态，它成长迅速，不仅包含多种特性和客户端，还提供了多种部署方式，因此好像使用起来不那么容易。但情况不是这样的，我们打造这个项目旨在简化数据库管理，因此有必要对这个项目的规模做些澄清。但愿通过阅读本章，你能够对如何集成 ShardingSphere 做出更好的规划，并做出有依据的决策。

然而，到目前为止，我们依然是在纸上谈兵，你可能想知道如何完成临门一脚，将理论付诸实践。你将发现，第 12 章是本章的最佳拍档，从 12.1 节起，就提供了结合使用多种特性的实例。你可参考这些实例来完成未来的工作。

第 12 章　将理论付诸实践

前一章介绍了一些很有用的用例，它们是 ShardingSphere 多年企业环境开发经验的结晶。本章基于同样的经验，但提供的不是用例，而是将理论应用于实践的示例。这些示例让你阅读完本章就能够将学到的知识 ShardingSphere 用于实际场景。

本章涵盖如下主题：

■ 技术需求；
■ 分布式数据库解决方案；
■ 数据库安全；
■ 全链路监控；
■ 数据库网关。

12.1　技术需求

你不需要任何特定语言的使用经验，但熟悉 Java 将对学习本章大有裨益，因为 ShardingSphere 就是使用 Java 编写的。

要运行本章的实例，需要如下工具。

■ 2 个处理器内核和 4GB 内存的 UNIX 或 Windows 计算机：在大多数操作系统中，都可运行 ShardingSphere。
■ JRE 或 JDK 8+：这是所有 Java 应用的基本环境。
■ 文本编辑器（并非必不可少）：要修改 YAML 配置文件，可使用 Vim 或 VS Code。
■ MySQL/PostgreSQL 客户端：要执行 SQL 查询，可使用默认的 CLI，也可使用其他 SQL 客户端，如 Navicat 或 DataGrip。
■ 7-Zip 或 tar 命令：在 Linux 或 macOS 中，可使用这些工具来解压缩代理制品。

提示 完整的代码文件可从本书的 GitHub 仓库下载。

12.2 分布式数据库解决方案

我们精选了一些可能出现的案例，让你知道在实际工作中可能遇到的常见场景。这些案例演示了如何组合使用多个特性来创建解决方案，以充分利用 ShardingSphere，从而极大地改善系统。

12.2.1 案例 1：ShardingSphere-Proxy+ShardingSphere-JDBC+PostgreSQL+分布式事务+集群模式+分片算法 MOD

案例 1 将介绍一个结合使用 ShardingSphere-Proxy、ShardingSphere-JDBC 和 PostgreSQL 的场景。在这个案例中，还使用了 ShardingSphere 集群模式支持的分布式事务以及分片算法 MOD[①]。

1. 部署架构

这里的部署架构如图 12.1 所示。ShardingSphere 的分布式数据库解决方案采用混合部署模式（同时部署 ShardingSphere-JDBC 和 ShardingSphere-Proxy），并通过配置中心集群管理分片规则。在这个分布式数据库解决方案示例中，底层存储引擎为 PostgreSQL 数据库；分布式事务由 XA 事务管理器管理；运行模式为集群模式，旨在确保多个实例之间的配置同步；分片算法为 MOD。通过使用这种解决方案，用户无须操作底层的数据分配，因为自动分片算法和弹性伸缩功能可以帮助管理分片。

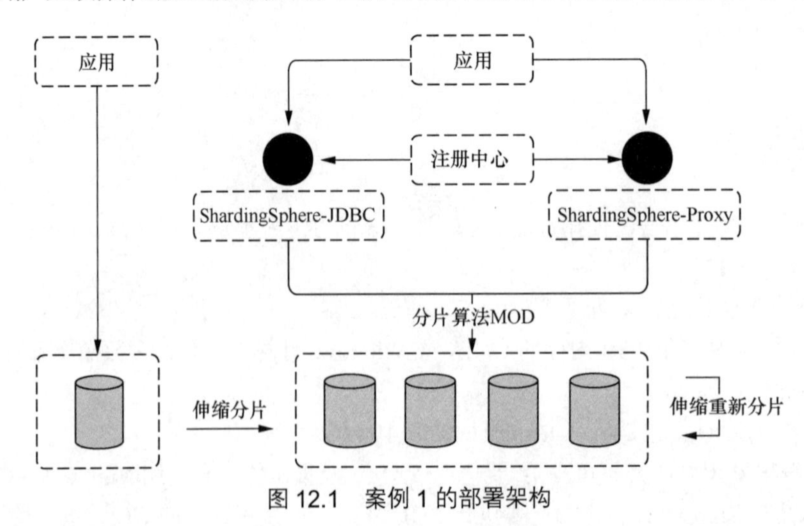

图 12.1 案例 1 的部署架构

下面来看示例配置。

① 一种根据分片键取模（mod）的分片算法。

2. 示例配置

按照如下所示的配置，调整 ShardingSphere-Proxy 配置文件 server.yaml。运行模式为集群模式；ZooKeeper 作为协调服务，被用来通知集群中的每个代理实例修改元数据；使用 XA 事务管理器来管理事务，分布式事务管理解决方案为 Atomikos。

```
YAML
mode:
    type: Cluster
    repository:
        type: ZooKeeper
        props:
    overwrite: true
```

规则配置如下：

```
rules:
- !AUTHORITY
  users:
    - root@%:root
    - sharding@:sharding
- !TRANSACTION
  defaultType: XA
  providerType: Atomikos
```

配置文件 config-sharding.yaml 定义了逻辑库 sharding_db 以及两个数据源（ds_0 和 ds_1）。分片规则定义了表 t_order，它使用自动分片算法 HASH_MOD 将数据分成 4 部分。

```
YAML
schemaName: sharding_db
dataSources:
  ds_0:
# 省略了数据源配置
  ds_1:
# 省略了数据源配置
rules:
- !SHARDING
  autoTables:
    t_order:
      actualDataSources: ds_0,ds_1
      shardingStrategy:
        standard:
          shardingColumn: order_id
          shardingAlgorithmName: auto_mod
  shardingAlgorithms:
    auto_mod:
      type: MOD
      props:
        sharding-count: 4
```

对于接入终端 ShardingSphere-JDBC，运行模式被配置为集群模式，并使用统一的配置中心来管理分片规则。配置中心的元数据是通过 schemaName 引用的。具体的配置情况如下：

```
YAML
schemaName: sharding_db
mode:
  type: Cluster
  repository:
    type: ZooKeeper
    props:
      namespace: governance_ds
      server-lists: localhost:2181
  overwrite: false
```

至此，分布式数据库解决方案中的 ShardingSphere-JDBC 和 ShardingSphere-Proxy 都准备好了，下面介绍如何启动并测试配置。

3. 推荐的云端/自有服务器

分布式数据库解决方案的推荐配置非常简单，详细技术需求如下。

- 服务器配置为 8 核 CPU、16GB 内存和 500GB 硬盘。
- 应用信息为 ShardingSphere-Proxy 5.0.0、PostgreSQL 14.2 和 ZooKeeper 3.6.3。

4. 启动并测试分布式数据库解决方案

建立分布式数据库解决方案后，在开始使用它之前，需对其进行测试，示例代码片段如下。

（1）使用 ShardingSphere-Proxy 创建一个 sharding-count 设置为 4 的分表规则：

```
SQL
psql -U root -d sharding_db -h 127.0.0.1 -p 3307
CREATE SHARDING TABLE RULE t_user (
    RESOURCES(ds_0, ds_1),
    SHARDING_COLUMN=id,TYPE(NAME=MOD,PROPERTIES("shard
ing-count"=4))
);
```

（2）通过 ShardingSphere-Proxy 创建表并插入数据：

```
SQL
CREATE TABLE `t_user` (
  `id` INT(8) NOT NULL,
  `mobile` CHAR(20) NOT NULL,
  `idcard` VARCHAR(18) NOT NULL,
  PRIMARY KEY (`id`)
);
```

创建表后，便可使用下面的代码插入数据：

```
INSERT INTO t_user (`id`, `mobile`, `idcard`) VALUES
(1,18236***857, 220605*******08170),
(2,15686***114, 360222*******88804),
-- omitted some values
(12,13983***809, 430204*******42092);
```

现在可以开始测试，确定配置正确无误了。接下来介绍验证配置的步骤。

（1）登录实例 ds_0 并执行查询：

```
SQL
psql -U root -d demo_ds_0 -h 127.0.0.1 -p 5432
USE demo_ds_0;
SELECT * FROM t_user_0;
SELECT * FROM t_user_2;
```

图 12.2 所示的屏幕截图显示了查询后你将在屏幕上看到的输出的示例。

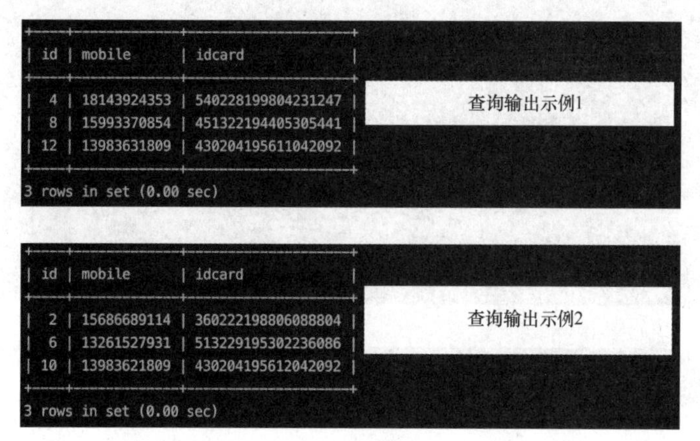

id	mobile	idcard
4	18143924353	540228199804231247
8	15993370854	451322194405305441
12	13983631809	430204195611042092

3 rows in set (0.00 sec)

id	mobile	idcard
2	15686689114	360222198806088804
6	13261527931	513229195302236086
10	13983621809	430204195612042092

3 rows in set (0.00 sec)

图 12.2　第（1）步的查询输出示例

（2）登录实例 ds_1，执行查询并查看输出，如图 12.3 所示。

```
SQL
psql -U root -d demo_ds_1 -h 127.0.0.1 -p 5432
USE demo_ds_1;
SELECT * FROM t_user_1;
SELECT * FROM t_user_3;
```

id	mobile	idcard
1	18236483857	220605194709308170
5	15523349333	360924195311103360
9	18044280924	411329199808285772

3 rows in set (0.00 sec)

id	mobile	idcard
3	14523360225	411601198601098107
7	13921892133	500108194806107214
11	18044270924	411329199708285772

3 rows in set (0.00 sec)

图 12.3　第（2）步的查询输出示例

通过查询，你发现插入的 12 条数据平均分配给了 4 个分片。

（3）执行 RQL 语句以验证路由规则，并查看结果，输出的分表规则和分表节点如图 12.4 所示。

```
SQL
SHOW SHARDING TABLE RULES
SHOW SHARDING TABLE NODES
```

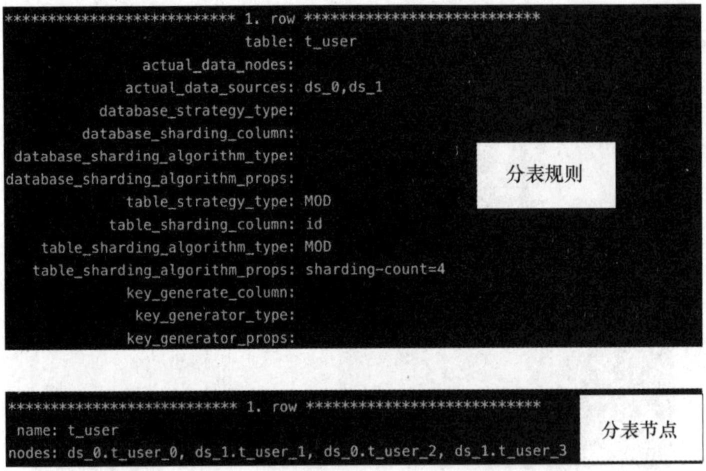

```
*************************** 1. row ***************************
                           table: t_user
               actual_data_nodes:
             actual_data_sources: ds_0,ds_1
          database_strategy_type:
        database_sharding_column:
database_sharding_algorithm_type:
database_sharding_algorithm_props:
             table_strategy_type: MOD
           table_sharding_column: id
   table_sharding_algorithm_type: MOD
  table_sharding_algorithm_props: sharding-count=4
             key_generate_column:
              key_generator_type:
             key_generator_props:
```

分表规则

```
*************************** 1. row ***************************
name: t_user
nodes: ds_0.t_user_0, ds_1.t_user_1, ds_0.t_user_2, ds_1.t_user_3
```

分表节点

图 12.4　RQL 语句输出示例——分表规则和分表节点

总结一下，案例 1 介绍了如何对分片执行验证测试。

12.2.2　案例 2：ShardingSphere-Proxy+MySQL+读写分离+集群模式+高可用性+分片算法 RANGE+弹性伸缩

如果你打算在系统中使用 ShardingSphere，肯定会遇到案例 2 的场景。

1．部署架构

在 ShardingSphere 分布式数据库解决方案中，ShardingSphere-Proxy 是在集群模式下部署的。在这种模式下，将通过统一的配置中心集中管理分片规则，并同步多个 ShardingSphere-Proxy 实例。

在这个案例中，分布式数据库的底层存储引擎为 MySQL 数据库，并同时使用了基于 MySQL MGR 的高可用性功能和读写分离功能，以实现动态的读写分离，从而确保分布式数据库存储引擎的高可用性。分片算法为基于范围的自动分片算法 BOUNDARY_RANGE。你无须操心实际的数据分配，自动分片算法和伸缩功能可帮助管理这一点。

案例 2 的部署架构如图 12.5 所示。

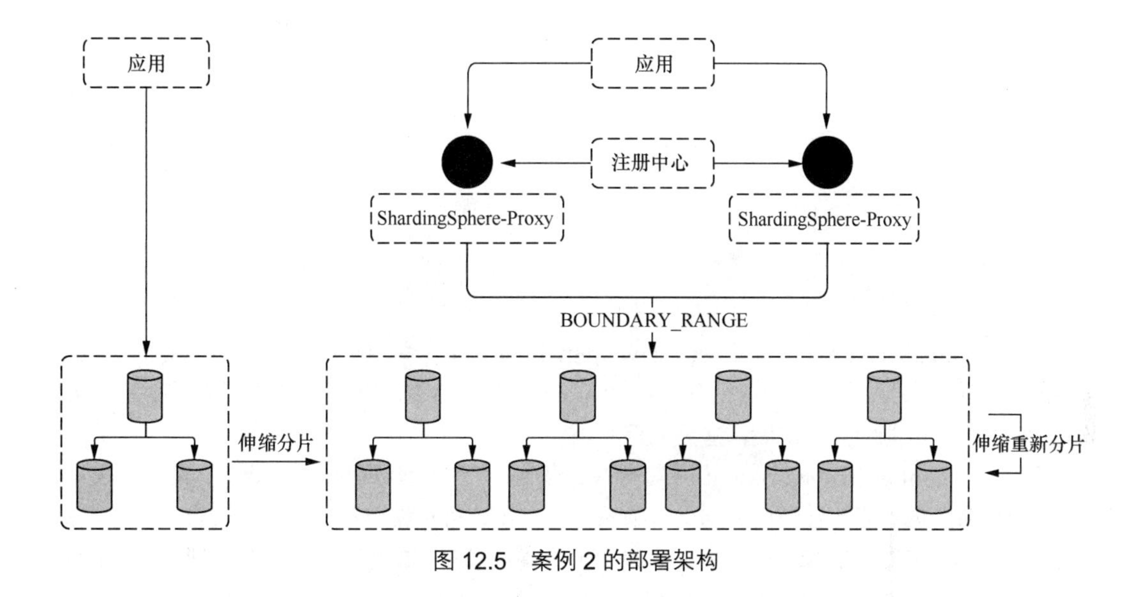

图 12.5　案例 2 的部署架构

2. 示例配置

ShardingSphere-Proxy 中的 server.yaml 配置内容如下所示。其中，ShardingSphere 运行模式为集群模式，并将 ZooKeeper 用作协调服务，以通知集群中的每个实例修改元数据。事务管理器为 XA 事务管理器，并使用 Atomikos 来提供分布式事务管理。

```
YAML
scaling:
  blockQueueSize: 10000
  workerThread: 40
  clusterAutoSwitchAlgorithm:
    type: IDLE
    props:
      incremental-task-idle-minute-threshold: 30
  dataConsistencyCheckAlgorithm:
    type: DEFAULT
```

server.yaml 中的模式配置如下：

```
mode:
  type: Cluster
  repository:
    type: ZooKeeper
    props:
      namespace: governance_ds
  overwrite: true
```

规则配置如下：

```
rules:
- !AUTHORITY
  users:
    - root@%:root
    - sharding@:sharding
- !TRANSACTION
  defaultType: XA
  providerType: Atomikos
```

明确 ShardingSphere-Proxy 配置文件 server.yaml 的组成部分后，来看看配置文件 config-sharding-rwsplit-ha.yaml 中的内容。鉴于数据分片在 ShardingSphere 生态中的重要性及其众多优点，你必须完全掌握所有可能的分片情形，这至关重要。

配置文件 config-sharding-rwsplit-ha.yaml 如下所示。在数据源中配置了两个 MGR 集群。高可用性的自动发现功能能够自动识别主从关系。分片规则可根据读写分离规则聚合两组数据源，并执行 BOUNDARY_RANGE 分片。这种分片规则根据你指定的边界分割数据，例如边界 10000000、20000000 和 30000000 将数据分成 4 个分片。

```
YAML
schemaName: sharding_db
dataSources:
# 省略了数据源配置
  primary_ds_0:
  primary_ds_0_replica_0:
  primary_ds_0_replica_1:
  primary_ds_1:
  primary_ds_1_replica_0:
  primary_ds_1_replica_1:
```

在数据源中配置两个 MGR 集群：

```
- !DB_DISCOVERY
  dataSources:
    pr_ds_0:
      dataSourceNames:
        - primary_ds_0
        - primary_ds_0_replica_0
        - primary_ds_0_replica_1
      discoveryHeartbeatName: mgr-heartbeat
      discoveryTypeName: mgr
```

然后是 pr_ds_1：

```
    pr_ds_1:
      dataSourceNames:
        - primary_ds_1
        - primary_ds_1_replica_0
```

```
      - primary_ds_1_replica_1
    discoveryHeartbeatName: mgr-heartbeat
    discoveryTypeName: mgr
```

高可用发现心跳配置如下：

```
discoveryHeartbeats:
    mgr-heartbeat:
      props:
        keep-alive-cron: '0/5 * * * * ?'
```

高可用发现类型配置如下：

```
discoveryTypes:
    mgr:
      type: MGR
      props:
        group-name: 92504d5b-6dec-11e8-91ea-246e9612aaf1
```

分片规则聚合两组数据源，并执行分片算法 BOUNDARY_RANGE：

```
!READWRITE_SPLITTING
  dataSources:
    rw_ds_0:
      autoAwareDataSourceName: pr_ds_0
    rw_ds_1:
      autoAwareDataSourceName: pr_ds_1
```

t_order 分片配置如下：

```
- !SHARDING
  tables:
    t_order:
      actualDataNodes: rw_ds_${0..1}.t_order_${0..3}
      tableStrategy:
        standard:
          shardingColumn: order_id
          shardingAlgorithmName: t_order_range
```

t_order_item 分片配置如下：

```
t_order_item:
      actualDataNodes: rw_ds_${0..1}.t_order_item_${0..3}
      tableStrategy:
        standard:
          shardingColumn: order_id
          shardingAlgorithmName: t_order_item_range
```

分库算法配置如下：

```
shardingAlgorithms:
    database_inline:
      type: INLINE
      props:
        algorithm-expression: rw_ds_${user_id % 2}
```

分表算法配置如下：

```
t_order_range:
      type: BOUNDARY_RANGE
      props:
        sharding-ranges: 10000000,20000000,30000000
    t_order_item_range:
      type: BOUNDARY_RANGE
      props:
        sharding-ranges: 10000000,20000000,30000000
```

完成上述配置并启动 ShardingSphere-Proxy 后，便可通过如下步骤触发伸缩作业：

（1）在 ShardingSphere 中新增数据库实例和数据源；

（2）修改分表规则。

触发伸缩作业后，可通过 DistSQL 管理弹性伸缩过程。如果你使用的是自动化流程，只需检查作业进度并等待它完成即可。详细的流程请参阅 ShardingSphere 官方文档。

3. 推荐的云端/自有服务器

对于案例 2，推荐你使用如下配置。

- 服务器配置为 8 核 CPU、16GB 内存、500GB 硬盘。
- 应用信息为 ShardingSphere-Proxy 5.0.0、MySQL 8.0、JDBC-Demo、Zookeeper 3.6.3。

4. 启动并测试配置

对于案例 2，可按下面代码片段对其配置进行测试。

（1）启动并登录 ShardingSphere-Proxy，再创建一个表并插入数据：

```
SQL
mysql -uroot -h127.0.0.1 -P3307 -proot
use sharding_db;
DROP TABLE IF EXISTS t_user;
CREATE TABLE `t_user` (
  `id` int(8) not null,
  `mobile` char(20) NOT NULL,
  `idcard` varchar(18) NOT NULL,
  PRIMARY KEY (`id`)
);
INSERT INTO t_user (id, mobile, idcard) VALUES
(1,18236***857, 220605******308170),
```

```
(2,15686***114, 360222******088804),
(3,14523***225, 411601******098107),
(4,18143***353, 540228******231247),
(5,15523***333, 360924******103360),
(6,13261***931, 513229******236086),
(7,13921***133, 500108******107214),
(8,15993***854, 451322******305441),
(9,18044***924, 411329******285772),
(10,1398***1809, 430203******042092);
```

（2）启动 JDBC 程序，以实时地显示查询结果，屏幕截图如图 12.6 所示。

```
id is : 1, mobile is : 18236483857, id card is : 220605194709308170
id is : 2, mobile is : 15686689114, id card is : 360222198806088804
id is : 3, mobile is : 14523360225, id card is : 411601198601098107
id is : 4, mobile is : 18143924353, id card is : 540228199804231247
id is : 5, mobile is : 15523349333, id card is : 360924195311103360
id is : 6, mobile is : 13261527931, id card is : 513229195302236086
id is : 7, mobile is : 13921892133, id card is : 500108194806107214
id is : 8, mobile is : 15993370854, id card is : 451322194405305441
id is : 9, mobile is : 18044280924, id card is : 411329199808285772
id is : 10, mobile is : 13983621809, id card is : 430204195612042092
```

图 12.6　JDBC 查询结果示例

（3）通过 DistSQL 查看当前的活动节点-备用节点关系：

```
SQL
SHOW DB_DISCOVERY RULES\G

-- View the standby node state
SHOW READWRITE_SPLITTING READ RESOURCES;
```

图 12.7 是你向系统查询当前的数据库发现规则和读写分离读库时的输出示例。

```
mysql> SHOW DB_DISCOVERY RULES\G
*************************** 1. row ***************************
            group_name: primary_replica_ds
     data_source_names: ds_0,ds_1,ds_2
primary_data_source_name: ds_0
        discovery_type: {group_name=mgr, type=mgr, props={group-name=b13df29e-90b6-11e8-8d1b-525400fc3996}}
   discovery_heartbeat: {group_name=mgr-hearbeat, props={keep-alive-cron=0/5 * * * * ?}}
1 row in set (0.07 sec)

mysql> SHOW READWRITE_SPLITTING READ RESOURCES\G
*************************** 1. row ***************************
resource: ds_1
  status: enable
*************************** 2. row ***************************
resource: ds_2
  status: enable
2 rows in set (0.02 sec)
```

图 12.7　数据库发现和读写分离读库输出示例

关闭一组 MGR 的从节点：

```
SQL
mysql -uroot -hprimary_ds_0_replica_0.db -P3306 -p

SHUTDOWN;
```

（4）当你通过 ShardingSphere-Proxy 查看节点状态时，被关闭的从节点的状态为禁用（disabled）。

```
SQL
SHOW READWRITE_SPLITTING READ RESOURCES;
```

你向系统查询读库时，将得到如图 12.8 所示的结果。

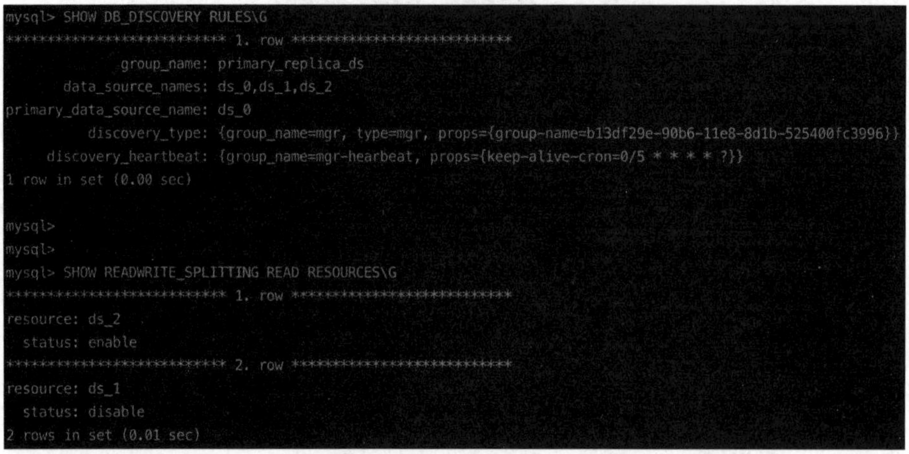

```
mysql> SHOW DB_DISCOVERY RULES\G
*************************** 1. row ***************************
            group_name: primary_replica_ds
     data_source_names: ds_0,ds_1,ds_2
primary_data_source_name: ds_0
        discovery_type: {group_name=mgr, type=mgr, props={group-name=b13df29e-90b6-11e8-8d1b-525400fc3996}}
   discovery_heartbeat: {group_name=mgr-hearbeat, props={keep-alive-cron=0/5 * * * * ?}}
1 row in set (0.00 sec)

mysql>
mysql>
mysql> SHOW READWRITE_SPLITTING READ RESOURCES\G
*************************** 1. row ***************************
resource: ds_2
  status: enable
*************************** 2. row ***************************
resource: ds_1
  status: disable
2 rows in set (0.01 sec)
```

图 12.8 读写分离输出示例

（5）JDBC 依然实时地查询并提供结果，屏幕截图如图 12.9 所示。

```
id is : 2, mobile is : 15686689114, id card is : 360222198806088804
id is : 3, mobile is : 14523360225, id card is : 411601198601098107
id is : 4, mobile is : 18143924353, id card is : 540228199804231247
id is : 5, mobile is : 15523349333, id card is : 360924195311103360
id is : 6, mobile is : 13261527931, id card is : 513229195302236086
id is : 7, mobile is : 13921892133, id card is : 500108194806107214
id is : 8, mobile is : 15993370854, id card is : 451322194405305441
id is : 9, mobile is : 18044280924, id card is : 411329199808285772
id is : 10, mobile is : 13983621809, id card is : 430204195612042092
```

图 12.9 JDBC 的实时查询结果屏幕截图

（6）为关闭 MGR 的主节点，我们先通过 ShardingSphere-Proxy 插入一些数据：

```
SQL
INSERT INTO t_user (id, mobile, idcard) VALUES
```

```
(11,1392***2134, 500108*******07211),
(12,1599***0855, 451322*******05442),
(13,1804***0926, 411329*******85773),
(14,1398***1807, 430204*******42094),
(15,1804***0928, 411329*******85775),
(16,1398***1800, 130204*******42096),
(17,1398***1800, 230204*******42093),
(18,1398***1800, 330204*******42091),
(19,1398***1800, 230204*******42095),
(20,1398***1811, 230204*******42092);
```

再关闭主节点：

```
SQL
mysql -uroot -hprimary_ds_0.db -P3306 -p
SHUTDOWN;
```

从 JDBC 程序的输出可知，执行前述 SQL 插入代码块，将主节点关闭并执行查询时，查询到了新插入的数据。从图 12.10 所示的屏幕截图可知，数据已插入 t_user 中。

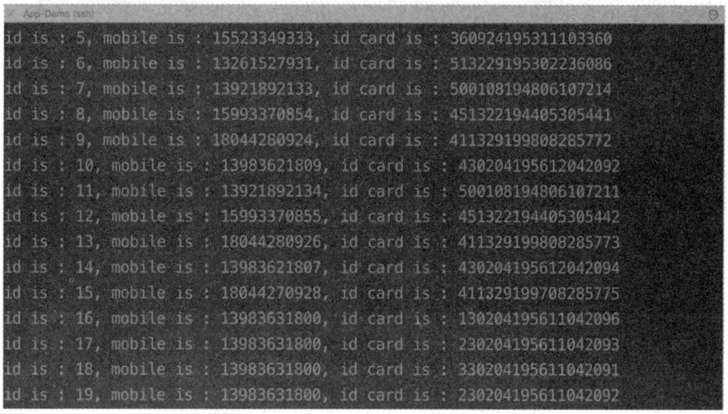

```
App-Demo (ssh)
id is : 5, mobile is : 15523349333, id card is : 360924195311103360
id is : 6, mobile is : 13261527931, id card is : 513229195302236086
id is : 7, mobile is : 13921892133, id card is : 500108194806107214
id is : 8, mobile is : 15993370854, id card is : 451322194405305441
id is : 9, mobile is : 18044280924, id card is : 411329199808285772
id is : 10, mobile is : 13983621809, id card is : 430204195612042092
id is : 11, mobile is : 13921892134, id card is : 500108194806107211
id is : 12, mobile is : 15993370855, id card is : 451322194405305442
id is : 13, mobile is : 18044280926, id card is : 411329199808285773
id is : 14, mobile is : 13983621807, id card is : 430204195612042094
id is : 15, mobile is : 18044270928, id card is : 411329199708285775
id is : 16, mobile is : 13983631800, id card is : 130204195611042096
id is : 17, mobile is : 13983631800, id card is : 230204195611042093
id is : 18, mobile is : 13983631800, id card is : 330204195611042091
id is : 19, mobile is : 13983631800, id card is : 230204195611042092
```

图 12.10 SQL 插入屏幕截图

测试工作至此就结束了。

12.3 数据库安全

前面介绍了一些分布式数据库案例，下面来介绍一些数据库安全案例。

12.3.1 案例 3：ShardingSphere-Proxy+ShardingSphere-JDBC+PostgreSQL+数据加密

案例 3 与数据加密相关，而案例 4 与权限检查相关。

1. 部署架构

案例 3 演示了如何使用 ShardingSphere-Proxy 动态地管理规则配置、将 PostgreSQL 连接到 ShardingSphere-JDBC 以及实现数据加密应用。案例 3 的部署架构如图 12.11 所示。

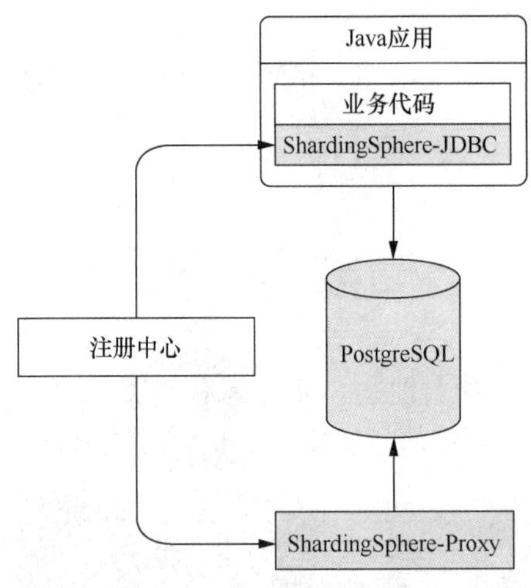

图 12.11 案例 3 的部署架构

2. 示例配置

对于案例 3，可使用 ShardingSphere-Proxy，也可使用 ShardingSphere-JDBC，因此接下来介绍这两个客户端的配置。

ShardingSphere-Proxy 的运行模式被配置为集群模式，配置文件 server.yaml 的内容如下：

```
YAML
mode:
  type: Cluster
  repository:
    type: ZooKeeper
    props:
      namespace: governance_ds
      server-lists: localhost:2181
  overwrite: true
rules:
- !AUTHORITY
  users:
    - root@%:root
```

在配置文件 config-encrypt.yaml 中，创建一个逻辑数据库并添加存储资源：

```
YAML
schemaName: encrypt_db
```

```
dataSources:
  ds_0:
    url: jdbc:postgresql://127.0.0.1:5432/demo_ds_0
    username: postgres
    password: postgres
```

启动 ShardingSphere-Proxy 后，使用命令 psql 连接到 encrypt_db，并通过 DistSQL 创建所需的加密规则：

```
SQL
CREATE ENCRYPT RULE t_encrypt (
COLUMNS(
(NAME=password,CIPHER=password_cipher,TYPE(NAME=AES,PROPERTIES(
'aes-key-value'='123456abc'))))
);
```

有关 ShardingSphere-Proxy 的配置就介绍到这里。

由于通过 ShardingSphere-Proxy 完成了统一的配置，因此连接到 ShardingSphere-JDBC 应用时，只需配置治理中心的信息，下面是一个示例：

```
YAML
schemaName: encrypt_db
mode:
  type: Cluster
  repository:
    type: ZooKeeper
    props:
      namespace: governance_ds
      server-lists: localhost:2181
  overwrite: false
```

这就是需要做的所有配置。启动 ShardingSphere-JDBC 应用后，也可通过 ShardingSphere-Proxy 来执行 DistSQL，以动态地添加或修改加密规则。这提供了一种灵活的管理解决方案，无须在修改配置后重启应用。

3. 推荐的云端/自有服务器

案例 3 的服务器配置和应用信息如下。

- 服务器配置为 8 核 CPU、16GB 内存、500GB 硬盘。
- 应用信息为 ShardingSphere 5.0.0、PostgreSQL 14.2、ZooKeeper 3.6.3。

4. 启动并测试数据库安全解决方案

测试数据库安全解决方案的流程由如下 4 步组成。

（1）启动 ShardingSphere-Proxy 并执行预处理（prepared）DistSQL。

（2）在 ShardingSphere-Proxy 端查看资源和加密规则：

```
SQL
SHOW SCHEMA RESOURCES FROM encrypt_db;
SHOW ENCRYPT RULES FROM encrypt_db;
```

（3）在 ShardingSphere-Proxy 端执行 DDL，以创建一个数据表：

```
SQL
DROP TABLE IF EXISTS t_encrypt;
CREATE TABLE t_encrypt (
    id int NOT NULL,
    name varchar DEFAULT NULL,
    password varchar DEFAULT NULL,
    PRIMARY KEY (id)
);
```

（4）启动并连接到 ShardingSphere-JDBC，以读写数据并观察数据加解密的结果。

完成这 4 步后，数据库安全解决方案的测试工作便结束了。下面介绍与安全相关的其他测试。

12.3.2 案例 4：ShardingSphere-Proxy+MySQL+数据脱敏+身份认证+权限检查

这里将采取与前面一样的流程，依次介绍部署架构、示例配置和测试流程。

1. 部署架构

案例 4 研究如何创建两个不同的加密数据库，并授予用户不同的访问权限。如图 12.12 所示，这里使用了 ShardingSphere-Proxy 和 MySQL 来实现数据脱敏、身份认证和权限检查。

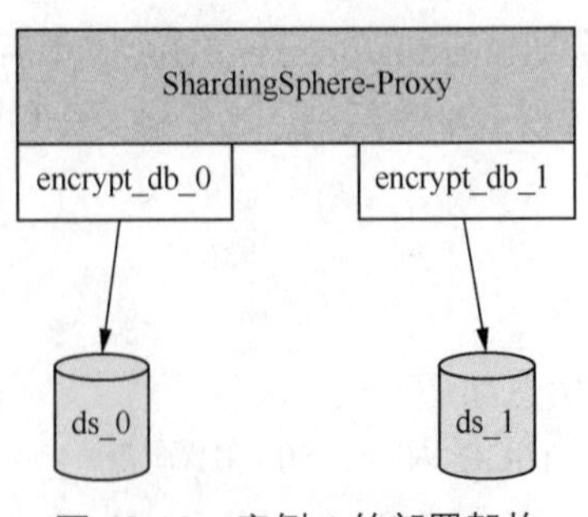

图 12.12 案例 4 的部署架构

2. 示例配置

在这个示例中，我们使用 YAML 来配置资源和数据加密规则，具体的配置情况如下。

对于数据源 0（ds_0），相应的配置文件为 config-encrypt-0.yaml，内容如下：

```
YAML
schemaName: encrypt_db_0
dataSources:
ds_0:
   url: jdbc:mysql://127.0.0.1:3306/demo_
ds_0?useSSL=false
   username: root
   password: 123456
rules:
- !ENCRYPT
  tables:
    t_encrypt_0:
      columns:
        password:
          cipherColumn: password_cipher
          encryptorName: password_encryptor
  encryptors:
    password_encryptor:
      type: AES
      props:
        aes-key-value: 123456abc
```

这个文件包含如下加密器配置：

```
encryptors:
    password_encryptor:
      type: AES
      props:
        aes-key-value: 123456abc
```

对于数据源 1（ds_1），相应的配置文件为 config-encrypt-1.yaml，内容如下：

```
YAML
schemaName: encrypt_db_1
dataSources:
ds_1:
   url: jdbc:mysql://127.0.0.1:3306/demo_
ds_1?useSSL=false
   username: root
   password: 123456
rules:
- !ENCRYPT
  tables:
    t_encrypt_1:
      columns:
        password:
          cipherColumn: password_cipher
```

```
            encryptorName: password_encryptor
    encryptors:
      password_encryptor:
        type: AES
        props:
          aes-key-value: 123456abc
```

这个文件包含如下规则配置：

```
rules:
- !ENCRYPT
  tables:
    t_encrypt_1:
      columns:
        password:
          cipherColumn: password_cipher
          encryptorName: password_encryptor
  encryptors:
    password_encryptor:
      type: AES
      props:
        aes-key-value: 123456abc
```

还包含如下加密器配置：

```
encryptors:
    password_encryptor:
      type: AES
      props:
        aes-key-value: 123456abc
```

在配置中，定义了 3 个用户（其中用户 user0 和 user1 被禁止从其他主机登录），并授予它们不同的数据库访问权限：

```
YAML
rules:
- !AUTHORITY
  users:
    - root@%:root
    - user0@127.0.0.1:password0
    - user1@127.0.0.1:password1
    props:
      user-schema-mappings: root@%=encrypt_db_0,root@%=encrypt_
db_1,user0@127.0.0.1=encrypt_db_0,user1@127.0.0.1=encrypt_db_1
```

根据这里配置的规则，用户 user0 从 127.0.0.1 连接时，只能访问逻辑数据库 encrypt_db_0。同样，用户 user1 从 127.0.0.1 连接时，只能访问逻辑数据库 encrypt_db_1。而从其他主机连接时，这两位用户看不到任何数据库。相反，用户 root 可从任何主机连接，并能够访问逻辑数据库 encrypt_db_0 和 encrypt_db_1。

3. 推荐的云端/自有服务器

服务器配置和应用信息参考如下。

- 服务器配置为 8 核 CPU、16GB 内存、500GB 硬盘。
- 应用信息为 ShardingSphere 5.0.0、MySQL 8.0。

4. 启动并测试

基于 ShardingSphere-Proxy，对身份认证和加密效果进行测试的流程非常简单。你可将下面的步骤作为参考，并根据具体情况进行调整。

（1）启动 ShardingSphere-Proxy。

（2）以用户 root 的身份连接到 ShardingSphere-Proxy，并查看数据库相关资源（库、表、规则）和加密规则：

```
SQL
SHOW SCHEMA RESOURCES FROM encrypt_db_0;
SHOW ENCRYPT RULES FROM encrypt_db_0;
SHOW SCHEMA RESOURCES FROM encrypt_db_1;
SHOW ENCRYPT RULES FROM encrypt_db_1;
```

（3）以用户 root 的身份执行 DDL，在 encrypt_db_0 中创建数据表 t_encrypt_0：

```
SQL
USE encrypt_db_0;
DROP TABLE IF EXISTS t_encrypt_0;
CREATE TABLE t_encrypt_0 (
    `id` int(11) NOT NULL,
    `name` varchar(32) DEFAULT NULL,
    `password` varchar(64) DEFAULT NULL,
    PRIMARY KEY (`id`)
) ENGINE=InnoDB DEFAULT CHARSET=utf8mb4;
```

以同样的方式在 encrypt_db_1 中创建数据表 t_encrypt_1：

```
SQL
USE encrypt_db_1;
DROP TABLE IF EXISTS t_encrypt_1;
CREATE TABLE t_encrypt_1 (
    `id` int(11) NOT NULL,
    `name` varchar(32) DEFAULT NULL,
    `password` varchar(64) DEFAULT NULL,
    PRIMARY KEY (`id`)
) ENGINE=InnoDB DEFAULT CHARSET=utf8mb4;
```

（4）以用户 user0 的身份登录 ShardingSphere-Proxy，并尝试访问不同的逻辑数据库，看看结果是否符合预期：

```
SQL
USE encrypt_db_0; # succeed
USE encrypt_db_1; # fail
```

以用户 user1 的身份登录 ShardingSphere-Proxy，并做同样的测试：

```
SQL
USE encrypt_db_0; # fail
USE encrypt_db_1; # succeed
```

（5）测试结束。现在用户 user0 和 user1 可使用各自的逻辑数据库来读写数据。

有关数据库安全测试的案例就介绍到这里，下面介绍全链路监控测试。

12.4 全链路监控

介绍分布式数据库案例和数据库安全案例后，该提供一个有关实现全链路监控的案例了。全链路监控有助于你清楚地了解系统的运行情况。这里只提供一个案例，因为这个案例很容易推广，用于所有可能遇到的场景。

案例 5：全链路监控

第 4 章介绍了全链路监控，如果你对此感兴趣，可参阅接下来的内容，案例 5 提供了有关全链路监控测试的完整指南。

1. 部署架构

为介绍全链路监控测试案例，我们来看一个可部署 ShardingSphere-JDBC 或 ShardingSphere-Proxy 的场景。在这个案例中，底层存储为 PostgreSQL，实现了数据库网关、默认的测试策略和跟踪可视化等特性。这个案例的部署架构如图 12.13 所示。

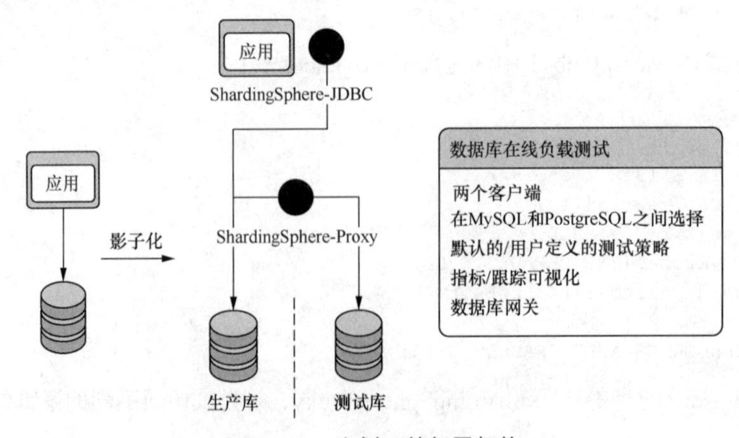

图 12.13 案例 5 的部署架构

通过图 12.13 了解部署架构后，下面来看配置步骤。

2. 示例配置

CyborgFlow 是一个开箱即用的全链路监控解决方案，可快速将其集成到项目中。当前，发布的版本为 0.1.0。下面来看一个 cyborg-database-shadow 配置示例。

（1）配置文件 server.yaml 中的配置如下：

```
YAML
rules:
  - !AUTHORITY
    users:
      - root@%:root
      - sharding@:sharding
  props:
  sql-comment-parse-enabled: true
```

（2）配置文件 config-shadow.yaml 中的配置如下：

```
YAML
schemaName: cyborg-database-shadow
dataSources:
  ds:
    url: jdbc:mysql://127.0.0.1:3306/
ds?serverTimezone=UTC&useSSL=false
    username: root
    password:
    connectionTimeoutMilliseconds: 30000
    idleTimeoutMilliseconds: 60000
    maxLifetimeMilliseconds: 1800000
    maxPoolSize: 50
    minPoolSize: 1
  ds_shadow:
    url: jdbc:mysql://127.0.0.1:3306/ds_
shadow?serverTimezone=UTC&useSSL=false
    username: root
    password:
    connectionTimeoutMilliseconds: 30000
    idleTimeoutMilliseconds: 60000
    maxLifetimeMilliseconds: 1800000
    maxPoolSize: 50
    minPoolSize: 1
```

还有如下规则配置：

```
rules:
- !SHADOW
  enable: true
```

```
  dataSources:
    shadowDataSource:
      sourceDataSourceName: ds
      shadowDataSourceName: ds_shadow
  defaultShadowAlgorithmName: simple-note-algorithm
  shadowAlgorithms:
    simple-note-algorithm:
      type: SIMPLE_NOTE
      props:
        cyborg-flow: true
```

下面是一个 cyborg-flow-gateway 配置示例。

（1）注意，这里使用了 config.yaml：

```
YAML
apisix:
  config_center: yaml
  enable_admin: false
plugins:
  - proxy-rewrite
  - skywalking
plugin_attr:
  skywalking:
    service_name: APISIX
    service_instance_name: "cyborg-dashboard"
    endpoint_addr: http://127.0.0.1:12800
```

（2）apisix.yaml 中的配置如下：

```
YAML
routes:
  -
    uri: /order
    plugins:
      proxy-rewrite:
        headers:
          sw8-correlation: Y3lib3JnLWZsb3c=:dHJ1ZQ==
      skywalking:
        sample_ratio: 1
    upstream:
      nodes:
        "httpbin.org:80": 1
      type: roundrobin
```

在案例 5 中，使用了插件 proxy-rewrite 将 inject sw8-correlation:Y3lib3JnLWZsb3c=:dHJ1ZQ= = 注入请求报头。其中，Y3lib3JnLWZsb3c=是 cyborg-flow 的 Base64 编码，而 dHJ1ZQ==是 true 的 Base64 编码。

3. 推荐的云端/自有服务器

下面列出了推荐的配置，无论你感兴趣的是 cyborg-database-shadow 还是 cyborg-dashboard，都可参考这一配置。

cyborg-database-shadow 配置如下：

- 48 核 CPU；
- 96GB 内存；
- 820GB 固态硬盘（solid state disk，SSD）；
- cyborg-database-shadow 0.1.0；
- MySQL 8.0；
- JDBC-Demo（N/A）；
- ZooKeeper 3.6.3。

cyborg-dashboard 配置如下：

- 8 核 CPU；
- 16GB 内存；
- 40GB SSD；
- cyborg-dashboard 0.1.0。

cyborg-flow-gateway 配置如下：

- 8 核 CPU；
- 16GB 内存；
- 40GB SSD；
- cyborg-flow-gateway 0.1.0。

4. 启动并测试

首先，按第 4 章的介绍，在 CentOS 7 环境中快速部署 CyborgFlow，在/*cyborg-flow: true*/中激活默认的压力测试标识符，并从 GitHub 仓库 SphereEx/cyborg-flow/releases/tag/v0.1.0 下载相关的组件。

接下来，准备影子库。为此，可参考如下步骤。

（1）准备影子库。

（2）解压缩 cyborg-database-shadow.tar.gz。

（3）在业务配置文件 conf/config-shadow.yaml 中配置业务数据库和影子库。

（4）启动服务 cyborg-database-shadow（启动脚本位于 bin/start.sh 中）。

（5）准备好影子库后，接着部署 cyborg-dashboard。

解压缩 cyborg-dashboard.tar.gz。启动 cyborg-dashboard 后端和 UI 服务，以便监控链路数据（启动脚本位于 bin/startup.sh 中）。部署好 cyborg-dashboard 后，便可通过 cyborg-agent 部署压力测试应用了，这包括如下 3 个步骤。

（1）解压缩 cyborg-agent.tar.gz。

（2）在 config/agent.config 中，将 collector.backend_service 的设置改为 cyborg-dashboard 的后端地址（默认端口为 11800），以便将监控数据报告给 cyborg-dashboard。

（3）启动程序时，在启动命令中添加参数-jar {path}/to/cyborg-agent/skywalking-agent.jar。

完成上述任务后，就可以部署 cyborg-flow-gateway 了，具体步骤如下。

（1）安装 OpenResty 和 APISIX 的 RPM 包：

```
Bash
sudo yum install -y https://repos.ap×××ven.com/packages/
centos/apache-apisix-repo-1.0-1.noarch.rpm
```

（2）通过这个 RPM 包安装 APISIX 和所有的依赖项：

```
Bash
sudo yum install -y https://repos.ap×××ven.com/packages/
centos/7/x86_64/apisix-2.10.1-0.el7.x86_64.rpm
```

（3）像本节前面提供的 cyborg-flow-gateway 配置示例那样修改配置文件 conf/config.yaml 如下：

```
YAML
apisix:
  config_center: yaml
  enable_admin: false
plugins:
  - proxy-rewrite
  - skywalking
plugin_attr:
  skywalking:
    service_name: APISIX
    service_instance_name: "cyborg-dashboard"
    endpoint_addr: http://127.0.0.1:12800
```

（4）像本节前面提供的 cyborg-flow-gateway 配置示例那样修改配置文件 conf/apisix.yaml 如下：

```
YAML
routes:
  -
    uri: /order
    plugins:
      proxy-rewrite:
        headers:
          sw8-correlation: Y3lib3JnLWZsb3c=:dHJ1ZQ==
      skywalking:
        sample_ratio: 1
    upstream:
      nodes:
        "httpbin.org:80": 1
      type: roundrobin
```

假设有一个电子商务网站，需要对其下单业务执行在线压力测试。另外，假设与压力测试相关的表为订单表 t_order，而执行测试的用户的 ID 为 0。测试用户生成的数据被路由到影子库 ds_shadow，而生产数据被路由到生产库 ds。订单表如下：

```
SQL
CREATE TABLE `t_order` (
    `id` INT(11) AUTO_INCREMENT,
    `user_id` VARCHAR(32) NOT NULL,
    `sku` VARCHAR(32) NOT NULL,
    PRIMARY KEY (`id`)
)ENGINE = InnoDB;
```

可使用 Postman 来模拟请求，如图 12.14 所示。

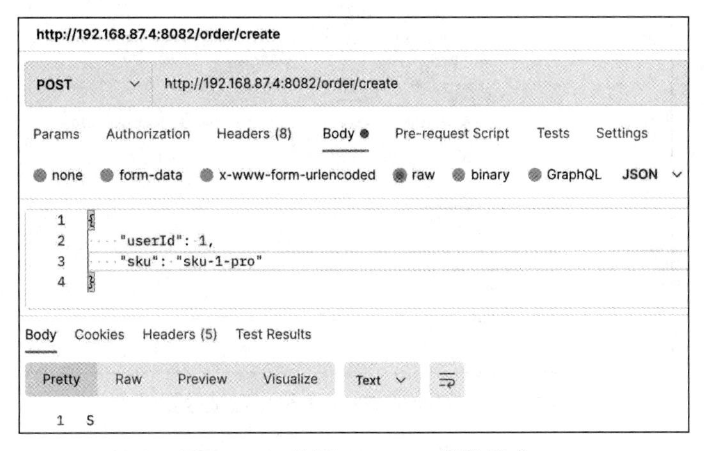

图 12.14　使用 Postman 模拟请求

（5）直接请求订单服务，以模拟生产数据。

（6）可在 cyborg-dashboard 中查看并执行请求链路，如图 12.15 所示。

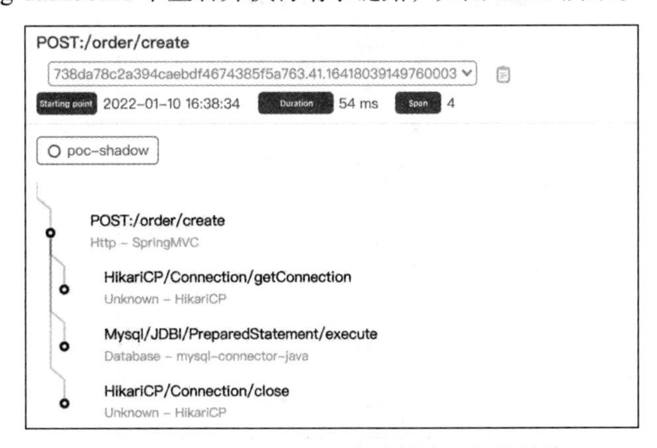

图 12.15　CyborgFlow 仪表板中显示的链路

（7）查看生产数据库中的数据：

```
Bash
mysql> select * from t_order;
+----+-----------+---------------+
| id | user_id   | sku           |
+----+-----------+---------------+
|  1 | 1         | suk-1-pro     |
+----+-----------+---------------+
1 rows in set (0.00 sec)
```

从输出可知，生产数据用 suk-1-pro 标识。

（8）请求网关服务 cyborg-flow-gateway，以模拟测试数据，如图 12.16 所示。

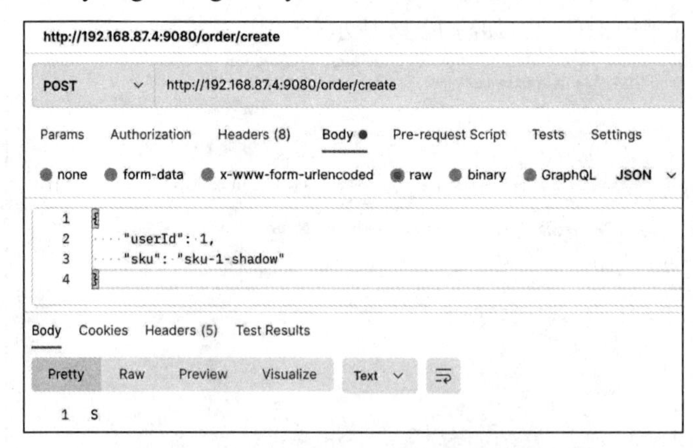

图 12.16 在 CyborgFlow 中模拟测试数据请求

（9）在 cyborg-dashboard 中查看请求链路并执行 SQL，如图 12.17 所示。

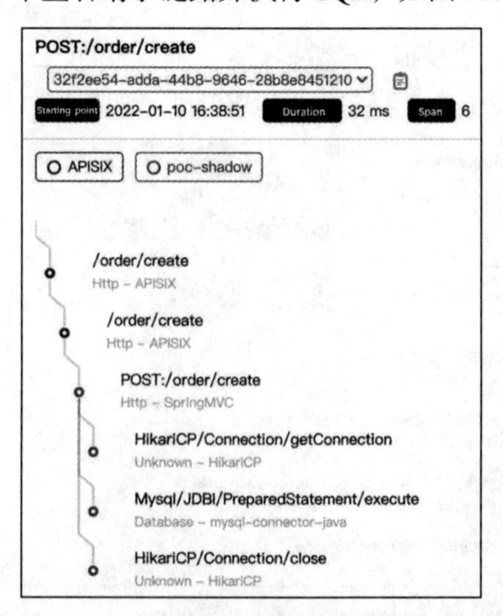

图 12.17 在 CyborgFlow 中模拟链路和请求数据测试

（10）查看数据库 cyborg-database-shadow 中的测试数据：

```
Bash
mysql> select * from t_order;
+----+-----------+---------------+
| id | user_id   | sku           |
+----+-----------+---------------+
|  1 | 1         | suk-1-shadow  |
+----+-----------+---------------+
1 rows in set (0.00 sec)
```

从查询结果可知，测试数据用 suk-1-shadow 标识。下面将介绍与 ShardingSphere 网关特性相关的示例。

12.5 数据库网关

本节介绍与数据库网关特性相关的案例。我们先介绍部署架构，再介绍配置，最后介绍如何对两个 ShardingSphere 客户端（ShardingSphere-Proxy 和 ShardingSphere-JDBC）进行测试。

12.5.1 部署架构

在这个案例中，底层数据库为采用一主两从读写分离架构部署的 PostgreSQL，数据库高层采用结合使用 ShardingSphere-Proxy 和 ShardingSphere-JDBC 的混合部署解决方案。通过集群模式提供的分布式治理功能，可轻松地在线修改集群元数据，并将其同步 ShardingSphere-Proxy 和 ShardingSphere-JDBC。ShardingSphere-Proxy 可使用 ShardingSphere 内置的 DistSQL 来执行流量控制操作（包括熔断）及禁用从库。

图 12.18 说明典型的数据库网关部署架构，包含 ShardingSphere-Proxy 和 ShardingSphere-JDBC 以及主库和从库。

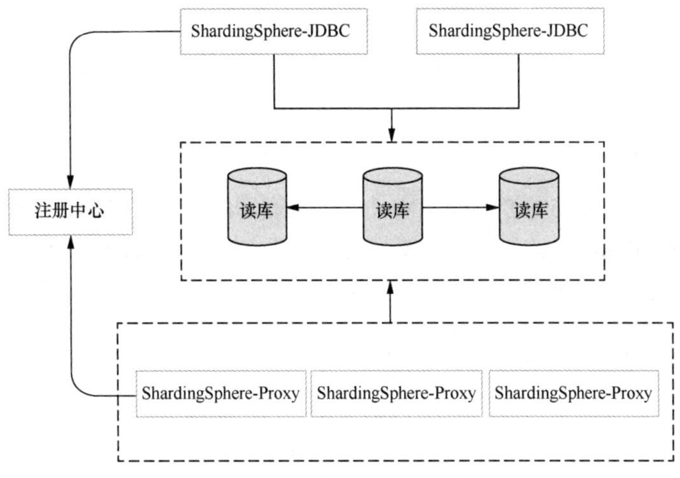

图 12.18 数据库网关部署架构

12.5.2 示例配置

我们必须分别对 ShardingSphere-Proxy 和 ShardingSphere-JDBC 进行配置。在实际的应用场景中，可使用 DistSQL 实现动态配置，但这个案例采用 YAML 配置，这旨在让配置更容易理解。

先来看看如何给 ShardingSphere-Proxy 配置数据库网关。

（1）首先，在配置文件中将运行模式配置为集群模式。同一个集群中的 ShardingSphere-Proxy 实例共享相同的配置。

```
YAML
mode:
  type: Cluster
  repository:
    type: ZooKeeper
    props:
      namespace: governance_ds
      server-lists: localhost:2181
      retryIntervalMilliseconds: 500
      timeToLiveSeconds: 60
      maxRetries: 3
      operationTimeoutMilliseconds: 500
  overwrite: true
props:
  sql-show: true
```

（2）然后，在配置文件 config-readwrite-splitting.yaml 中配置读写分离。在同一个集群中，只需配置一次，因为启动时 ShardingSphere-Proxy 实例会同步注册中心的配置。

```
rules:
- !READWRITE_SPLITTING
  dataSources:
    pr_ds:
      writeDataSourceName: primary_ds
      readDataSourceNames:
        - replica_ds_0
        - replica_ds_1
```

现在来看看如何给 ShardingSphere-JDBC 配置数据库网关。与 ShardingSphere-Proxy 一样，应将 ShardingSphere-JDBC 的运行模式配置为集群模式，ShardingSphere-JDBC 不需要本地的规则配置，而会在启动时同步注册中心的 ShardingSphere-Proxy 配置：

```
YAML
schemaName: readwrite_splitting_db
mode:
  type: Cluster
  repository:
    type: ZooKeeper
```

```
    props:
      namespace: governance_ds
      server-lists: localhost:2181
      retryIntervalMilliseconds: 500
      timeToLiveSeconds: 60
      maxRetries: 3
      operationTimeoutMilliseconds: 500
  overwrite: false
```

应给 ShardingSphere-JDBC 配置 schemaName，以确保它所属的集群与 ShardingSphere-Proxy 相同。

12.5.3　推荐的云端/自有服务器

服务器配置和应用信息参考如下。

- 服务器配置为 8 核 CPU、16GB 内存、500 GB 硬盘。
- 应用信息为 ShardingSphere-Proxy 5.0.0、PostgreSQL 14.2、ZooKeeper 3.6.3。

12.5.4　启动并测试

如果你按照前面的步骤，给 ShardingSphere-Proxy 和 ShardingSphere-JDBC 都配置了数据库网关，接下来应启动它并确定它运行正常。下面介绍启动 ShardingSphere 数据库网关并对其进行测试的步骤。

1. 读写分离

在这个案例中，我们已通过 YAML 配置读写分离的规则。接下来在两个从库中插入数据，并给每个从库中的数据填充数据，让你能够知道数据来自哪个从库。我们将分别在两个从库中插入数据，再通过查询来确认路由节点。具体步骤和代码如下。

（1）创建主库，SQL 脚本如下：

```
SQL
\c demo_primary_ds;
CREATE TABLE t_order (
   order_id INT PRIMARY KEY NOT NULL,
   user_id INT NOT NULL,
   status CHAR(10) NOT NULL
);
```

（2）在主库中插入数据：

```
SQL
INSERT INTO t_order (order_id, user_id, status)
VALUES (1, 10001, 'write'),
```

```
        (2, 10002, 'write'),
        (3, 10003, 'write'),
        (4, 10004, 'write'),
        (5, 10005, 'write'),
        (6, 10006, 'write'),
        (7, 10007, 'write'),
        (8, 10008, 'write'),
        (9, 10009, 'write'),
        (10, 10010, 'write');
```

（3）创建一个名为 demo_replica_ds_0 的从库：

```
\c demo_replica_ds_0;
CREATE TABLE t_order (
   order_id INT PRIMARY KEY NOT NULL,
   user_id INT NOT NULL,
   status CHAR(10) NOT NULL
);
```

（4）创建从库后，在其中也插入数据：

```
INSERT INTO t_order (order_id, user_id, status)
VALUES (1, 20001, 'read_0'),
       (2, 20002, 'read_0'),
       (3, 20003, 'read_0'),
       (4, 20004, 'read_0'),
       (5, 20005, 'read_0'),
       (6, 20006, 'read_0'),
       (7, 20007, 'read_0'),
       (8, 20008, 'read_0'),
       (9, 20009, 'read_0'),
       (10, 20010, 'read_0');
```

（5）创建另一个名为 Demo_replica_ds_1 的从库：

```
\c demo_replica_ds_1;
CREATE TABLE t_order (
   order_id INT PRIMARY KEY NOT NULL,
   user_id INT NOT NULL,
   status CHAR(10) NOT NULL
);
```

（6）在刚创建的从库中插入数据：

```
INSERT INTO t_order (order_id, user_id, status)
VALUES (1, 30001, 'read_1'),
       (2, 30002, 'read_1'),
       (3, 30003, 'read_1'),
```

```
        (4, 30004, 'read_1'),
        (5, 30005, 'read_1'),
        (6, 30006, 'read_1'),
        (7, 30007, 'read_1'),
        (8, 30008, 'read_1'),
        (9, 30009, 'read_1'),
        (10, 30010, 'read_1');
```

现在，启动并登录 ShardingSphere-Proxy，再执行下面的 SQL 语句：

```
SQL
readwrite_splitting_db=> SELECT order_id, user_id, status FROM
t_order;
readwrite_splitting_db=> SELECT order_id, user_id, status FROM
t_order;
```

查看 ShardingSphere 日志，确定路由节点是 replica_ds_0 还是 replica_ds_1。

2. 禁用从库

至此，ShardingSphere-Proxy 便具有读写分离功能。现在进入下一步，使用 DistSQL 检查主库和从库的状态：

```
SQL
readwrite_splitting_db=> SHOW READWRITE_SPLITTING READ
RESOURCES;
    resource    |  status
---------------+----------
  replica_ds_0 | enabled
  replica_ds_1 | enabled
(2 rows)
```

你可禁用 replica_ds_1：

```
SQL
readwrite_splitting_db=> DISABLE READWRITE_SPLITTING READ
replica_ds_1;
```

禁用 replica_ds_1 后查询到的状态如下：

```
SQL
readwrite_splitting_db=> SHOW READWRITE_SPLITTING READ
RESOURCES;
    resource    |  status
---------------+----------
  replica_ds_0 | enabled
  replica_ds_1 | disabled
(2 rows)
```

现在，执行 SQL 以验证 ShardingSphere 能够正确地路由。检查 ShardingSphere 日志，确认路由节点为 replica_ds_0：

```
SQL
readwrite_splitting_db=> SELECT order_id, user_id, status FROM
t_order;
```

3．熔断

如果除了前两步测试的读写分离特性，你还想实现熔断特性，可参考下面的步骤。需要注意的是，不管是否实现了读写分离特性，都可独立地配置熔断特性。

要配置熔断特性，首先启动两个 ShardingSphere-Proxy 实例——ShardingSphere-Proxy-3307 和 ShardingSphere-Proxy-3308。登录 ShardingSphere-Proxy-3307，并查看当前的实例列表：

```
SQL
readwrite_splitting_db=> SHOW INSTANCE LIST;
      instance_id     |      host      | port | status   | labels
---------------------+---------------+------+---------+--------
  192.168.2.184@3308 | 192.168.2.184 | 3308 | enabled |
  192.168.2.184@3307 | 192.168.2.184 | 3307 | enabled |
(2 rows)
```

通过 ShardingSphere-Proxy-3307 禁用实例 ShardingSphere-Proxy-3308：

```
SQL
readwrite_splitting_db=> DISABLE INSTANCE 192.168.2.184@3308;
```

禁用该实例后，检查实例列表：

```
SQL
readwrite_splitting_db=> SHOW INSTANCE LIST;
      instance_id     |      host      | port | status   | labels
---------------------+---------------+------+---------+--------
  192.168.2.184@3308 | 192.168.2.184 | 3308 | disabled|
  192.168.2.184@3307 | 192.168.2.184 | 3307 | enabled |
(2 rows)
```

登录 ShardingSphere-Proxy-3308，并核实这个实例已被禁用：

```
SQL
readwrite_splitting_db=> SHOW INSTANCE LIST;
ERROR 1000 (C1000): Circuit break mode is ON.
```

至此，你熟悉了 ShardingSphere 数据库网关特性，建议你将本节的案例收存到方便的地方，供你以后遇到麻烦或需要实现数据库网关解决方案时参考。

12.6 小结

在本章中，通过学习一些精选案例，你对 ShardingSphere 的一些实际应用场景有了全面的认识。这些案例是我们根据经验选择出来的——ShardingSphere 社区与众多上市企业紧密合作，帮助它们处理数十亿行的高度敏感的数据。

本书的正文内容到这里就结束了。通过阅读本书，你从大型企业身上学到了丰富的知识，即将成为 ShardingSphere 专家。建议你将学到的知识应用到自己的系统中，如果遇到困难，建议与 ShardingSphere 社区取得联系。

ShardingSphere 社区对我们来说很重要，在我们打造 ShardingSphere 以及促使市场头部企业采用 ShardingSphere 的过程中发挥了关键作用。附录将更全面地介绍 ShardingSphere 社区及其历史和未来发展方向。

附录 A

本书可能激发了你对 ShardingSphere 的兴趣，想要更深入地了解这个开源项目。如果你是按顺序阅读的，意味着你差不多读完了本书，已经掌握了 ShardingSphere，能够使用 ShardingSphere 来改善任何数据库。

如果你并非按顺序阅读，而是直接跳到了这里，也算找对了地方。本书内容丰富，对 ShardingSphere 项目做了概述，并就配置、测试和使用案例方面做了详细介绍，适合初学者阅读，也可供高级用户参考。

本书包含的 12 章分 3 部分，除前 4 章外，其他内容都可根据自己的兴趣和时间选择性阅读。

- 第 1 章～第 4 章介绍了有关 ShardingSphere 的基础知识。
- 第 5 章～第 7 章讨论了 ShardingSphere 常见且经典的用途。
- 第 8 章～第 12 章分享了 ShardingSphere 的高级用途。

本书尽可能全面地介绍了 ShardingSphere 的所有基本方面，是学习了解 ShardingSphere 的绝佳读物。为帮助你更深入地了解 ShardingSphere，本书还介绍了高级应用场景、测试案例和使用案例，以供你参考。

ShardingSphere 的更新频率极高，而本书是基于 5.0.0 版编写的，旨在加深你对该产品的认识，提高你的使用技能。然而，其包容的社区、面向插件的架构以及生态支持理念是始终不变的。

这个附录涵盖利用项目文档的方法，使用我们在 GitHub 上提供的示例项目的方法，有关 ShardingSphere 源代码、许可和版本的更多信息，以及 ShardingSphere 开源社区概述及如何加入该社区。阅读完附录后，你将熟悉 ShardingSphere 的方方面面，并能够开启自己的开源之旅。

A.1 如何利用资料寻找问题的答案

本书从各种角度全面介绍了 ShardingSphere，旨在帮助你掌握其方方面面。下面来回顾一下各章的要点。

我们从基础开始。第 1 章～第 4 章帮助你明白行业的现状和演进方向，以及推出 ShardingSphere 的原因及其在数据库行业所处的位置。

第二部分包括第 5 章～第 7 章，帮助你熟悉接入端 ShardingSphere-Proxy 和 ShardingSphere-JDBC 及其配置、混合部署等。

第三部分包括第 8 章～第 12 章，其中第 8 章～第 10 章（在你熟悉特性、适配器及其配置后）介绍 Database Plus 和 ShardingSphere 的高级用途，而第 11 章和第 12 章旨在将理论付诸实践——通过一些高级案例帮助你应用学到的 ShardingSphere 知识，这些案例都是我们根据专家级用户的反馈、基于真实的企业场景编写的。

复习各部分的大致内容，帮助你将各章联系起来后，接下来介绍很有用的辅助性内容。下面先来探索示例项目 shardingsphere-example。

A.1.1 示例项目简介

shardingsphere-example 是一个独立的 Maven 项目，位于 ShardingSphere 项目的目录-examples 下。项目 shardingsphere-example 包含多个模块，提供了 ShardingSphere-JDBC、ShardingSphere-Proxy 和 ShardingSphere-Parser 的使用案例。

- shardingsphere-jdbc-example。这个项目提供了数据分片、读写分离、影子库、分布式治理和分布式事务等功能的使用和配置示例，还有 Java API、YAML、Spring Boot 和 Spring 命名空间等配置方法示例。下面列出这个示例项目的目录结构，供你参考。

```
├── mixed-feature-example
│   └── sharding-readwrite-splitting-example
├── single-feature-example
│   ├── cluster-mode-example
│   ├── encrypt-example
│   ├── extension-example
│   ├── readwrite-splitting-example
│   ├── shadow-example
│   ├── sharding-example
│   ├── target
│   └── transaction-example
```

- shardingsphere-proxy-example。这个项目演示了如何在 ShardingSphere-Proxy 中配置 server.yaml 和逻辑库规则。由于在 ShardingSphere-JDBC 中，数据源和规则的配置格式与 ShardingSphere-Proxy 中相同，因此这个项目没有赘述。另外，这个项目还演示了 ShardingSphere-Proxy 特有的功能，如 DistSQL 和 SQL Hint。这个项目的目录结构如下：

```
├── shardingsphere-proxy-boot-mybatis-example
├── shardingsphere-proxy-distsql-example
└── shardingsphere-proxy-hint-example
```

- other-example。这个项目包含 SQLParserEngine 的使用案例。SQLParserEngine 在本书前面介绍过，它是 ShardingSphere 定制的一个 SQL 解析引擎，是其他 ShardingSphere-JDBC 和 ShardingSphere-Proxy 特性的基石。通过使用 SQLParserEngine，可将 SQL 语句解析为抽象语法树，这让开发人员能够开发各种高级特性。这个项目的目录结构如下：

```
└── shardingsphere-parser-example
```

概述项目 shardingsphere-example 后，下面来探索如何充分利用它。

A.1.2 如何使用示例项目

本节将通过一些示例来演示如何配置和运行 shardingsphere-example。项目 shardingsphere-example 中有很多模块，但这里只介绍一些常见的 ShardingSphere-JDBC 应用场景。

下面将介绍通用的准备阶段，再介绍两个示例（sharding-springboot-mybatis 和 readwrite-splitting-raw-jdbc）及其相关的步骤。构建项目 shardingsphere-example 时，需要使用工具 Maven。因此，首先需要安装 Maven，再执行下面的步骤。

（1）准备 ShardingSphere。如果还没有安装 ShardingSphere，请克隆并编译它，为此可使用下面的方式：

```
Bash
## Clone Apache ShardingSphere
git clone [ShardingSphere项目git文件地址]
## Compile
cd shardingsphere
mvn clean install -Prelease
```

注意 在 Windows 环境中，如果出现警告消息，指出文件名太长，可参阅 ShardingSphere 官网提供的解决方案。

（2）将项目 shardingsphere-example 导入你使用的 IDE。

（3）准备易于管理的数据库环境，如本地 MySQL 实例。

（4）如果需要测试读写分离，请确保主从同步功能运行正常。

（5）执行数据库初始化脚本 examples/src/resources/manual_schema.sql。

有关准备阶段就介绍到这里，下面来看示例。

A.1.3 场景和示例

本节介绍各种场景和示例，其中第一个示例是数据分片场景的，第二个示例是读写分离场景的。

1. sharding-spring-boot-mybatis-example

这个示例演示了如何结合使用 ShardingSphere-JDBC、SpringBoot 和 MyBatis 来实施分片，目标是将一个表的数据平均分割到 4 个表中，并将这 4 个表存储在两个不同的数据库中。

这个示例的路径如下：

```
examples/shardingsphere-jdbc-example/single-feature-example/
sharding-example/sharding-spring-boot-mybatis-example
```

实现目标的步骤如下：

（1）配置 application.properties；

（2）将 spring.profiles.active 设置为 sharding-databases-tables；

（3）配置 application-sharding-databases-tables；

（4）将 jdbc-url 改为你的数据库的位置，并设置用户 ID、密码等；

（5）将属性 spring.shardingsphere.props.sql-show 设置为 true。

有关完成上述步骤的更详细信息请参阅第 5 章。

现在运行 ShardingSpringBootMybatisExample.java，你可在 Logic SQL 和 Actual SQL 日志中查看所有逻辑 SQL 的路由情况，从而明白数据分片是如何工作的。

2. readwrite-splitting-raw-jdbc-example

这个示例演示了如何使用 YAML 来配置 ShardingSphere-JDBC 的读写分离特性，目标是将一个写库和两个读库分开。

这个示例的路径如下：

```
examples/shardingsphere-jdbc-example/single-feature-example/
readwrite-splitting-example/
readwrite-splitting-raw-jdbc-example
```

实现目标的步骤如下：

（1）配置 resources/META-INF/readwrite-splitting.yaml；

（2）将 jdbc-url 改为你的数据库的位置，并设置用户 ID、密码等；

（3）将 props.sql-show 设置为 true。

有关完成上述配置步骤的更详细信息请参阅第 5 章。

现在运行 ReadwriteSplittingRawYamlConfigurationExample.java，你可在 Logic SQL 和 Actual SQL 日志中查看所有 SQL 表达式的路由情况，从而明白读写分离是如何工作的。

注意 如果主从数据库同步失败，将出现查询错误。

除了这里介绍的示例，项目 shardingsphere-example 还包含很多其他的示例，这些是社区共同努力的结晶。如果你要查看其他的示例，可在 ShardingSphere 的 GitHub 仓库中找到。

A.2 源代码

本节介绍源代码和一些常见的术语和组件，你可将其作为术语和组件表。这里按模块对术语进行了分类。

A.2.1 shardingsphere-kernel

shardingsphere-kernel 模块包含 authority、single-table 和 transaction。当你使用 ShardingSphere 时，这些术语和组件将变得司空见惯。下面复习一下本书前面介绍过的模块。

模块 authority 用于分配和管理用户权限，包含模块 api 和 core。其中，模块 api 提供了一个通用接口，用于访问相关的授权和授权配置项；模块 core 提供了授权验证、授权算法和授权规则等实现项。

模块 single-table 负责使用单表数据库，包括模块 api 和 core。其中，模块 api 提供了默认的单表配置项；模块 core 可实现诸如单表规则加载、元数据加载和单表路由等功能。

模块 transaction 用于管理事务，包含模块 api、core 和 type。其中，模块 api 提供了默认的事务配置项；模块 core 可实现事务规则、事务管理器和事务功能；模块 type 包含模块 base 和 xa。

（1）模块 base 包含模块 seata-at，模块 seata-at 提供了 Seata AT 模式的事务管理器，让你能够实现与 Seata AT 模式相关的功能。

（2）模块 xa 包含 core、provider 和 spi。

- 模块 core 让你能够实现和抽象 XA 事务功能。
- 模块 provider 包含模块 atomikos、bitronix 和 narayana。其中，模块 atomikos 可实现 Atomikos 事务；模块 bitronix 可实现 Bitronix 事务；模块 narayana 让你能够实现 Narayana 事务。
- 模块 spi 提供了以 SPI 方式加载 XA 事务的接口，让你能够自己实现 XA 事务。

A.2.2 shardingsphere-infra

下面来复习 shardingsphere-infra 模块，它包含模块 binder、common、context、datetime、executor、merge、optimize、parser、rewrite 和 route。

- 模块 binder 主要用于在 SQL 语句中设置上下文信息。
- 模块 common 包含常用 ShardingSphere 功能的抽象和定义。更具体地说，它提供了算法定义、模式定义、规则定义、数据库配置、元数据信息、事件传递、异常处理和 YAML 配置转换等功能。
- 模块 context 主要提供诸如内核执行进程管理和元数据刷新等功能。

- 模块 datetime 提供了数据库时间和系统时间。
- 模块 executor 提供了与 SQL 执行相关的功能，如 SQL 检查器和执行引擎。
- 模块 merge 提供了 SQL 结果集归并功能，包括流式结果集归并器和内存结果集归并器。
- 模块 optimize 提供了与查询优化相关的功能，主要用于支持和优化复杂的 SQL。
- 模块 parser 提供了 SQL 语句分析功能，可通过缓存改善分析性能。
- 模块 rewrite 提供了 SQL 语句改写功能，还为分片、加密和解密功能提供了通用的基本组件。
- 模块 route 提供了 SQL 路由功能，是一个通用的 SQL 路由基本组件。

A.2.3 shardingsphere-jdbc

模块 shardingsphere-jdbc 提供了一个符合 JDBC 标准的 ShardingSphere API，还提供了一种使用 Spring 框架接入项目的简易方式。

- 模块 shardingsphere-jdbc-core 提供了一个符合 JDBC 标准的 ShardingSphere API。
- 模块 shardingsphere-jdbc-spring 提供了 Spring 命名空间和 Spring Boot Starter。
- 模块 shardingsphere-jdbc-transaction-spring 实现了 ShardingSphere 事务标注的 AOP（aspect-oriented programming，面向切面编程）处理逻辑。
- 模块 shardingsphere-jdbc-core-spring 提供了 Spring 命名空间处理逻辑和 Spring Boot Starter 自动配置逻辑。
- 模块 shardingsphere-jdbc-spring-infra 提供了接入 Spring 所需的工具。

A.2.4 shardingsphere-db-protocol

模块 shardingsphere-db-protocol 定义了各种数据库协议的消息格式。

- 模块 shardingsphere-db-protocol-core 定义了与数据库协议相关的常量和接口。
- 模块 shardingsphere-db-protocol-mysql 定义了 MySQL 协议的消息格式。
- 模块 shardingsphere-db-protocol-postgresql 定义 PostgreSQL 协议的消息格式。
- 模块 shardingsphere-db-protocol-opengauss 定义了 openGauss 协议的消息格式。

A.2.5 shardingsphere-proxy

模块 shardingsphere-proxy 包含 ShardingSphere-Proxy 支持 MySQL、PostgreSQL 和 openGauss 数据库的协议实现，还有实际数据库的交互逻辑。

- 模块 shardingsphere-proxy-backend 提供了 ShardingSphere-Proxy 和实际数据库之间的交互逻辑。
- 模块 shardingsphere-proxy-bootstrap 负责在启动 ShardingSphere-Proxy 时加载配置。

- 模块 shardingsphere-proxy-frontend 实现了数据库协议之间的交互，负责与客户端交互。
- 模块 shardingsphere-proxy-frontend-spi 定义了一个与协议实现相关的 SPI。
- 模块 shardingsphere-proxy-frontend-core 负责与客户端交互的通用逻辑。
- 模块 shardingsphere-proxy-frontend-mysql 实现了与 MySQL 协议交互的逻辑。
- 模块 shardingsphere-proxy-frontend-postgresql 实现了与 PostgreSQL 协议交互的逻辑。
- 模块 shardingsphere-proxy-frontend-opengauss 实现了与 openGauss 协议交互的逻辑。

A.2.6 shardingsphere-mode

shardingsphere-mode 模块为 ShardingSphere 的运行模式提供支持。运行模式是 ShardingSphere 5.0.0 引入的一个新概念，向用户提供了内存模式、单机模式和集群模式等选项，以满足各种应用场景的需求。shardingsphere-mode 模块的结构如下。

```
 ├──shardingsphere-mode-core                                         # Table
Structure Configuration
  ├──shardingsphere-mode-type
  ├     ├──shardingsphere-cluster-mode
  ├     ├      ├──shardingsphere-cluster-mode-core
  ├     ├      ├──shardingsphere-cluster-mode-repository
  ├     ├      ├      ├──shardingsphere-cluster-mode-repository-api
  ├     ├      ├      ├──shardingsphere-cluster-mode-repository-provider
  ├     ├      ├      ├      ├──shardingsphere-cluster-mode-repository-etcd
  ├     ├      ├      ├      ├──shardingsphere-cluster-mode-repository-zookeeper-curator
  ├     ├──shardingsphere-memory-mode
  ├     ├      ├──shardingsphere-memory-mode-core
  ├     ├──shardingsphere-standalone-mode
  ├     ├      ├──shardingsphere-standalone-mode-core
  ├     ├      ├──shardingsphere-standalone-mode-repository
  ├     ├      ├      ├──shardingsphere-standalone-mode-repository-api
  ├     ├      ├      ├──shardingsphere-standalone-mode-repository-provider
  ├     ├      ├      ├      ├──shardingsphere-standalone-mode-repository-file
```

模块 shardingsphere-mode-core 为各种运行模式提供了内核和通用功能，如元数据持久化服务以及元数据上下文管理。

在模块 shardingsphere-mode-type 中，实现了集群模式、内存模式和单机模式 3 种运行模式。

```
Java
shardingsphere-cluster-mode      cluster mode
shardingsphere-memory-mode       memory mode
shardingsphere-standalone-mode    standalone mode
```

内存模式不要求持久化元数据，其实现最简单。它只包含模块 shardingsphere-memory-mode-core，该模块能够创建元数据上下文。

集群模式和单机模式包含的模块组件类似——模块 core 和 repository。

- 模块 core 的定位与模块 memory 类似，也负责创建元数据上下文。除了提供元数据持久化功能，集群模式还需支持分布式治理功能。因此，模块 core 还包含集群同步事件处理逻辑，以确保元数据的动态在线更新。
- 模块 repository 定义了当前运行模式下的持久化计划，模块 api 定义了必要的 SPI 接入，而模块 provider 定义了详细的持久化解决方案。ShardingSphere 为各种模式提供了内置的持久化解决方案，让你只需添加配置就能使用它们。集群模式提供了基于 etcd 和 ZooKeeper 的默认实现，而单机模式提供了基于本地文档的实现。

A.2.7 shardingsphere-features

下面来看看 ShardingSphere 生态中按特性划分的模块，这些特性包含数据库发现、加密、读写分离、影子库、分片、代理（agent）、DistSQL、SPI、测试和分发等。

1. 数据库发现

模块 shardingsphere-db-discovery 包含模块 api、core、distsql 和 spring。其中，模块 api 为数据库发现提供了规则配置和 SPI 接入；模块 core 提供了数据库发现规则、定期心跳监测、验证器和路由规则实现；模块 distsql 包含模块 handler、parser 和 statement。

- 模块 handler 负责处理与数据库发现相关的 DistSQL，包括显示和修改数据库发现规则的 DistSQL。
- 模块 parser 负责解析与数据库发现相关的 DistSQL。
- 模块 statement 包含 DistSQL 解析结果项。

模块 spring 包含模块 spring-boot-starter 和 spring-namespace。

- 模块 spring-boot-starter 让你能够访问基于 Spring Boot 的数据库发现配置。
- 模块 spring-namespace 让你能够访问基于 XML 的数据库发现配置。

2. 加密

模块 shardingsphere-encrypt 包含模块 api、core、distsql 和 spring。其中，模块 api 包含规则配置以及加密算法和解密算法的 SPI 接入；模块 core 包含 AES、MD5、RC4 算法，以及验证器、解密规则、加密表元数据加载、改写加解密、加解密归并结果的实现；模块 distsql 包含模块 handler、parser 和 statement。

- 模块 handler 负责处理与加密相关的 DistSQL，包括显示和修改加密规则的 DistSQL。
- 模块 parser 负责解析与加密相关的 DistSQL。
- 模块 statement 包含 DistSQL 解析结果项。

模块 spring 包含模块 spring-boot-starter 和 spring-namespace。

- 模块 spring-boot-starter 让你能够访问基于 Spring Boot 的加密配置。

- 模块 spring-namespace 让你能够访问基于 Spring 命名空间的加密配置。

3．读写分离

模块 shardingsphere-readwrite-splitting 包含 api、core、distsql 和 spring 模块。其中，模块 api 提供了读写分离规则配置以及负载均衡算法的 SPI 接入;模块 core 提供了读写分离规则和负载均衡算法实现，包括验证器和路由规则实现；模块 distsql 包含模块 handler、parser 和 statement。

- 模块 handler 负责处理与读写分离相关的 DistSQL，包括显示和修改读写分离规则的 DistSQL。
- 模块 parser 负责解析与读写分离相关的 DistSQL。
- 模块 statement 包含 DistSQL 解析结果相关的类。

模块 spring 包含模块 spring-boot-starter 和 spring-namespace:

- 模块 spring-boot-starter 提供了基于 Spring Boot 接入读写分离相关配置;
- 模块 spring-namespace 提供了基于 Spring 命名空间接入读写分离配置。

4．影子库

模块 shardingsphere-shadow 包含模块 api、core、distsql 和 spring。其中，模块 api 提供了影子库规则配置以及影子算法的 SPI 接入；模块 core 提供了影子库规则和影子算法实现，包括路由规则和验证器实现；模块 distsql 包含模块 handler、parser 和 statement。

- 模块 handler 负责处理与影子库相关的 DistSQL，包括显示和修改影子规则的 DistSQL。
- 模块 parser 负责解析与影子库相关的 DistSQL。
- 模块 statement 包含 DistSQL 解析结果项。

模块 spring 包含模块 spring-boot-starter 和 spring-namespace。

- 模块 spring-boot-starter 让你能够访问基于 Spring Boot 的影子库配置。
- 模块 spring-namespace 让你能够访问基于 Spring 命名空间的影子库配置。

5．分片

模块 shardingSphere-sharding 包含模块 api、core、distsql 和 spring。其中，模块 api 包含与分片规则、策略和类型相关的配置项，并提供了分片算法和主键的 SPI 接入；模块 core 主要提供算法、验证器和规则实现，还提供了加载、路由、改写和元数据归并实现；模块 distsql 包含模块 handler、parser 和 statement。

- 模块 handler 负责处理与分片相关的 DistSQL，包括显示和修改分片规则和算法的 DistSQL。
- 模块 parser 负责解析与分片相关的 DistSQL。
- 模块 statement 包含 DistSQL 解析结果项。

模块 spring 包含模块 spring-boot-starter 和 spring-namespace。

■ 模块 spring-boot-starter 让你能够访问基于 Spring Boot 的分片配置。
■ 模块 spring-namespace 让你能够访问基于 Spring 命名空间的分片配置。

6. shardingsphere-agent

模块 shardingSphere-agent 包含模块 api、core、plugins、bootstrap 和 distribution。

（1）模块 api 提供了代理（agent）使用的内核接口和抽象项，还有通用的配置项。

（2）模块 core 封装了通用的字节码注入功能，并为代理插件提供了配置载入和处理功能，这是模块 shardingSphere-agent 得以发挥作用的基础。它还提供了加载插件配置和 JAR 插件文件的功能。

（3）模块 plugins 包含模块 logging、metrics 和 tracing，并实现了基于内核模块的可观察指标收集功能。

■ 模块 logging 提供了拦截并输入日志的简单功能。
■ 模块 metrics 实现了基于 Prometheus 的常用可观察性指标收集功能。
■ 模块 tracing 实现了基于 Zipkin、Jaeger、OpenTelemetry 和 SkyWalking OpenTracing 链路数据收集功能。模块 tracing-test 是一个框架，为模块 tracing 提供了单元测试功能。

（4）模块 bootstrap 主要为 Java 代理提供集成和接入。

（5）模块 distribution 提供了打包功能。shardingsphere-agent 打包的文件将被输出到这个模块的目标目录中。

7. shardingsphere-sql-parser

模块 shardingsphere-sql-parser module 包含模块 dialect、engine、spi 和 statement。

■ 模块 dialect 提供了对各种数据库方言（如 MySQL、openGauss、Oracle、PostgreSQL、SQL Server 和其他使用 SQL92 语法的数据库方言）进行解析的功能。
■ 模块 engine 提供了一个能够对 SQL 进行解析的 SQL 解析引擎，并包含可用来改善的缓存语法树。
■ 模块 spi 提供了解析器和访问者抽象接入，还让你能够以 SPI 方式实现其他数据库方言解析功能。
■ 模块 statement 提供了各种存储分析结果的片段（segment），还提供了一些用于接收分析片段的通用解决方案。

8. shardingsphere-distsql

在 ShardingSphere 中，模块 shardingsphere-distsql 提供了基本的 DistSQL 功能，包括 DistSQL 语法定义、解析功能以及与语法对应的语句对象。它包含的主要模块如下。

■ 模块 shardingsphere-distsql-parser 提供了 DistSQL 语法定义及 DistSQL 解析功能。它还为 DistSQL 的解析提供了统一的入口。不同类型的 DistSQL 将被路由给不同的解析器，并生成语句对象。

- 模块 shardingsphere-distsql-statement 提供了与 DistSQL 类型对应的语句对象，并根据语句对象对 DistSQL 进行处理。

9．shardingsphere-spi

在 ShardingSphere 中，模块 shardingsphere-spi 提供了所有 SPI 接入以及 SPI 载入功能，是 ShardingSphere 可插拔特性的基石。这个模块没有被进一步拆分，而只是根据 SPI 包的类型，将其归为 optional、ordered、required、singleton 或 typed。该模块的结构如下：

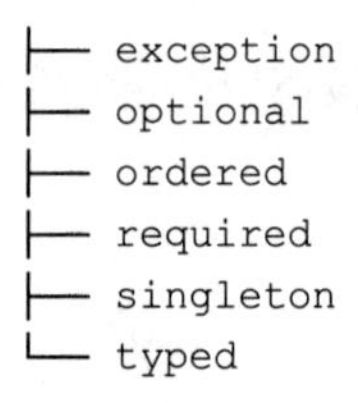

10．shardingsphere-test

模块 shardingsphere-test 为 ShardingSphere 功能点和多功能应用场景提供了集成测试支持：

```
shardingsphere-test
   ├──shardingsphere-integration-agent-test
   ├     ├──shardingsphere-integration-agent-test-plugins
   ├     ├     ├──shardingsphere-integration-agent-test-metrics
   ├     ├     ├──shardingsphere-integration-agent-test-common
   ├     ├     ├──shardingsphere-integration-agent-test-zipkin
   ├     ├     ├──shardingsphere-integration-agent-test-jaeger
   ├     ├     ├──shardingsphere-integration-agent-test-opentelemetry
   ├──shardingsphere-integration-driver-test
   ├──shardingsphere-integration-scaling-test
   ├     ├──shardingsphere-integration-scaling-test-mysql
   ├──shardingsphere-integration-test
   ├     ├──shardingsphere-integration-test-fixture
   ├     ├──shardingsphere-integration-test-suite
   ├──shardingsphere-optimize-test
   ├──shardingsphere-parser-test
   ├──shardingsphere-pipeline-test
   ├──shardingsphere-rewrite-test
   ├──shardingsphere-test-common
```

下面来看看这些功能的用途。

- shardingsphere-integration-agent-test：为 shardingsphere-agent 提供集成测试。
- shardingsphere-integration-driver-test：为 ShardingSphere 的异构数据库支持和连接池提供

集成测试。

- shardingsphere-integration-scaling-test：为 shardingsphere-data-pipeline 提供集成测试。
- shardingsphere-integration-test：为单项 shardingsphere-features 功能或 shardingsphere-features 功能组合提供集成测试。
- shardingsphere-optimize-test：为 shardingsphere-infra-federation-optimizer 提供集成测试。
- shardingsphere-parser-test：为 shardingsphere-sql-parser 提供集成测试。
- shardingsphere-pipeline-test：为 shardingsphere-data-pipeline 提供集成测试。
- shardingsphere-rewrite-test：为 shardingsphere-infra-rewrite 提供集成测试。
- shardingsphere-test-common：包含 MockedDataSource，是供所有需要模拟数据源的测试使用的工具包。

11. shardingsphere-distribution

模块 shardingsphere-distribution 用于创建源代码包以及 ShardingSphere-JDBC 和 ShardingSphere-Proxy 二进制分发包。

- 模块 shardingsphere-jdbc-distribution 从包含 ShardingSphere-JDBC 相关模块（不包括第三方依赖项）的 JAR 文件创建 tar.gz 包。
- 模块 shardingsphere-proxy-distribution 从包含 ShardingSphere-Proxy 相关模块和第三方依赖项的 JAR 文件创建 tar.gz 包。
- 模块 shardingsphere-src-distribution 从 ShardingSphere 项目源代码（不包括文档、示例和 CI 配置）创建 zip 包。

有关 ShardingSphere 源代码模块就介绍到这里，接下来概述 ShardingSphere 许可和版本。

A.3 许可和版本

本节概述 ShardingSphere 许可和当前版本。

A.3.1 许可简介

ShardingSphere 采用 Apache 软件基金会许可协议。该基金会提供了多种用于分发软件和文档的许可方式，ShardingSphere 使用了其中的 Apache License 2.0。这种许可方式是 Apache 软件基金会 2004 批准的，属于宽松式许可（permissive licenses），而不是相反的 Copyleft 许可。

Copyleft 许可要求软件产品衍生品的许可方式必须与原软件相同，而相反，宽松式许可（如 Apache License 2.0）没有这样的要求。这意味着诸如 ShardingSphere 等软件的用户，能够以几乎任何方式处理代码，如转授代码许可、在商业产品中使用代码、分发代码以及修改代码。

有关 Apache License 2.0 的完整内容，可参阅 Apache 软件基金会官网。

A.3.2 版本简介

本书是基于 ShardingSphere 5.0.0 编写的。在此之前，ShardingSphere 经过了漫长的发展历程，它能走到今天，依赖于志愿者全身心地投入、奉献精神以及对开源软件极大的热情。

等到本书的英文版付印时，很可能已经发布了 5.1.1 版，这是因为从 2021 年年底开始，ShardingSphere 的发布频率更高了。

如果你查看 ShardingSphere 官网，将发现两次发布之间的时间大大缩短了。为更好地吸纳社区的反馈，更好地与社区分享工作成果，我们一致决定加快迭代的步伐。

ShardingSphere 5.0.0 是一个非常重要的版本，它标志着 ShardingSphere 已从一个中间件演变为羽翼丰满的生态，能够满足任何数据库的需求，并使用新特性对其进行改进。我们努力确保文档的完整性和准确性，在 ShardingSphere 官网，你可找到所有 ShardingSphere 遗留版本的文档。

你在未来可能会也可能不会访问我们的官网和 GitHub 仓库，但我们相信你可能想迈出这一步，成为一名开源贡献者。鉴于此，下面概述 ShardingSphere 开源社区及其发展历程，并简要地介绍如何给开源做贡献。

A.4 开源社区

相比其他 Apache 项目，开源项目 ShardingSphere 的历史不长，然而，能够在如此短的时间内获得如此大的成功，充分证明了我们对开源的矢志不渝和奉献精神，我们为它自豪。

这个开源项目始于 2015 年，当时被称为 Sharding-JDBC 项目。2018 年，这个项目进入 Apache 软件基金会孵化器，并于 2020 年以 Apache 顶级项目的身份毕业。

下面概述了 ShardingSphere 社区发展历程中一些重要的日期。

- 2015 年 10 月：Sharding-JDBC 项目发起。
- 2016 年 1 月 18 日：Sharding-JDBC 正式开源。
- 2018 年 5 月 10 日：Sharding-JDBC 项目改名为 ShardingSphere。
- 2018 年 11 月 10 日：ShardingSphere 项目进入 Apache 软件基金会孵化器。
- 2018 年 12 月 21 日：第一次 ShardingSphere（孵化中）PMC 召开。
- 2019 年 4 月 21 日：ShardingSphere 第一个 Apache 版本发布。
- 2020 年 4 月 16 日：ShardingSphere 项目成为 Apache 顶级项目并毕业。
- 2020 年 6 月：ElasticJob 成为 ShardingSphere 的一个子项目。
- 2021 年 6 月 19 日：ShardingSphere 5.0.0-beta 发布。
- 2021 年 7 月 6 日：ElasticJob 3.0 版发布。
- 2021 年 9 月 17 日：在 OSCAR 开源产业大会上，ShardingSphere 项目荣获中国信息通信研究院授予的 4 项大奖。

- 2021 年 10 月 12 日：ElasticJob 3.0.1 发布。
- 2021 年 11 月 10 日：ShardingSphere 5.0.0 GA 发布。
- 2021 年 12 月 11 日：第一届 ShardingSphere 开发者大会召开。
- 2022 年 2 月 16 日：ShardingSphere 5.1.0 发布。

可以看到，发展速度还是非常快的，有关发展方面的更详细信息，请参阅 ShardingSphere 官网。下面列出了 ShardingSphere 社区的里程碑。

- 2016 年：发布 1.*x* 版，定位为增强的数据库驱动程序，获得 1455 颗星，贡献者 7 人。
- 2017 年：发布 2.*x* 版，引入分布式治理功能，获得 3134 颗星，贡献者 15 人。
- 2018 年：发布 3.*x* 版，引入数据库代理功能，进入 Apache 孵化器，获得 5992 颗星，贡献者 44 人。
- 2020 年：发布 4.*x* 版，成为顶级 Apache 项目，获得 12 964 颗星，贡献者 208 人。
- 2021 年：发布 5.*x* 版，支持可插拔并引入 Database Plus，获得 14 612 颗星，贡献者 302 人。
- 未来的 6.*x* 版，简化 SPI，让开发者更容易做贡献及使用 ShardingSphere。
- 未来的 7.*x* 版，成为生态，提供更多功能，支持更多数据库，为异构数据库构建高层生态和标准。

ShardingSphere 社区专注于不断扩展和持续改进，如果你要了解最新的里程碑清单，请参阅我们的 GitHub 仓库。

A.5 为开源做贡献

为开源做贡献无疑是值得你去把握的机会，其好处多多，包括学习或提高技能、认识全球各地的专家、改善职业履历等。实际上，正是开源让本书的 3 位作者走到一起，让我们有机会从事当前的工作。

要为开源项目 ShardingSphere 做贡献，可将代码提交到其 GitHub 仓库，但还有其他途径：你可在文档编写或翻译、网站建设或设计、社区发展、社交媒体管理等方面做贡献。在我们看来，不应将重点放在谁贡献了什么，最重要的是对开源的热情。只要你对我们的项目感兴趣，并愿意抽出宝贵的时间来让我们的社区变得更好，最终推动这个项目向前发展，你就是这个项目的贡献者。你可以提出问题、以代码补丁的方式提供新特性等，做贡献的方式多种多样。

第一步是参与进来，深入了解 ShardingSphere 并加入社区；再行动起来，处理文档、贡献代码，为其他用户提供支持。

无论是在开源领域还是 ShardingSphere 社区，参与者都非常友好而开放。你很快就会发现，越深入地参与项目，获得的乐趣越多，提供的建议和反馈越有价值。

ShardingSphere 社区的组织结构相当扁平，其项目管理委员会的成员是通过提名和投票选举出来的，一旦你赢得选举，就能从贡献者变成提交者。

ShardingSphere 社区按 Apache 社区的流程接纳新的提交者，最活跃的贡献者将得到 PMC 和其他提交者的邀请，成为新的提交者。提交者具有如下特权：能够以写入方式访问项目仓库和资源，而不仅仅是读取源代码文件。

提交者有写入权限，可提交代码以及对仓库默认分支发出拉（pull）请求。在大多数情况下，审核者也是提交者，因为要审核 pull 请求，必须理解代码。换而言之，提交者被授权将用户贡献合并到项目中。

A.6 网站和文档

本节介绍一系列链接和资源，你可通过它们进行咨询、加入 ShardingSphere 社区等。我们不断地增添可帮助 ShardingSphere 发展的在线资源，并不断拓展参与社区的方式。

A.6.1 网站

如果你在最流行的搜索引擎中搜索 ShardingSphere，将发现我们出现在很多平台和网站上。本书的面世充分说明了我们在建立社区方面做出的努力。

另外，有些网站有多种语言版本，如果你对 ShardingSphere 感兴趣，可从你熟悉的语言版本开始阅读。如果你要寻找直接由 ShardingSphere 社区运维的官方渠道，可参阅 ShardingSphere 官网、ShardingSphere 的官方 GitHub 仓库、ShardingSphere 官方博客、medium 网站的 ShardingSphere 官方博客。

A.6.2 联系方式

如果你想与我们取得联系，我们诚心欢迎。你可通过下面的渠道与我们以及其他社区成员取得联系。我们一直通过社交媒体（推特、领英、Slack 社区）进行联系，但最近还开辟了 Slack 社区官方渠道，以方便快速讨论和故障排除。

A.7 结语

但愿附录能够为你使用 ShardingSphere 提供帮助，同时希望开源项目 ShardingSphere 能够让你更好地利用数据库。

如果你遇到了附录中未提及的问题，可给本书的任何一位作者写信，也可与社区取得联系。